Kikuchi Naruyoshi no
Iki-na Yoru Denpa
Season 13-16

Naruyoshi Kikuchi
& TBS RADIO AM954+FM90.5

SOSHISHA

あなたが、死んだ子の歳を数えなくて済むように、そしてあなたが、あらゆる不足を補って、力強く、自由に生きられるように——前書きにかえて

今でも、それは昼も夜も、タクシーやバーで、コンビニで、見知らぬ方に言われます。「あのう、菊地成孔さんですよね？　いつ、ラジオは再開するんですか？　再開しますよね？」と。仕事場でもかなりの確率で言われますね。初対面の方に。

そのたびに僕は、どんなコンディション（泥酔してるとか、疲れていて本当は寝たい、とか、元気一杯、とか、まあ、色々）であろうと、「申し訳なさそうな笑顔」になって「すみませーん（笑）、ないですそれはー（笑）、ごめんなさいねー（笑）」と、この、約2年間で、自動的／機械的に言うようになっていました（だって回数がハンパないんだもの・笑。30分ぐらい粘る人もいました）。

最近は、外に出る機会も増えたので、「もうねえだろ流石に（笑）」と思っていた矢先、久しぶりで街に出たら（その時、あるドキュメンタリー動画作品を撮影中だったんですが）、もう、あっという間に路上で言われまして（苦笑）、驚くやら、有難いやら、困るやらで、正直、難儀しています（笑）。あなたが、まだ喪失感を抱えているならば、この番組が、初回からずっ

と繰り返してきたメッセージを思い出してください。

喪失は、必ず獲得に変わります。僕も、大きな喪失分、随分と獲得しました。第一には「この番組に費やしていた、そこそこ膨大な時間のすべて」ですけど（笑）、他にもたくさんあります。こんな日々にさえ、日々あります。

とまれ、古来から死んだ子の歳を数えるというのは、同情に値する行為だとはいえ、決して誰もをハッピーにする、喜ばしい行為とは言えませんし（亡くなった僕の両親は、兄と僕の間に、子供を4人亡くしていますが、「口には出さずとも、心の中では……」というレヴェルでさえ、歳は数えていなかったと思われます。生き残った2人が強烈すぎて・笑）、別れた恋人の面影を追って、似たルックスや声の人に恋をして、付き合いながら、前の恋人のことを思い続ける。なんていうのは、あれは端的に絶対やっちゃいけません。いけないというよりも、ロクなことが起こらないに決まっている、と言うほうが適切かな。まあ、切なくて悪くもないか（笑）。

もう還暦前の僕にさえ、有り難いことに、まだそこそこのマーケットがあるとしてですね、そのマーケットに「粋な夜電波の代用食」に凄まじい飢餓感があることは、もう何というか、針が刺さるぐらい実感しております。極端に言えば、今僕が何をやっても（やっと最近になって、30％の観客と配信、によるハイブリッド形式のライブ。なあんてやってますが、舞台が完全に元に戻るまで、どのぐらいかかりますやら）、サックス吹いても、歌うたっても、ＤＪしても、お客様の中の、バカにならない数の方々が「夜電波」のエキスを、雑巾の絞り汁でも吸おうと（笑）、聞き耳を立てていらっしゃることは、もう、黒澤の『蜘蛛巣城』のラストで三船敏郎に弓矢が刺さるぐらい実感しています（何せ、一番早くチケットが売り切れるのがトークイベントですし・笑）。

言っちゃあまだ、２年経ってないわけですよね。だからまあ、しょうがないかな。とは思います。しかし、僕らの世代というのは、ミルクの代用食として、日本の食品史上、燦然と輝く悪名高き〈脱脂粉乳〉飲まされた世代で（笑）、あれはもう、どうにもこうにも（笑）、あまりに学童が残したり吐いたり苦しんだり、わざとこぼしたりするんで、テコ入れに小豆入れて、ニセ汁粉みたいにするまで、飲むのが苦行でしかなかったです（逆に言えば、ニセ汁粉。は、ちょっとイケたんで・笑・ライブとか原稿書いたりする時は、ポケットに小豆入れてやれば、皆さんも少しは潤うかもしれないですね。やってみます・笑）。

そして、昭和スクーラーの皆さんならご存知、我々は、チーズだのソースだのヨーグルトだのハムだのチョコレートだの、かなりキッチュで粗悪な代用食をそれなりに愛でてきた文化があります。ノルマンディー産のカマンベールや、ベルギー産のショコレートがコンビニで手に入っても、まだ代用食のほうが好きだね。チーズはＱＢＢ、チョコは駄菓子の麦チョコに限るよ。なんていうノスタルジックな固着がある方は、ちょっとした粋人かもね。

あなたの自由を奪いたくない、でも、どうか僕の現在の活動を、ラジオ番組の代用食にしないで欲しいんです。代用食は、ネットの中に転がっている、あの番組の地下的なアップだけで充分、ってことになるとすると、この本（最終巻だけが出版遅れた経緯は後書きに）は、代用食の代用食、と言うか、代用食の、さらに絵に描いた餅、いやさ「字で書いた餅」ということになっちゃうんで（笑）、まあそうだなあ、「オフィシャルな代用食（字で書いた餅）も、これにて最後」とさせて下さい（全然別な代用食まがいも、ちゃっかり用意しているんですが、勿論、代用食を作ってるつもりはないので。これも後書きに）。

前の巻が、実際の最終回オネアのタイミングと重なっちゃって、しかも間が凄く空いたので、何書いていいか、気持ちが困っちゃってるままこれを書きました。こんなエモくない前書き、書いたことないよ（笑）。とはいえ、読めば思い出しますよね。なかなか良い番組だったなあ。やっぱおっもしれーわー（笑）。なんて、結局一気に読んじゃいました。でも、こういうのはもっと、10年ぐらい経ってから読むと、空腹感もそこそこに、落ち着いて楽しめるかもしれませんね。それでは改めまして、オフィシャルな代用食（字で書いた餅）もこれにて最終巻。早速お楽しみください。

菊地成孔の粋な夜電波　シーズン13―16　ラストランと♂ティアラ通信篇　目次

凡例

・本書はＴＢＳラジオ（AM954kHz／FM90.5MHz）で放送された「菊地成孔の粋な夜電波」シーズン13―16（２０１７年４月９日―２０１８年12月29日放送）から、台本とトーク１０３作品を厳選し、収録したものです。
・巻末には同期間に放送されたセットリスト（曲名リスト）を併録しています。
・放送時にＢＧＭとして曲がかけられた場合は、アーティスト名、曲名、収録アルバム名、ジャケット写真を掲載しています。
・本書収録の作品には、著作権法第三十二条に基づき、批評・研究を目的とする正当な範囲内での歌詞・訳詞の引用が含まれます。引用作品については本文中に明記しています。

菊地成孔の粋な夜電波　シーズン13—16　ラストランと♂ティアラ通信篇

第1章—シーズン13

2017年4月9日—10月1日（全26回）。「土曜の0時〜1時」という、3年間（番組総尺の約30％）の長期安定期が終わり、突如として、番組開始当時の時間帯である「日曜夜の8時〜9時」へ、栄転だか左遷だかわからない混乱的な移動を果たし、そしてそれは僅か1シーズンのみだった（前口上にある通り、オンエアではなく〈収録時間〉は番組を通して、生放送のシーズン2以外、一回も変わらなかったのでオンエア日時は菊地の主観には何も影響を与えなかったが）。前シーズンで「ものんくる」の吉田沙良が引退、番組のレギュラー陣は、ほぼ古谷有美アナのみとなったが、女優のような驚異的な演技力で、あらゆる角度のコントを安定的に演じ、現在の大活躍へ向け、鞘を抜いた形となった。OP曲のフィクスも3年ぶりに復活、女子アナのレギュラーが一人へ、ゴールデンタイムにオンエア。と、番組中、一瞬の凪のような季節が訪れ続けた、あらゆる意味で非常に奇妙なSS。世相的には、オリンピックの開催決定に湧き、17年、石原都政当時から誘致に反対していた菊地は、別媒体で「次の東京オリンピックが来てしまう前に」という活字連載が開始され、実に3年間を費やして、「2度目の東京、の憂鬱」を書き連ねたことにより、番組の「打ち切り」に際して、「オリンピック批判をしたからだ」という都市伝説まで流れたが、番組では一貫して、そんな愚直なことはしていない。トランプはリベラルからのアンチを決定的にし、ISは活動を停止。

第307回前口上

あなただけ今晩は。悲しみよ今日は。そして武器よさらば。6年ぶり、日曜夜8時に帰ってきたぜ。振り分け荷物は人生の艱難辛苦《かんなんしんく》6年分と、ヤバ過ぎるCDばかり。ワシントンDCにデモが起こらない。ホワイトハウスより自宅で会議をやっちまうニューヨーカー。大統領、水で割ったらアメリカン。北の将軍様、絶対付いてますねえ、スタイリスト。日に日に格好良くなってますからね。プーチン君、正恩《ジョンウン》君、トランプ君、近平君と、スーツと面構えの良いのが揃った時ってえのは、大体でっかい出入りがあるもんですから、我らが安倍先生、色々お忙しいでしょうが、公務に際してはオリンピックの時のあの出来の悪いマリオの格好でいてほしいですなあ。平和っていうのはそういうもんです。任天堂、しかし元々花札の会社ですからねえ。あんなもん、街道筋じゃ喧嘩の道具ですよ。切った張った、なんつってね。ニンテンドー、今じゃヒップホップのリリックに出てくるようになっちまいましたけどね。というわけで、世界情勢のあまりの緊張感から楽しくなっちゃって。これも躁病のなせる業。景気良く始まりました「菊地成孔の粋な夜電波」シーズン、ゴルゴ13でございます。撃っちゃう？ デューク・東郷平八郎。というわけで、前回のオープニング曲選考会での熾烈な戦いを制しましたのは、下馬評通り、イスラエル出身のヴィオラ奏者、エマニュエル・ヴァルディのアレンジによります、

61年、アタシが生まれる2年前の映画『The Parent Trap』（罠にかかったパパとママ）から「マギーのテーマ」（For Now For Always）のカバー。こちらを出囃子《でばやし》にこの春から夏、ラジオの前の皆様のどんよりした心と身体をくすぐってくすぐって、良い湯加減にしちまおうって算段ですが。本日は久しぶりの『日曜はダメよ』というわけで、まずは手探り気味。「先生。最初のデートからホテルに誘っていいんでしょうか」「いいよ。ただし4曲良いのが選べたらな」なんつって。本日はフリースタイル。かなりスローダウンした、グルーミーな感覚でもって、様子見ながらお届けさせていただきます。帝都東京は港区赤坂、力道山刺されたる街より、ＴＢＳラジオがご提供する本邦唯一のフリースタイルラジオにようこそいらっしゃいました。人生は遊び。笑っても泣いても、一回きりの桐簞笥。恋ダンスじゃないですよ。もう忘れちゃったの、まさかね？　お相手は、もう忘れちゃったの、まさかね？　と言われ続けて、再来月で50と４歳、彷徨《さまよ》えるジャズミュージシャン、私、菊地成孔が務めさせていただきます。何もかんも忘れて、良い音楽聴きましょう。一番の薬ですよ。ま、薬にも色々ありますけどね。

Vardi and the Medallion Strings「Maggie's Theme (For Now For Always)」『Maggie's Theme』(Kapp Medallion) 所収

第３０７回（２０１７年４月16日）フリースタイル

アラン・ドロンとムン・グニョン

日本人はね、昔、「アラン・ドロン、素敵」なんて言ってましたけど、アラン・ドロン相当変わった言葉ですよね（笑）。「あら〜ん。ドロ〜ん」なんてね（笑）。おフランスだから格好良いざんすって感じで、何にも考えずにアラン・ドロンなんて言ってましたけど。そいで、韓流が流行ってムン・グニョンって人が出てきて、「グニョンねえだろ」とか言ってゲラゲラ笑ったりしてましたけど、同じようなもんですよね。アラン・ドロンだって、ムン・グニョンだって、モハメド・アリだってね。アタシ、子供心に絶対アラン・ドロンおかしいよって、ま、ジェームズ・ステュアートとか、まあまあ、ぎりぎりそれだっておかしいけど、アラン・ドロン相当ヤバいよねって思ってたんですね。ジャン・ギャバンってのもヤバいですよね、ジャン・ギャバン（笑）。アラン・ドロンやジャン・ギャバンが格好良くて、ムン・グニョンが面白おかしいってことは絶対あり得ないですよね。まー、ちょっと軽く社会派になりそうなんで、慌ててケツ捲《まく》りますけどね。

第307回（2017年4月16日）フリースタイル

シン、シン、シン

はい、どうも。「菊地成孔の粋な夜電波」。ジャズミュージシャンの、そしてですね、ちょいと少し前の話になるんですが、東浩紀先生という、学者の――上から読んだら「あずまひろき」、下から読んだら「きろひまずあ」っていうね。下から読む必要、まったくないんですけど（笑）――がやってる、上から読んだら「ゲンロン」下から読んだら「ンロンゲ」っていう、何て言うんですかね、批評の塾みたいなのがあるんですよ。そこの……全然イベントの趣旨もわからず、小説家の高橋源一郎さんと一緒に呼ばれて行ったんですけど（笑）。そこで色んなお若い方が書いた、長い論文をいっぱい読まされて、そいで優勝者を選ぶ審査員になってくれって言われて。佐々木敦さんっていう、この人はね、東浩紀さんが相当いい人なのに対して、相当悪い人なんですけど（笑）。これ、さらっと言っちゃってますけど（笑）。悪人の佐々木敦に騙されてですね（笑）、善人の高橋源一郎さんと行ったんで、まあグラデーションとしては、東浩紀＝善人、高橋源一郎＝善人、菊地成孔＝中間、佐々木敦＝悪人っていう感じだったんですけど（笑）。読む論文、読む論文、みんな扱ってるのが、「震災」「シン・ゴジラ」「新海誠」のシン、シン、シンばっかりでね、もう辟易しましたけどね。もうシン、シン、シンと言われたら、こちとら再来月で54ですから、あの……IKKOさんと同い年ですから「どんだけ〜」って感じですけど（笑）。シン、シン、シンで新人類、心拍数、新橋演舞場だったらねえ、アタシにもわかりますけど（笑）。新自由クラブとかね、蜃気楼とか、やっぱそういうのがやっぱり昭和に片足突っ込んでる身としてはやっぱしっくり来るなって（笑）。震災、シン・ゴジラ、新海誠はきつかった、というジャズミュージシャンの菊地成孔が、ＴＢＳラジオをキーステーションに全国にお送りしております。

第３０８回（２０１７年４月23日）フリースタイル

ロレックスその１

えーっとね、勘所がわからないという方が多いので、一応今回アタシも見つけてきたので。ロレックス、これから盛り上がる可能性がね……。オンエアが金曜の間は、６年間ロレックス停滞していたんですけど（笑）。また、こうルネッサンスの兆しがありますので。あのね、千原ジュニアさんは、最近ご結婚されて、ほっしゃんさんに近づいています。これはよくあるロレックスで、ロレックスというより一般的な事象ですが、非常に深い絆で結ばれた人々が段々、加齢と共にそっくりになっていくという例として、石井ふく子先生と橋田壽賀子先生が、段々似てきてるんですけども、そこにとうとう泉ピン子さんも加わってしまったっていうことですね。これはロレックスの中の一つのケースとして、「段々似てくる」というジャンルがありますので、段々似てくるがデュオからトリオに拡大したのだということを、今回ウィズダムさせていただきまして、皆様の信を問いたいと思います。

第３１０回（２０１７年５月７日）フリースタイル

チンパンジーに似た美女、エマ・ワトソン

　さて、『美女と野獣』を見に行ったんですけど、とにかく非常に素晴らしい映画で、非常に示唆的でした、色んなことが。えぇとね、今生放送だしな、どうしようかな……。誤解を受けそうな話を今しそうなんだけど。誤解を受けそうだからこの話をリスクヘッジして、誤解を受けないようにこの話は止めてしまって、バーで友達と話すだけにしようか、オンエアに乗せようかっていうことで、今、もう「生きるべきか、死ぬべきか」みたいなね、コンプライアンスのハムレットみたいな気分ですけど（笑）。

　エマ・ストーン……（笑）。エマ・ストーンじゃねえわ。あのね、今年は『ラ・ラ・ランド』があって、『美女と野獣』があって。エマ・ストーンとエマ・ワトソンがどっちも踊りを見せることによって多くの人の心を摑んだ年ですので。エマ・ストーンとエマ・ワトソンを言い間違えちゃうっていうのもね、何か一つの楽しみっていうところでしょうけど。アタシはまあ、『ラ・ラ・ランド』はまあまあまあ、何て言うんですかね、shit って思ってますけども（笑）……。言っちゃった（笑）。まあいいや。『美女と野獣』はもう最高でしたよ。どこが最高かっていうと、本当にこれ、冗談でも諧謔でもないですよ、本当に。それから、ある種の個人的な悪い思い出がある方なんかに触れちゃったら本当ごめんなさい。本当に悪いことを言おうとし

てるんじゃなくて言うんですけど、エマ・ワトソンの額の皺とほうれい線、つまり、あの人って顔の皺が比較的多くて、笑い皺とかが出やすい人なの。で、そのことを隠さない。潔いですね。女優さんはそういうことをボトックスだとか、あるいはもっと手軽に、出来上がったフィルムからCGで上手く消してくれとか言ったら消えますからね。ですけど、そのままやってるんで、エマ・ワトソンさんがチンパンジーに見えてくるんですよ、見ていると。

これ、猿に似ているって言われてバカにされたっていう、小学校の頃に言われて傷ついたとかいう人がいたらトラウマに触れちゃうかもね、ごめんなさいね。アタシが言いたいのは、それでも可愛いっていうことなの。すっごく可愛いの。エマ・ワトソンが。めちゃめちゃ可愛いんですよ。めちゃめちゃ可愛いんだけど、最初の『猿の惑星』の特殊メイクと彼女の通常の顔が、ほぼほぼ変わらないように見えるぐらいチンパンジー顔なんですよ。人間は何かに似ています。アタシはよく深海魚に似ていると言われます。アタシが教えている生徒の中で一番人気がある女の子はカバに似ています。

動物や草木、魚類なんかに似ている人のほうがセクシーだっていう話は、この番組でしたと思うんですけど。一番恐ろしいのは人間にしか見えない顔だと。それは誰かというと、長谷川Pなんだっていう話を前にしましたよね（笑）。獣や草木、昆虫、あるいは電車とか物でもいいですよ。何かシミュラクラで似ている人はね、やっぱりセクシーだし善人に見えるの。人間でしかない顔っていうのはやっぱり恐ろしいですよ、アタシはね。そういう意味でアタシはこの番組のプロデューサーを恐れています。それに対してディレクターは恐れていません。何かに似ているからなんですよね。言ってみれば、里芋に似ているとも言えますし（笑）、いろんな物に似ているんですよ、戸波さんは（笑）。まあ、それはどうでもいいんですけど（笑）。

とにかくエマ・ワトソンはチンパンジーに似てるの（笑）。これは間違いない事実。なんだけども、そのエマ・ワトソンが本当に美しいわけ。めっちゃくちゃ可愛いですよ。もう、ヤバいですよ。最後大活躍するところなんか……。あ、駄目だ。これから見る人のために、ネタバレになっちゃいけませんから。とにかく、『ハリー・ポッター』を観ていた頃はこんなに綺麗な人だと思わなかったし、『ブリングリング』観た時も「転向して演技派になったんだ」って言ってたけど、まあどうかなって思ってたんですけど、『美女と野獣』を観たら、こんだけ可愛いのか、まだまだヒロイン、お姫様役全然いけんじゃんって思ったぐらい可愛いの。でも、猿に似てるの。

そして、ジャン・マレー当時の、つまりフランス映画の第一作の『美女と野獣』の時の野獣の顔っつーのが、もう狼男のマスクみたいなのをつけてるから完全に醜い。美醜っていうものは難しいです。ですけども、美醜っていうのは難しいっていうか、美醜っていうのはアタシはないと思っています。美醜っていうのは全部相対的なもの。あるいは個人的な、宗教的なものであって、クロノス時間みたいに社会的、絶対的には決められないです。囲い込んで、囲い込んで基準にすることはできますけどね。最後の一手はその人の気持ちだと思うんですよ。ということは、やっぱりないんです、基準は。で、ジャン・マレー当時の『美女と野獣』の野獣は本当に醜いっていうか、簡単に言うと笑うぐらいの毛皮の仮面ですよね（笑）。ところが、今回の野獣は、これカナダとかに行ったら髭の濃い人、このぐらいの人いるよ、ぐらいなのよ。毛が長くて、ソバージュで、顔面中に髭生えてる人がいたら、これ別に特殊メイクとは言えないんじゃないか、ぐらいなわけよ。そうするとね、何が言いたいか。野獣のほうの特殊メイクも大分人間に近いし、女優のほうの何もしてないメイクが大分猿に近いんですね。中心に寄ってきちゃってるんですよ。お互いにこう、歩み寄る感じで。そうすっとね、『美女と野獣』のテーマっていうのは、『Beauty And The Beast』っていうぐらいで、絶対的な美に対して絶対的な醜っていうのがぶつかる、だけど絶対的な美を持っている人は……。人間は外見じゃない、心の美しさが問題なんだっていうのがこの映画のテーマなはずなんだけど、もう心が美しいも何も、みんな美しいのよ、全員が。なんで、肝心要の『美女と野獣』のテーマである「美しいお姫様が醜い野獣を好きになる」っていうことが、液状化、もしくは蒸発しちゃってる映画なの。なんですけど、とても素晴らしいです。

第310回（2017年5月7日）フリースタイル

「ソウル2ソウルBAR〈菊〉」オープニング・ウィズダム（第312回）

「トランプがFBIのトップを解任した日の直後に、皇室に『ご婚約へ』という報道があったのは偶然じゃない」とか、難しい表情で言いながら、悪友はオフィスでスマホをいじってる。アメリカでこの報道は、とんでもないプライスがあって、ニュース番組は一日中この件について報道しているのに、日本では驚くほど報道が少ない。「偶然のはずがないよ、なあ、そう思わないか？」

彼のスターバックスのコーヒーは少し冷めてるけど、普通に旨そうだ。恋をしている僕には、彼が「自分は今、恋なんかしていませんよ」という必死のアピールをしているようにしか見えない。トランプが世界を悪い方向に向けて舵を切ろうと、奇跡的にそれを反対方向に切り直してくれたとしようと、彼女からのメールは来ないままだ。もう50代も半ばになろうというのに、僕の心理的な最重要事は大きな世界ではなく、一番小さな世界に向けられている。ガラケーはこんなに小さい。

そして、知っている。無駄なことを山ほど。そう、恋は帰ってはこない。「もう一度やり直した恋」というのは、原理的には存在しない。「距離を取ることで改善された恋」も。惰性で延命しながら、僕らはいくつかのあまりに愚か過ぎる提案を頭の中に並べては苦しむ。まるで間違った薬でも呑んでしまった患者のように。曰く、「いっそのこと、嫌いになれたら」。曰く、「そもそも出会わなければよかった」。曰く、「あいつにさえ抱かれていなければ、まだ許せるのに」。

うんざりしながら、残りのケーキを食べているような、甘い拷問の時間に、ソウルミュージックが届く。突然、そしてゆっくりと。その歌詞は地上で最も賢い動植物の水準ではなく、バカげた人類の中でもとりわけ愚かしい、間違った薬でも呑んでしまった患者に向けて書かれている。可処分所得をすべて疑似恋愛に注ぎ込み、神のいない世界でお布施というものを科学的、そして実践的に捉え直して生きる現代の賢者たちに比べると、偶然流れてきたソウルミュージックによって、彼女からのメールがないことが素敵なことにでも変わる魔法をかけられて、しばらくの間恍惚とする者たちは、愚か者の中の王様だ。

特定の国家、特に隣国を生理的に嫌悪する人々でさえ、僕の愚かさに比べれば可愛いものだ。そう、国交は帰ってくる。もう一度やり直した貿易や国民感情は原理的にいくらでもある。戦争をしたことで改善された国交も。しかし恋は帰ってはこない。「もう一度やり直した恋」というのは、原理的にはない。「距離を取ることで改善された恋」も。惰性で延命しながら、僕らはいくつかのあまりにも愚か過ぎる提案を頭の中に並べては苦しむ。まるで間違った薬でも呑んでしまった患者のように。曰く、「いっそのこと、嫌いになれたら」。曰く、「そもそも出会わなければよかった」。曰く、「あいつにさえ抱かれてなければ、まだ許せたのに」。

それが証拠に、つまり証拠はこれで二つになった、という意味になるけど、こういうことだ。だって、韓国語で書かれた今夜最初の曲の歌詞はこういうものなんだから。僕らは奴の、幾分冷めてはしまったけれど、まだまだ旨そうなスターバックスのコーヒーをかっぱらって飲みながら、いつの間にか流れてくるソウルミュージックが僕らにかける魔法によって何度でも恋をするしかない。さあ、もうすぐ夏がやってきます。あなたの新しい、恐ろしい、素晴らしい、次の恋の準備のために。

（＊以下、IU（With Hyukoh）「愛がちょっと」菊地訳）

古谷有美　最初に言っとくけど、あたし絶対に謝らないからね。もう何も言うことない。で？あなたは後悔しないの？　何も関心ないじゃん。友達が何よ？　You know what to do?　何をしたかわかってんの？　もう疲れた。今日は止めよう。手を離して。これ以上、繰り返したくない。これ以上、繰り返すのは嫌なの。また全部あたしが悪い。たぶんそう。あたし、あなたを恨んでるみたい。愛がうまくいかない。いい頃を思い出してみても、身体をくっつけてみても、キスしても、全然思い通りにいかない。笑い話みたいだよ。振り返ってみても、お互い知らずに責め合っても、今はもう、二人はもう一度、愛みたいなことって、できるの？

菊地　５回目の「ごめん」って言葉。たった今、君からうんざりされたのかも。なんか最後の日みたいな予感がする。You know what to do?　何をしたかわかってんの？　今日、一日中その予感がしてて、夕方にはどうしていいか、わからなくなってた。でも君を見たら、何度も君の中に自分が見えた。そんな自分が嫌だ。愛がうまくいかない。いい頃を思い出してみても、身体をくっつけてみても、キスしても、全然思い通りにいかない。笑い話みたいだ。振り返ってみても、お互い、知らず責め合っても、今はもう、二人はもう一度、愛みたいなことって、できるの？

古谷　もしもし、今どこ？
菊地　そっちは？
古谷　家だよ。
菊地　オレ……タクシー……の中。
古谷　もう着いたの？
菊地　ごめんね……。
古谷　ええっ？　何が？　どうして？
菊地　いや……なんか……全部……。
古谷　……じゃあね。
菊地　財布……そこに……忘れてきちゃった。
古谷　や……あのね……ま、いいや……。
菊地　え、何？　言ってよ。
古谷　なんか……もう……あなたを憎んでるみたい。
菊地＆古谷　愛がうまくいかない。いい頃を思い出してみても、身体をくっつけてみても、キスしても、全然思い通りにいかない。笑い話みたいだよ。振り返ってみても、お互い知らずに責め合っても。もうずっと、二人はもう一度、愛みたいなことって、できるの？

IU（With Hyukoh）「愛がちょっと」『Palette』（Loen Entertainment）所収

第312回（2017年5月21日）ソウル2ソウルBAR〈菊〉

第315回前口上

あなただけ今晩は。悲しみよ今日は。そして武器よさらば。6年ぶり、日曜夜の8時に帰ってきたぜ。振り分け荷物は中年男の人生に降り掛かる艱難辛苦と、ヤバ過ぎるCDばかり。と、いつもの枕詞、通常装備のオープニングも久しぶりですなあ。「菊地成孔の粋な夜電波」シーズン、ゴルゴ13でございます。撃っちゃう？　デューク・東郷平八郎。日清日露のカップヌードル。浅間山荘。というわけでですね、オンエアの頃には梅雨なのかしら、ハッピーバースデー梅雨、なんつって、落語番組の後番組の口上で言うのも野暮ですが、ほ、ほ、ほ、本当にいいんですか、こぶ平が正蔵で？　なんつってね、結構いいんですかね？　ああいう跡目の継ぎ方も結構フラがあって？　なんつって、アタシ、6月の14日が誕生日ですんで、かなり高い確率でハッピーバースデー梅雨なんですけどね。梅雨はいいですよ、じめじめしてね。パンに黴生えちゃったり、単に間違えちゃったり、犯人差し換えちゃったり。もう最近はホスピタリティ高過ぎてね、日本もね。貴族のデカダンになっちゃってますからね。ここは一つ、あえてね、汚れた公衆便所みたいなの作っちゃったりとかね。呑むと痛みや不安が取れる薬じゃなくて、呑むと痛みや不安が出てくる薬作っちゃったりして。この番組もわざとつまんなくしてね、正蔵師匠呼んで。冗談ですよ（笑）。はい、昭和の頃はね、カールスモーキー石井監督が作った『河童』とかね、ああいうのを年に一回くらい観て、いいもんばかり喰い過ぎた肥満体をスリムにしたもんですけどね。もう何ヵ所から怒られるかわかんなくなっちゃったんで。怒られたがりのジャズミュージシャンですけども。久々のオープニング曲は、エマニュエル・ヴァルディのアレンジによります、61年、「マギーのテーマ」。こちらを出囃子にこの春から夏、ラジオの前の皆様のどんよりした心と身体をくすぐってくすぐって、良い湯加減にしちまおうって算段ですが。本日は久しぶりのフリースタイル。選りすぐりの4曲をお楽しみいただきます。では、帝都東京は港区赤坂、力道山刺されたる街より、ＴＢＳラジオがご提供する本邦唯一のフリースタイルラジオの始まりです。人生は遊びでございます。泣いても笑っても、一回きりの桐箪笥。名古屋で大売れ。と、お相手は今週で50と4歳。ジャック・ラカン曰く、欺かれぬ者は彷徨う。彷徨えるジャズミュージシャン、私、菊地成孔が務めさせていただきます。グルーミー。それでは早速本日の一曲目を参りましょう。

Vardi and the Medallion Strings「Maggie's Theme (For Now For Always)」『Maggie's Theme』(Kapp Medallion) 所収

第３１５回（２０１７年６月11日）フリースタイル

オン・ザ・ロック

はい、どうも、「菊地成孔の粋な夜電波」。ジャズミュージシャンの、そして、好きな夏の食材はですね、全部やっぱ天ぷらで喰いたいですね。串揚げでもいいですけども。まあ、揚げて喰いたいですね。好きな夏の食材、3位、茄子。2位、鱚。1位、氷っていうね。氷が一番好きですよ、やっぱね。氷の天ぷら、最高でしょ（笑）。天つゆでカッと、こうね（笑）。日本人は、アイスクリームの天ぷらなんつって、「びっくり」なんて言ってたのが昭和ですよね、あれね。昭和も40年代だと思いますけどね。いつまで経っても、氷の天ぷら出ないんでね。いつ出るんだ、いつ出るんだ、と待ち望んでおりますけれども。

氷、本当に好きですねえ。昔は本当にね、氷屋がガシガシかき出して、売りに来たもんですけど、今はコンビニでね、氷売ってますよね。ビニールの、ジップロックみたいな、パチッとやる……あの氷があるじゃないですか。あれ、なんか見ると五つ六つ買っちゃいますよね。

あの、「見ると買っちゃう」シリーズってあると思うんですよ。ティッシュとかね。ペンとかね。見ると要らないけど買っちゃうっていう。で、なんか溜め込んじゃうっていう。フロスとかね。今、多いですよね。キャラメル買い込んじゃう人とか。アタシ、それが氷で。氷をすごい買っちゃうんですよ（笑）。製氷室がいつも満タンっていうね。製氷室の脇のほうに氷がちょっと、しかも半分使った氷の袋があるなんてことがありえないっていう菊地成孔が、TBSラジオをキーステーションに全国にお送りしております。

何でも氷で呑むの（笑）。呑むって、水とかを。生《き》で呑まないわけ、夏は。夏場は水なんかは、もうキンキンに冷えてても、やっぱ氷で呑みますね。要するにオン・ザ・ロックですよ（笑）。菊地・オン・ザ・ロック・成孔ですよ。だからもう、何ていうか、素麺もオン・ザ・ロックですから。ざる蕎麦もオン・ザ・ロックだし。まあまあ、最高なのは水のオン・ザ・ロックですよ。やっぱりかき氷の達人は、一番好きなのがスイだって言いますね（笑）。あれと同じで、水のオン・ザ・ロック、一番旨いですねえ。

あとは、最近はまってるのはね、コカ・コーラの、太んねえやつあるでしょ、ゼロファットの。ゼロファットのコカ・コーラに、ゼロファットの三ツ矢サイダーを混ぜるの。それオン・ザ・ロックでやると、めっちゃくちゃ旨いですよ。皆さんも是非お試しください。まあまあ、夏の呑み物は、意外と皆さん混ぜないんで。混ぜていきましょう。結構な割合で、雑に作っても、カクテル美味しくなりますんで。で、締めにいい氷入れときゃね、大体様になりますんで。大分時間作れますね、あれでね。

アタシなんか家で音楽聴く時間が長いんで。どうしても音楽聴きながら、夏場、喉渇きますからね。ガキの頃からね、腹空かしの喉渇かしでね。腹空かしのほうは大分治りましたけど、まあ、あんま喰えなくなってきたわけですね、やっぱ54にもなるとね（笑）。ガキの頃はめちゃくちゃ喰ってたんですけどね。喉渇かしは54になっても変わんないんで、もう喉渇いて渇いて、しょうがないですね。喉渇くと、あんまり喉渇き過ぎて、病気じゃないかなと思って、それなっ）。

「喉渇く　病気」で検索すると、すごい怖いのがいっぱい書いてあるんですけど。でも、全然それなったことないすね。54年間喉渇きっ放しなんですね。やっぱね、やっぱ、人間どっか渇いてないと駄目ですよ（笑）。渇きがないと駄目だと思いますよ。かなりバカみたいなこと言ってんな、オレ（笑）。

第315回（2017年6月11日）フリースタイル

第316回前口上

（♪ Steve Coleman「Negative Secondary」に乗せて）

Cool world. さてはジャズマニアの皆様。今は無き「スイングジャーナル」に敬意を表し、ブラインドテストと参りましょうか。たった今お聴きになっている無伴奏のアルトソロ、誰だと思いますか？「最近のリー・コニッツ？」ブー。「アンソニー・ブラクストンの最近の？」ブー。「ECM辺りから出た新人？」ブー。「あーわかった、これお前の新作のテストテイクだろ？」残念ながらブーでございまして、これがなんと80年代が懐かしい、あのスティーヴ・コールマンが昨年録音しました完全無伴奏ソロのアルバムなんですね。アルバム一枚をアルトサックスのソロだけ、しかも全篇無調、つまりキーのない、いわばフリー・ジャズの無伴奏のソロだけ。恐らく地球上で2000枚売ったらば、少し売れ過ぎというくらいの難物であります。しかしM-Base時代のスティーヴ・コールマン、大変な人気でしたが、同時期にデビューしたウィントン・マルサリスに潰された。なぜならコールマンは新時代のエッジでありながらアフリカンルーツを押し出したのに対し、ウィントンはスーツ着用の古典回帰。白人のリスナーが泣いて喜んだから、などという真しやかな説もございますが、どうなんでしょうね？　さて、ではこちらは同じブラインドテストでも、二問目はほぼほぼサービス問題となります。

（♪ Miles Davis「On The Corner」に乗せて）

はい、こちらジャズファンならどなたもご存知、帝王マイルス・デイヴィスの名盤『On The Corner』ですね。ソプラノサックスはデイヴ・リーブマン。マイルスが飼う番犬、つまり隣に置くサクソフォン奏者ですけども。まあマイルスは何だかんだで色んなことやってますけどもビーバップ発だってことの名残が、自分がトランペット、もう一人番犬としてですね、隣にサックス奏者を置くってことを終生止めなかったことで明白ですけれども、まあそんな番犬の中でもかのジョン・コルトレーンと人気を二分する狂犬ですね、デイヴ・リーブマンは。ケルベロス、地獄の番犬もかくやといったやつですが。モード派のソプラノサックス奏者でしたら、誰しもがコピーするという名演。不肖私もコピーさせていただきましたけども。コールマンだ、リーブマンだのね、「マン」が付くのはユダヤ系だなんてことを言う御仁もいらっしゃいますが、どーなんでしょうね。ま、そういや、番犬の中でも最も強えと言われてるのはドーベルマンですね。こちらも「マン」ですが、ドイツ産でございます。さて、コールマンって名前はねえ、コールマン・ホーキンス、オーネット・コールマンだなんつってね、サクソフォンの名人には名前の共有が多いんでしょうか（笑）。いや、リーブマンはいねえよ、リーブマンの前にスティーヴなし、リーブマンの後にスティーヴなしなんつってね。
「菊地成孔の粋な夜電波」。今夜はジャズ・アティテュード。純粋なジャズ番組が我が国のラジオ界から消えていく中、これは恐らく有線のジャズチャンネルが世界で一番素晴らしいからでしょうね、日本がね。魚民でエイヒレなんか摘んでるとコルトレーンの『Black Pearls』からついつい聴かなくなっちゃった曲とかなんかが流れ出してきちゃったりして、ジャズマン魚民で落ち着きゃしない。みんなで音声検索アプリかざしちゃったりしてね。なわけですけども、そんな中、せっかくの現役ジャズマンがパーソナリティを務める番組なんだから、まあ現役のジャズミュージシャンっていってもね、彷徨ってますけどね。というわけで、今宵のジャズ特集、サブタイトルを「遅まきながらジャズ界のリーマンショック」と題しまして、「スティーヴ・リーマン」という(笑)、これまたややこしい名前の、コールマンでもリーブマンでもない、スティーヴだけどリーマンだよってね。こいつがなかなかの曲者ですんでご紹介しましょう。というわけで、帝都東京は港区赤坂、力道山刺されたる街より全国にお届けしております。「菊地成孔の粋な夜電波」久々のジャズ・アティテュード。電波のジャズ喫茶として一時間、今夜は一時間全部スティーヴ・リーマンの作品だけでお届けしようってんだから、TBSも太っ腹、スペシャルウィークなのにこの内容。数字は他で取ってるから、お前さんとこは好きなことおしよってな、お大臣な具合なんですかね。それでは、すれっからしのジャズマニアの皆様から『BLUE GIANT』の読み過ぎでにわかジャズファンになって、にわかである喜びに浸っている皆さんも、あるいはジャズなんか大嫌い、だってみんな同じなんだもん、という方までお楽しみいただきたく。そうですな、ビールのオン・ザ・ロックなんかよろしいですね。これはどのご家庭の冷蔵庫にもあるはず。一方こちら、どのご家庭のCDラックにもiTunesにもなかなかない、無名の猛者の音楽をご堪能あれ。というわけで、早速今夜の一曲目です。

（♪ Steve Lehman Octet「Glass Enclosure Transcription」）

Steve Lehman Octet「Glass Enclosure Transcription」『Mise En Abime』（Pi Recordings）所収

Miles Davis「On The Corner」『On The Corner』（Columbia）所収

Steve Coleman「Negative Secondary」『Invisible Paths: First Scattering』（Tzadik）所収

第316回（2017年6月18日）スティーヴ・リーマン特集

職務質問

はい、「菊地成孔の粋な夜電波」。ジャズミュージシャンの、そして最近ですね、ついこの間もあったんですけど、職質されがちな（笑）。……まあ、あの……歌舞伎町周りのお巡りさんと、客引きのアフリカ人と、焼肉屋さんなんかのリトルコリアの韓国人はほぼほぼ、みんな友達だったんで、そういうことはなかったんですけども（笑）。……やっぱりフッドといいますか、自分の縄張り出ますと、ま、特にね、タトゥー入れてからは多いですね。まあ、アタシ夜行性で、老眼鏡に色入れてるんで、まあ夜見るとサングラスみたいに見えるのね。で、もう半袖の季節ですから、サングラスにタトゥー入ってて、夜中にうろうろしていると、あっという間にやられますよね。この間はね、どこ署とは言えませんけどね、全然違うエリアで喰らっちゃって。大変協力的なね、もう全然。……「あの、申し訳ありませんけど……」って優しく来るじゃないですか、職質って。「申し訳ありませんけど、鞄のほう」「はい‼ 全然、調べてください。裏返しちゃって」って、ばらばらばらって。ま、一応、ぽんぽんぽんぽん、ボディーチェックされたりしてね、「すいません、すいません」って言われながら。目は全然「すいません」じゃないんですけど（笑）。ぽんぽんぽんぽんやられて。こっちはすごい協力的に。で、パスポート見せて。国民健康保険も見せて。「アタシ、本当怪しいもんじゃないすっよ」とか言って、「そちらiPadとかお持ちですか？　まあまあiPhoneとか、スマートフォンとか何でもいいですけどお持ちでしたら、アタシの名前で検索していただければ。特に有名だってわけじゃないですけど、どういうもんかって、怪しいもんじゃないっていうのはわかると思うんで」「まあ、今ね。有名な方のほうがお持ちのこともあるんで」って（笑）。それ言われたらお終いだろう、と思いましたけどね（笑）。「まあ、一応ね、大学教員だったりもするんですけどね、非常勤ですけど」「まあまあ、今ね。大学の先生なんかもよくお持ちで」って言われて（笑）。逃げ場ねえじゃないかって思ったんですけど。まあまあ、それでも結局ね。当たり前ですけど、そんなもの持ってないですからね。綺麗さっぱり、何にも臆することなく。そういうことに「Fuck the police!」という方もいらっしゃいますけど、お巡りさんも日本の治安を守ってくださる立派な仕事の方々なんで、協力的にやって。ま、そらいいんですけど、唯一、ちょっとね、言わせていただきたいことがあるとするならばですよ、まだまだお若いお巡りさんがね、アタシに対して「ちょっとちょっとお兄さん」っていうね。お前の親の歳だよっていうね（笑）。父さんにちょっとそのチャカ貸してくれよっていう（笑）、そんな菊地成孔がTBSラジオをキーステーションに全国にお送りしております。

第316回（2017年6月18日）スティーヴ・リーマン特集

第317回前口上

あなただけ今晩は。悲しみよ今日は。そして武器よさらば。6年ぶり、日曜夜の8時に帰ってきたぜ。振り分け荷物は中年男の人生に降り掛かる艱難辛苦と、ヤバ過ぎるＣＤばかり。と、いつもの枕詞。「菊地成孔の粋な夜電波」シーズン、ゴルゴ13でございます。撃っちゃう？撃っちゃう？　デューク・東郷平八郎。日清日露のカップヌードル。浅間山荘。というわけで、先日お蔭さまで、ありがたくもねえ誕生日を迎えまして、53から54になりまして。番組が始まった頃はＡＫＢ48歳って言ってましたからね。あれから喜びも悲しみも幾年月。この間まで53歳、ゴミ《53》でしたけどね。54歳、御用《54》ですよ。なにせ、最初のお誕生会してくれたのがね、お巡りさんたちっていうね（笑）。誕生日って夜の12時に来るじゃないですか。もうアタシの誕生日なんて誰も祝いませんから、一人で呑んでまして、いい加減帰ろうかなと思って、車道で車を拾おうとしたら、サプライズでパーティー始まっちゃって。お巡りさんのコスプレした、本物の四谷署のお巡りさんがね、4、5人やってきて「御用だ、御用だ」。別名、職務質問ですけどね（笑）。とまあ、そんな国家権力から綺麗な女性まで、捕まえられたがり。まるでルパン三世みてえな、菊地徳太郎二世ですけども（笑）。オープニング曲は、イスラエル出身のヴィオラ奏者、エマニュエル・ヴァルディのアレンジによります「マギーのテーマ」。こちらを出囃子に、ラジオの前の皆様のどんよりした心と身体をくすぐってくすぐって、良い湯加減にしちまおうって算段ですが。本日は特集なしのお任せコース。選りすぐりの4曲をお楽しみいただきます。それでは、帝都東京は港区赤坂、力道山刺されたる街より、TBSラジオがご提供する本邦唯一のフリースタイルラジオの時間の始まりです。人生は遊びでございます。泣いても笑っても、一回きりの桐簞笥。名古屋で大売れ、合衆国に戻ってハバナ大揺れ。と、お相手はジャック・ラカン曰く、欺かれぬ者は彷徨う。欺かれねえ代わりに、彷徨い続けるジャズミュージシャン、私、菊地成孔が務めさせていただきます。キナ臭い世の中ですが、世の中がキナ臭くなかったことなど一度もありゃしません。いつものように幕が開き、何もかんも忘れて、良い音楽聴きましょう。それでは早速、本日の一曲目でございます。

Vardi and the Medallion Strings「Maggie's Theme (For Now For Always)」『Maggie's Theme』(Kapp Medallion) 所収

第317回（2017年6月25日）フリースタイル

嫌いなものの忘れ方

はい、えーと、メールいただきました。ただコレ、なんでしょう、多分番組間違えてると思うんですよね（笑）。とは言え読んでみましょう。26歳女性です。「今晩は。恋の進め方と嫌いな女性の忘れ方について教えてください」。

間違ってますよね、これね、ウチじゃないんじゃないですかね（笑）。ま、間違い電話とかね、いまだにありますから、気を付けていただきたいわけですけども。そうですね、これ多分ね、ジェーン・スーさんの番組でしょうね（笑）。でも、まあ、間違い電話にはね、間違い回答で返すってのが、やっぱり都市民、アーバン・シチズンとしてですね（笑）、コミュニケーションってのがあるでしょうから。と言ったのは寺山修司さんですけどね。「今、これだけ人と人とのつながりがデジタル化してくると、生の人間のつながりというのは間違い電話にしかないのである」って寺山修司が言ったんですよ。先生ね、さすが晩年、犬連れてチンコ丸出しで人んち覗いて、お咎めなしだっただけのことはあるなと、すごいこと言うなと思いましたけど。そんなんどうでもいいですけど（笑）。

えーと、「恋の進め方」ってすごいですね。恋って進めていくもんじゃないと思いますけどね。どんどんどんどん勝手に転がっていくもんだと思いますよ（笑）。はい。もっと言うと、こじらせるもんですよね、恋っていうのはね。今様に言うとね。今、ちょっとすいません、若ぶっちゃいましたけど。こじらせていくっていうね。「メンヘラ」とかよく言って、メンタルが特に恋愛時に、具合が悪くなる方をメンヘラなんつって。差別だと思いますけどね。だって、恋愛するって頭がおかしくなるってことですからね。全員メンヘラだと思いますけどね、恋愛してる人は。「オレは正気だけど、恋してるんだ」っていう奴がいたら、結婚詐欺か、それこそ病気ですよ。恋してる人、全員頭おかしいはずなんで。物事が進められるわけないですよね。物事進めるってのは、正気の作業ですから。進められないと思いますよ。ですから、恋の進め方というのは、原理的にはないですよね。

って、すげえ真面目に答えてんな。なんかジェーン・スーさんになった気分ですけどね（笑）。それってどんな気分だよって話ですけど。えー、「嫌いな女性の忘れ方」、ここも重いですね。やっぱ絶対間違いメールだろ、これ。だって女性ですよ、この方。女性が、嫌いな女性の忘れ方について教えてくださいっていうね。まあね、物忘れは本当に増えましたけどね（笑）。物忘れって絶対増えてくもんですよね。「最近さ、物忘れがさ」っていう出だしで、「綺麗さっぱりなくなったんだよね」っていう台詞聞いたことあります？（笑）

とは言え、やっぱ、嫌いなものを忘れるっていうのは、フロイド的に言うと一番難しいです。アタシ、信じてる学問、フロイドしかないんで。フロイド以上に音楽を信じてますけどね。学問なんてクソみたいなもんですけども（笑）。ま、そんなクソみたいなものの中でも、フロイドしか信じてないですけど。好きなもののほうが、まだ忘れやすいですよね。忘れるって、要するにどうでもよくなるわけでしょ。しらけるって、本当に難しいことで。……だけど、それこそ社会派みたいになっちゃうな、ひゃー気を付けよう（笑）。今回ばっかりは特例ということで、社会派になっちゃいます。相談事に答えちゃったりなんかして（笑）。相談事に答えるタマじゃないですけどね（笑）。

あのね、例えばですけど、「ストーカー」って言葉も、ギリギリの用語だと思うんですよ。だって、一回付き合って上手く別れられなかった人が、しつこくついてきたりすることを、「ストーカーになっちゃってさぁ、彼が……」と平然と言う人いますけど、顔見知り程度ならともかく、それどうかなあと思いますよね。上手く別れられなかったら、絶対未練でついてきますよ。昭和ではそういうのをね、「痴情のもつれ」とか「怨恨」とか言ったもんですけどね。上手く話がつくならともかく、つかなかったら、そら追っかけるよと思うんですけど。ままそれはともかくですよ。何が言いたいかっちゅうと、そんななっちゃった人が、ある日待ち伏せしてガンって現れた時にどうしたらいいでしょう、ってなりますよね。そういう人が現れたら、とにかくよく言われるのが、無理くり拒絶したりね、あるいは懐柔したり、仲直りしようとしたりするのは難しい。難しいっていうか、反射的にそうしちゃいがちなんだけど、後々考えると怖いですよね。

やっぱりね、ネジを外してデプログラミングしないといけないの。要するに、しらけさせないといけないんですよね、情熱ってのは。ブロックしようとしても駄目ですよ。ブロックしたら絶対来ますからね。「僕から逃げようったって駄目だよ」ってね。「逃げれば逃げるほど、僕に近づくってわけ。だって地球は丸いんだもん！」つったのは、フォーリーブスですよね（笑）。相当な懐かしさですよ、今（笑）。サブが比較的、歳だってことを利用してね、誰が聴いてるかわかんない、若者が聴いてるかわかんない番組でフォーリーブスって言ったって、しょうがないんですけど（笑）。ヤバいですよ、だって四つ葉のクローバーからきてるんですからね、フォーリーブスね。止まんねえな（笑）。ま、それはともかく（笑）。

駄目なの。デプログラムするためには、しらけていかないといけないんですよ。さて、どうやってしらけていくか。嫌いな女性を忘れるのは誰ですか？　あなたですよね。だから、あなたがしらけなきゃいけないんですよね。あなたが、自分で自分の嫌いだっていう感情をデプログラムして、その人のことを忘れる。って言うか、別にどうでもよくなんないといけないんですね。さて、その時に必ず必要な過程は何か？　なぜ嫌いなのかを徹底的に自分に問うということですね。そいつがどんだけ嫌いで、どういうふうに嫌いでってことをね、本当に、上っ面じゃなくて、どこまでもどこまでも追求するんですよ。つらいと思いますけど（笑）。やっぱりね、痛みが伴いますからね。何か対価を払わないと事は成せないので。

で、なぜ嫌いなのかを、どんどんどんどん問うていくと、大抵行き当たります。近親憎悪だってことに（笑）。完全にね、自分の内部にない原因で人を嫌うってことはほぼないですよ。……すごい真面目な番組になっちゃったな。今、戸波さんが感心している顔が見えて、ちょっと嫌なんですけど（笑）。感心しないでくださいっていうね。オレに感心するなってことですけども（笑）。自分の内部にまったくないものってありますよね。自分の外部にあるものが原因で誰かを嫌いになることって、原理的にないです。自分の内部にあるものが、その人を嫌いになる理由なんで、そこまで降りていくの。そうすっと、「しらけ」の「し」がやってきます（笑）。あと、「ら」「け」って詰めていけばいいんでね（笑）。そんで「しらけ」は完成するんで。その頃にはもう忘れてんじゃないですかね。
すごーい。人生相談って、すると20分も掛かるんですね（笑）。面倒臭え仕事（笑）。ジェーン・スーさんをディスってるわけじゃありません、本当に。ええ、大変に立派なお仕事だと思います、こんな面倒臭えこと（笑）。

第317回（2017年6月25日）フリースタイル

第319回前口上

あなただけ今晩は。悲しみよ今日は。そして武器よさらば。6年ぶり、日曜夜の8時に帰ってきたぜ。振り分け荷物は中年男の人生に降り掛かる艱難辛苦と、ヤバ過ぎるCDばかり。と、いつもの枕詞。通常装備のフリースタイラー「菊地成孔の粋な夜電波」シーズン、ゴルゴ13。撃っちゃう？　デューク・東郷平八郎。日清日露のカップヌードル。浅間山荘。H2O、それ酸素。Capsule、中田ヤスタカさんがやってるバンド。筒井康隆先生がやっていた劇団は「大一座」。座頭市は第一作で3人しか斬っていない。切手貼らないと封書一枚届きゃしねえってのに、Skypeやり放題。どうなってんの、通信って？　伝書鳩からやり直せ。いや、狼煙《のろし》から上げろ。殺しの番号0120-444-444。それジェームズ・ボンドじゃなくて、ドモホルンリンクルでしょ？　『リップヴァンウィンクルの花嫁』でしょ？　なんか変わった角隠ししてるでしょ？　全長3時間って知らなかったでしょ？　大丈夫か、心配でしょ？　DJのコスリ「デショ！　デショ！　デショ！」。ご心配なく。ご進退のご決断を、総理。先週は選挙速報で前途ある若きバンドのプロモーションに水を差しましたなあ。ハン・ジミンという俳優さんが韓国におりますが、私、昨日まで韓国に行っておりまして、これガチなんですけども、日本の観光客の人は、K-POPアイドルに散財する人と、Instagramにスタイルなんたらの可愛い写真を上げたい人しか行ってない。どっちもほぼほぼバックパッカー。ヒューレット・パッカード。ヒューイ・ルイス&ザ・ニュース、ペーパー。いつも総理に似た人がクルーにいると、ジョージ・クルーニー。昔の竹脇無我とロレックス。というわけで、オープニング曲は、イスラエル出身のヴィオラ奏者、エマニュエル・ヴァルディのアレンジによります「マギーのテーマ」。こちらを出囃子に、ラジオの前の皆様のどんよりした心と身体をくすぐってくすぐって、良い湯加減にしちまおうって算段です。帝都東京は港区赤坂、力道山刺されたる街より、TBSラジオがご提供する本邦唯一のフリースタイルラジオの時間の始まりです。お相手はジャック・ラカン曰く、欺かれぬ者は彷徨う。彷徨えるジャズミュージシャン、私、菊地成孔が務めさせていただきます。キナ臭い世の中ですが、世の中がキナ臭くなかったことなど一度もありゃしません。いつものように幕が開き、何もかんも忘れて、良い音楽聴きましょう。それでは早速、本日の一曲目でございます。

Vardi and the Medallion Strings
「Maggie's Theme (For Now For Always)」
『Maggie's Theme』(Kapp Medallion) 所収

第319回(2017年7月9日)フリースタイル

第321回前口上

あなただけ今晩は。悲しみよ今日は。そして武器よさらば。6年ぶり、日曜夜の8時に帰ってきたぜ。振り分け荷物は中年男の人生に降り掛かる艱難辛苦と、ヤバ過ぎるCDばかり。と、いつもの枕詞。通常装備のフリースタイラー「菊地成孔の粋な夜電波」シーズン、伊丹十三でございます。御父君がね、「人生の目的は遊ぶことだ」つった人のご子息ですからね。そんでお父様、「遊ぶうえで最も重要なことは？」って訊かれて、「退屈しないこと」ってね。ついでに、「慌てん坊がキスしようとするとむせる」って言った人ですからね。えー、宮本信子さん、元気になられてよかったですね。「あまちゃん」でね。いつの話だよってね。「あまちゃん」も遠くなりにけり。今だから言えますけどね、結構な因果持ちですよね、あの番組ね。今こそ、マイメン大友良英さんと振り返りたいですけどね。まだやってるんですかね、あまちゃんオーケストラ、ね。アタシもこの秋にね、ガンダム一座でニューヨーク公演やりますけど、アメリカの神様と日本の神様に誓って、もう合衆国じゃ、これ一回きりしかやんないです、絶対ね。いくらサンダーキャットが来てもね。あれきっと、サンダーボルトと「サンダー」つながりなだけだと思いますけどね。てか、あいつ84年生まれだから、倅の歳よ、と中年の小さな叫びと共に、現在お聴きのオープニング曲は、イスラエル出身のヴィオラ奏者、エマニュエル・ヴァルディのアレンジによります「マギーのテーマ」。こちらを出囃子に、ラジオの前の皆様のどんよりした心と身体をくすぐってくすぐって、良い湯加減にしちまおうって算段ですが、本日は特集なしのお任せコース。選りすぐり4曲、お楽しみいただきます。それでは、帝都東京は港区赤坂、力道山刺されたる街より、ＴＢＳラジオがご提供する本邦唯一のフリースタイルラジオの時間の始まりです。人生は遊びでございます。泣いても、笑っても一回きりの桐箪笥。名古屋で大売れ。お相手はジャック・ラカン曰く、欺かれぬ者は彷徨う。あ、そう、これこれ。伊丹万作さんの有名なパンチラインでもありますね。国家に騙されるということ自体が一つの悪であった、なんつってねと、やけに今日は文学的な、彷徨えるジャズミュージシャン、私、菊地成孔が務めさせていただきます。キナ臭え世の中ですが、世の中がキナ臭くなかったことなど一度もありゃしません。いつものように幕が開き、何もかんも忘れて、良い音楽聴きましょう。それでは早速、本日の一曲目でございます。

Vardi and the Medallion Strings「Maggie's Theme (For Now For Always)」『Maggie's Theme』(Kapp Medallion) 所収

第３２１回（２０１７年７月23日）フリースタイル

お前は結局駄目なんだ

えー、色んなメールが来てるんですが……。「この番組が唯一の心の支えです」。もう危ないですね。そんなはざあないと思いますよ（笑）。駄目じゃないかな、それ（笑）。「僕は今年で28歳になる者ですが……」。まあ、今、生きるの一番大変な年齢かもしれないね。「今現在、失業中で、なかなか世の中に順応できず、毎日毎日毎日、僕らは鉄板の上で焼かれて、自分を責めてしまいます」。「およげ！　たいやきくん」の分は今アタシが読みながら盛りましたが（笑）。「この世の中は僕を必要としているのかわからなくなり、このまま消えてなくなってしまいそうです。本当に、何でもいいので、何でもしますので、何か手伝わせてもらえないでしょうか。お願いします」

嫌なこった‼ っていうね（笑）。はい。一昨日来い‼ っていうね（笑）。

この「何でもします」と軽々しく言うようだからお前は駄目なんだ、と恐らくこの方は高い確率で、小さい頃からお父様から言われてると思います。「お前はそんなふうだから、やっぱり駄目なんだ」と。しかしですな、そんなことは、原理的にあり得ません。「そいつがやっぱり駄目だった」「結果的に駄目だった」ということがわかるのは、その人、死んだ後ですから割っときゃいいんですよ。言ってんのお母様かもしれませんが（笑）。

駄目なんだ」なんてことを口にするバカ親父の言うことなんか、金属バットでオツムごとカチてる時とか、ちょっとした時に、「お前はそういうふうだから駄目なんだ」「お前なんか、結局区切りの時にしか、そういうことはわかりません。わからないのに、日常的に、例えば飯喰っ（笑）。あるいは死なないまでも、学校の卒業、あるいは誰かとの死別、あるいは何かの大きな

こういう方はどうしても、万能感の反対である無能感というものに苛《さいな》まれますので、「自分は世の中に必要とされてない」「生きづらい」という症状に取り憑かれがちです。大体こういう方は、「何でもいいので」「何でもしますので」って言うんですよ。これは無能感であることを万能感でアップセットしようとしていることと同義ですよね。もっと言うと、万能感と無能感のミックスね。コレね。つまり、一発で転覆しようとするので、ジャンキーと同じですね。一発打って、暗い気持ちを吹き飛ばそうというようなのと同じで。

もう一回申し上げます。「お前は結局、駄目なんだ」とか、「だからお前は駄目なんだ」というふうに、結論を近未来、あるいは遠未来でもいいですけども、未来的に誰かが駄目だってことをジャッジメントするというのは原理的に不可能です。まあ、相当許せないでしょうね。お父様ないし、お父様の位置にあたる人に全否定されてしまう過去が幼少期にあると、こういうことになります。許せないのにバットでブン殴れない。しかし、その方がおっしゃったことは原理的に間違ってるので。そんなこと預言者にしか言えないので。

なんで、じゃあ、そんな無茶苦茶な、あり得ないことを言うんでしょうか？　お父さんも、誰かに言われてたんですね。これが怨念のリサイクリングです。怨念のリサイクリングは断《た》っ

ていきましょう。怨念のリサイクリングを断つのに、決然とした勇気とかですね、あと、ものすごい身体的な努力は要りません。怨念を与える言葉っていうのが、理論的におかしいんだってことに気づけば、もうそれでOKですから。

「戸波、お前は結局駄目なんだ」……わかんないですよ。戸波さん、これから総理大臣になるかもしんない（笑）。総理大臣は無理でも、官房長官くらいならなるかもしれないね。あるいは、本当に駄目かもしんないです（笑）。場合によっては（笑）。ただ、絶対的に、決定論として「駄目だ」ってことを預言者のように断言できる人は、この地球上に一人もいない……ですよね。誰がよくなって、誰が駄目になるかなんて、そんなんわからないわけですよ。

ところが、未来的に「お前はこのまま大きくなって進んでいったところで、世の中の何にも役に立たないし、駄目になるんだ」っていうことを、よく言ったりする人がいますね。それを真に受けてしまう子供もいたりします。

こんなリンクは断っていけばいいんですよ。じゃないと、この方、誰かにそのこと言っちゃったりなんかして。最近だったら何ですか。外来種のアリ。あれ、何て言いましたっけ？　ヒアリ……ヒアリね（笑）。ヒアリから出る酸が、ヒアルロン酸だっていうね（笑）。全然違いますけど（笑）。デタラメですよ、これ（笑）。ヒアリからヒアルロン酸は出ません。また、ヒアルロン酸を口腔に投入しても、肌は綺麗になりません（笑）。

まあ、それはともかくとして、そういった無知蒙昧、理論的におかしなことっていうのは、怨念っていう理論性を欠いたものによって駆動し、蔓延し、世の中をリサイクルしてしまう可能性がありますので、それを止めていくしかないです。そのためには冷静になるしかないですね。

どうやったら冷静になれるのか、なぜ冷静になれないのか。はい。頭と胸部に熱を持っているからですね（笑）。ラジオ整体に入りますね、久しぶりのね（笑）。放熱しましょう。

第321回（2017年7月23日）フリースタイル

愛とは何か

「愛って何でしょうか？」
愛は、愛している対象に対して、自分の命を捧げる覚悟が十分あるということ以外に、定義はありません。ので、それに対して、命が捧げられれば、愛です。アタシは音楽を愛しています。そういう意味では。その他のものは何も愛してないかもしれません（笑）。これもギリギリですね（笑）。使えなかったら、使えないで構いませんけども。自爆テロなんかなさる方は、ちゃんと自分が信じている宗教に対して、愛、宗教愛、神に対する愛というものを、持っていると思いますね。なので、命が捧げられるのだと思っています。それ以外に愛って何かあるんでしょうか。

恋は、いいですよ。いい感じじゃないですか。命なんか捧げなくていいんだから（笑）。飽きたらやめちゃえばいいんだから（笑）。えー、恋はなかなか楽しいもんですけどね。ちょっとこう、チューしたりして（笑）。バカだなあオレ（笑）。

第321回（2017年7月23日）フリースタイル

テキストリーディング

「鰻の話」

（♪ Jeffrey Wright, Donny McCaslin, Ben Monder, Craig Taborn, Larry Grenadier & Eric Harland「Fifty Dollars（Angels and Demons）［Vocal Version of "Segment"］」に乗せて）

これは鰻の話である。チャーリー・パーカーの曲に乗せて、鰻の話をするのは決して悪くない。僕の実家は千葉県の銚子市という漁港町だ。昔は鰯、今は金目鯛が有名だが、実は銚子市は太平洋と利根川がぶつかり合う地点で、長らく天然鰻の聖地だった。上物は東京の料亭や鰻屋に卸すが、小さかったり傷物だったりする、商品にならないやつが大量に川から上がる。これを銚子の女たちはバケツ買いして、自宅でインチキな蒲焼きにして食べるのである。

夏になると彼女たちは、両手に持ったバケツに傷物の鰻を詰め込めるだけ詰め込んで、秤買いし、汗びっしょりのまま、満面の笑顔で各々の自宅に帰ると、ソウルフードとしての鰻を捌きに入った。何だかもう、縄文人の手製の道具みたいなワイルドなやつで、目打ちをし、腹を開く。肝は股の間に挟んだビニール製の青いバケツにどんどん投げ込んでしまう。これがあらゆる家の軒先で行われる。この光景自体が原始人の村落のような。

料理人になるべく5歳から仕込まれていた僕は当然手伝った。あの時の原始的な包丁さえあれば今でも鰻は割けると思う。肝は大釜にぶっ込んで生姜と醬油でどんどん炊いてしまう。銚子は千葉県だと野田と並ぶ醬油の町でもあり、醬油を味わうために食事をしているぐらい、醬油が好きな人々でいっぱいだ。鰻肝の佃煮だの、そもそも鰻のタレなどはもう最高である。蒸す工程は面倒なので割愛される。ので、白焼きこそなかったが、醬油と山葵で喰ったらさぞかし旨かったろう。蒲焼きは炊き立てのご飯と共にバクバク何匹も喰った。立ったままで。

とさて、さんざん腹を空かせておいて申し訳ないが、ここまではイントロダクション。今回のテーマは山椒についてである。皆様は山椒がお好きだろうか。もちろん鰻重に振り掛けるための。

「鰻に山椒」はストリート鰻出身の僕からするとかなりエレガントなものだった。昭和の粉山椒というものは、昭和の七味唐辛子と同じで押しなべて腰が抜けており、何となく爽やかな香りがするだけのものだったから、まあまあ味に大した影響はないし、鰻重の蓋を開けて、瓢簞形の入れ物からささっと振り掛けるというのは、何と言うか、大人の嗜みというか、一種の儀式というか、そういうものだった。

なので僕は、子供の頃から店で食べる時は何も考えずに鰻重にささっと掛けて喰っていたが、そのうちタレの味を邪魔すると思い立ち、掛けない派に転向して何十年かが経った。何十人もの女の子の部屋でセックスをして、結婚して、離婚して、また結婚して、親が死んで、刺青を入れて、もう一人の親も死んで、パニック障害になって、Impulse! レーベルと契約もして、その間も僕はずっと山椒を掛けずに鰻を喰った。秋も、冬も、春も、夏も。コンビニのも、ミシュラン星付きのも。人生は鰻を喰ってる間に過ぎていった。

先日歩いていたら、「あっ明日、土用の丑の日」と突如気が付いて、その時ちょうど伊勢丹の前にいたので、伊勢丹の中の宮川さんに伺った。伊勢丹の7階、イートパラダイスは売り場が閉まっても営業している。8時過ぎに本店が閉まってから入っていく伊勢丹は風情があって良い。試しに行ってみては？　腹がぺこぺこだったので、中入れ丼を頼んだ。中入れ丼について細かく話すと長くなるが、とにかく鰻丼のデカいやつだ。54歳になったばかりだったので――というのも変だが、とにかくその時はそう思って――何十年かぶりで、こう、優雅に山椒を振ってみた。昭和の腰の抜けた山椒しか連想できなかったので、結構大量に掛けた。

と、これが驚いた。腰が抜けたのは山椒ではなく、僕のほうだった。名店である宮川さんの鰻丼が、中華料理にしか思えないのである。理由は言うまでもないだろう。我々はいつの間にか、長らく「あまり正体のわからない、鰻重の時にだけ出てくる、グリーンの粉」であった山椒に関して、主に中華料理によって、体験し、学び、すっかり強烈でキャラクターの明確な調味料として消費していたのだった。麻婆豆腐や担々麺は言うまでもなく、かなりの高級宴席中華でも、山椒はやれソースに、やれ広東式炙り焼きの下味にと大活躍なのである。鰻喰いは、中華料理である田鰻のぶつ切り煮込み――これには山椒が山ほど入っている――あるいはフランス料理のマトロート・ダンギーユ――これは鰻のブルギニオン、つまりブルゴーニュ風赤ワイン煮込みで、基本的にはココット料理というか、シチューであるが――こうしたものもすべて愛している。愛は鰻と関係がある。

にしてもである。山椒の意味が昭和と逆転することで、江戸前の鰻重が、中華料理にしか思えないというのは結構なカルチャーショックだった。宮川伊勢丹店の仲居さんは全員和服だ。

スウェーデン人コスプレイヤーがものすごく美しい、とかそういう感じだろうか、全然違うと思うが。なにせ、途中で冷たい烏龍茶を呑んだら——そうそう、この烏龍茶が、割烹で下戸の救世主として登場した日だって、日本料理屋の倅である僕はよく覚えている。それまで下戸の人々は、夏場、三ツ矢サイダーやコーラで懐石を喰っていたのだ、とそれはともかく——烏龍茶の冷たいのを呑んだら、舌全体がビリビリに痺れていたのである。うおーーー！！

頭を働かせたら、キリがなかっただろう。伊勢丹に来る大陸からのお客様のこと、和食が他の料理になっていくメタモルフォーゼや、幼少期からの走馬灯のような記憶。世界一食べ物が旨くなってしまった東京にも、不味いものや意味不明のものがたくさんあった、昭和という時代。20世紀。山椒の歴史。「痺れる」という感覚が独立して認知される、何かしらの調味料に関する爛熟期。

しかし、僕の思考は完全に停止してしまった。鰻重が中華料理に思えるというかなりの事件は、僕をちょっとどうかと思うぐらいに興奮させた。日本という静かで優しくて小さい国の、ささやかで美しい個人の記憶など、踏みにじって時代はどんどん進んで行く。それは大陸の英雄にでもなった気分で、僕は、「うおー、うおー」と言いながら、大量の山椒を鰻丼に振り掛け、大いに発奮した。鰻重ではなく鰻丼だったのも功を奏したのだろう。つまり、「複雑な思い」など、最初から何もなかったということだ。

それは銚子の女たちが炎天下に二つのバケツを足下に並べ、汗と鰻の血にまみれて、のたうちまわる鰻を、残虐というに吝《やぶさ》かでない表情で笑いながら、どんどん捌いていた記憶としっかり結ばれていた。我々の人生は短い。とても短いのだ。この夏だって既に友人が一人死んだ。

まだ若かったのに。僕は両親から、人としての教育をちゃんと受けていないので、ストリートですべてを学んだ。結論を急ごう。我々はワイルドでなければならない。短い人生を、大胆に楽しみ尽くさないといけないのである。しかし、街には育ちが良く、自制することによって生きていることの意味を見失っている人々でいっぱいだ。今、この世に有効な物語というものがあるとすれば、ワイルドな者が自制心の強い者を救う、それだけしかない。僕はさらに山椒を振り掛け、結構な大きさの丼を空中に持ち上げてかっ込んだ。僕の左腕にはヒンドゥー教の神の鳥である、ガルーダの刺青が大きく入っている。僕は自分の左腕に向かって、「ほら！　お前も喰え！」と言いながら、目をぎらつかせて笑った。あらゆるアジアの歴史がデタラメに再編されている。歴史がデタラメに再編されるのは正しい。

　これは鰻の話である。チャーリー・パーカーの曲に乗せて、鰻の話をするのは決して悪くないということが皆さんにも伝わったことだろう。音楽はオープニングと同じアルバム Impulse! レーベルから出た『The Passion Of Charlie Parker』より「Fifty Dollars」。これは「Segment」のヴォーカル・ヴァージョンで、ヴォーカリストはお聴きの通り、ジェフリー・ライトだ。さあ、ワイルドに生きよう。山椒をたっぷり振り掛けた鰻を喰い、チャーリー・パーカーを聴きながら。「チャーリー・マリアーノ」のイニシャル、CMです。

Jeffrey Wright & Donny McCaslin & Ben Monder & Craig Taborn & Larry Grenadier & Eric Harland「Fifty Dollars（Angels And Demons）［Vocal Version Of "Segment"］」『The Passion Of Charlie Parker』（Impulse!）所収

第322回（2017年7月30日）ジャズ・アティテュード

第323回前口上

小唄の歌詞をご紹介しましょう。「けっ」と思って聴いたら、あっという間です。これは1945年、太平洋戦争も第二次世界大戦も、どっちも終結した年に作曲されました。作曲のほうは生みの苦しみ、でも作詞のほうはものの数分だったらしいですよ。だから、「けっ、こんなものよくある古い恋歌でしょ」と思って聴いたら、あっちゅう間です。でも、染みてしまった方には、まるで自分のことのように、自分のあの時の、あのことを、どういうわけか音楽が知っていて、それを歌っているんだと思うでしょう。驚くには値しません。うるさ型ならずとも、普通のジャズバー、特にヴォーカルもの、スタンダードソングがお好きな方なら、もう一行目から何の曲かわかってしまうでしょうね。でも、どうかそのことは黙っておいてください。何も知らない、つまりは一番幸福な人々のために。

日に日にあなたを好きになっていくの
日に日に愛が育まれていく感じがする
あたしの愛には見返りなんてないから
それは限りなくて、どの海よりも果てしなくて深い

（下略）

（♪　けもの「Day By Day」に乗せて）

「おい、ところでこれ歌ってるの誰だよ？　英語ネイティブじゃないけど、めちゃくちゃ上手いわけじゃないけど、非常に魅力的だねえ」「ご主人、そんなことは言わずもがな。歌唱はけものの青羊《あめ》さんでござんすよ」。一時期は日本のニーナ・シモンといわれた青羊さん、元々ジャズヴォーカリストでした。これは4年前、不肖、私、菊地成孔がプロデュースさせていただきました、けもののファーストアルバム『LE KEMONO INTOXIQUE』より「Day By Day」です。ピアノは石田衛、ベースはトオイダイスケ、そしてドラムスは石若駿です。邦人の、文字通り、石若俊英たちのスウィンギーな演奏をご堪能ください。

というわけで、ＴＢＳラジオ「菊地成孔の粋な夜電波」シーズン13は、夏休み毎週が「ジャズ・アティテュード」。新しく生まれ変わろうとしている、東京は港区赤坂、力道山刺されたる街より、あなたの心のちょっと深いところを、自慢の、わたしの彼は左ききの人差し指で、さらっと撫でてまいりますんで、恋に落ちたくない方、どうぞご注意を。

（作詞・作曲 Axel Stordahl, Paul Weston, Sammy Cahn「Day By Day」より、菊地訳にて一部引用）

第323回（2017年8月6日）ジャズ・アティテュード

けもの「Day By Day」『LE KEMONO INTOXIQUE』（Airplane Label）所収

今、新宿で一番ヤバいファミレス

はい、「菊地成孔の粋な夜電波」。ジャズミュージシャンの、そして歌舞伎町を出たとは言え、新宿在住には変わりませんので、新宿でずっとゴロゴロゴロゴロゴロまいてるんですけども。「今、新宿で一番ヤバいファミレスはどこですか?」っていう質問がもし来たとしますね。来そうです。まあ、この番組の最初期の頃はね、それがロイヤルホスト東新宿店だったんですけど。もうあそこはね、大陸からのお客様の店ということで定着しちゃって、カルチャー的に安定しちゃったんで、もう全然ヤバくないですね。もう振り切れちゃってるんで。

今一番ヤバいところをお教えしましょう。デニーズですね。デニーズの新宿中央公園店だと思います。いわゆる俗名西口公園と言われている公園が新宿にあります。マイルスが復帰ライブをやったところですよね。あれ、実は西口公園じゃなくて中央公園っていうんですけども。その公園の向かいにデニーズがありまして。1階がね、ローバージャパン。「MINI」ってでっかく書いてあります。ローバーミニの「MINI」ですね。で、2階がデニーズ。このデニーズが最近減っちゃった24時間のデニーズなんですけど。24時間だからなのか、都庁の近くで気の流れがいいのか悪いのか、これ、別名「自己啓発デニーズ」って言われてってですね(笑)。まあ、言われてってっつっても、アタシが呼んでるだけなんですけど(笑)。必ず窓際にですね、まあそうだな……FXってわかりますか？　韓国のアイドルじゃなくて外貨投資のことなんだけど。FXかね、株か、あるいは自己啓発の類だと思うんですけど、必ずもう、窓際の席はびっしりそれなんですよ。この間行った時も、まあ、背広のリーダー格の人ね……。お若い方のリテラシー全部ぶっ飛ばしますけども、もうタンニングした村西とおる監督としか思えないっていう人がいらっしゃって（笑）。その方はリーダーなんですよね。で、この方の口癖が「無限」っていうね（笑）。とにかく、色んなことが無限ですっていうことを、ホステスみたいな感じの女子二人、あと、ちょっとくたびれてるんだけどやる気のありそうなおじさん、あと、ドラマーのFUYUみたいなね――これ、わかんないと思いますけどね（笑）、アタシのソロライブに来ないと――FUYUみたいな感じのちょっとラテン系のBボーイね、この全員を相手にすっげー勢いでしゃべっているわけ。で、全員がボールペンでメモを取ってるんですよね。これはヤバかったっすね。

　その隣もヤバかったんですけど。スリーピースのおじいさん。あとね、まあ遅まきながら優勝おめでとうございますっていう感じなんですけども、白鵬関みたいな感じのおばあさんと（笑）。恐らく、あれがマウスだと思うんですけど――マウスっていうのはターゲットっていうことね（笑）――GUのスーツを着ている若い青年がいて、まあ、なんかすごい説明されているんですよ。めっちゃめちゃ。で、まあアタシもね、変に小器用なほうで色んな職業の人の色んなしゃべり方がパッと真似できるんですけど、あの人たちだけは真似できないですね。「洗剤を、売るんだよね。で、何が環境に良い洗剤かっていうことなんですよね」って。まあ、そこだけはメモしたから、メモを読みますけどね。「何が環境に良い洗剤かっていうことなんですよ、結局。気持ち悪いじゃないですか。気持ち悪いのは僕嫌いなんで。僕ね、結局１００％イエスじゃないと買えないんですよね」っていうところまではメモしたんですけど、あとは全然駄目です（笑）。他の仕事だったらね、20分ぐらいバッと耳で聴いたら覚えられる……何て言ったらいいんですかね、「銚子のモーツァルト」っていう感じだったんですけど（笑）。

あのね、今、東京のカフェ、すごい素敵なところがいっぱいあります。ファミリーレストランも世界に冠たるカルチャーですよ。セブンイレブンはアジア諸国にいっぱいあるけど、ファミリーレストランはあんまないもんね。だから本当にね、世界に誇るべきカルチャーだと思うんですけど。「ああ、素敵だな。美味しいな。こんなに安いのに美味しいんだ。結構安いからいい加減なコーヒーが出てくるんだと思ったら、本格的だ」っていうカフェが東京に腐るほどありますよね。そこを、本気っていうか、本気もへったくれもないんだけど、カフェとしてガチで利用している方々っていうのはもう日本人の人、いないです。「楽しいね。どこに行こうか。ここ、いいカフェだね」なんて言ってるのは、大陸からのお客様、半島からのお客様、東南アジア、南の島々から北上してきたお客様などなどで。

じゃあ、日本人でそれを利用している人たちは何をやっているかっていうと、階段の下の狭い席とかで必ず、自己啓発かＦＸの勧めをやってるんで（笑）。日本人にとって今、カフェの舞台っていうのは商売の舞台ですよね。まあ、マウスを摑まえて一人ずつ一人ずつ釣り上げていくっていうね。まあ、ネタごと駄目ですか？　大丈夫？　ええと、まあギリギリですけどね（笑）。はい。そしてもしそういうシーンを見たい場合は、デニーズの中央公園店の、１階がMINIの看板が出ているローバージャパンのデニーズに行っていただければ必ず見れます。時間帯によりますけどね。「お前さん、最近はファミレスなんか行ってないんじゃないか」などといったお叱りのメールもいただいてますからね。まだまだファミレスの話が聞きたいという方もいらっしゃるのだという需要に応えて、結構ヤバめな線を踏んでみました（笑）。

というわけで、そういった風景ね。久しぶりに友達から電話がかかってきたなと思ったら、「菊地、お前頑張ってるよな。最近すごい名前を聞くよ。……小豆に興味ある？」って言われて（笑）。「甘く煮たのにはすげえ興味あるよ」って言って切ったことありますけどね。まあまああまあ、これ以上言うとなんですけども。

第323回（2017年8月6日）ジャズ・アティテュード

第324回前口上

「あららー、ジャズ番組じゃなかったの？」なーんて思ってらっしゃる、コクミン、セイジョー、ダイコクドラッグ、マツモトキヨシ、おーっと、薬屋の名前ばっかり挙げちゃいましたが、改めまして、困惑する国民の皆様、困惑もいいものでしょ？　恋なんて、実際のランニングタイムの80％くらい、あれ困惑してますもんね。なーんつって、お暑うございます。どうですか、ちったあ、涼しいご気分になりましたかな？　クラシックの近代音楽の作曲家が書いたサクソフォンのソナタなんて、滅多に聴く機会ないでしょうね、正直ね。こちらがパウル・ヒンデミット。エドガー・ヴァレーズ、イーゴリ・ストラヴィンスキーなんかと並ぶ、モダン・ジャズに影響を与えた近現代のクラシック作曲家として名前が出る、ひょっとしたら彼が金メダリストかもしれません。お聴きの曲はアルト・サクソフォンのソナタですが、これジャズで言うと、サックスとピアノのデュオ、なーんてことになるんでしょうけどね。これ、書かれたの1943年。言わずと知れた二次大戦中。しかも、同盟国側の負け戦が決まりかけの年ですからね。涼しいんだか、不穏なんだか、あるいは連合国側は景気いいんだか、何だか。ソビエトとドイツはスターリングラードの攻防戦。北アフリカ戦線なんか、ドイツとイタリーが、アルジェリアから入ってきたメリケンと、リビアから入ってきたエゲレスにチュニジアで囲まれちゃってる年ですからね。なーんつって、真夏にこんな話してると暑苦しいもんですけども、ヒンデミットの曲聴きながらだと、軽くクールミント、パウル・ヒンデミット、なんてライム踏んでる間に、おっとっと、肝心なこと言うの忘れてました。そういうわけでモダン・ジャズとの影響関係の強いヒンデミットですが、とは言え、「彼から直接薫陶を受けたジャズミュージシャンなんてのぁ、そりゃいねえよ」と思いますでしょ、ご主人？　とーころが、いるんですね、これが。それが、我らがアンドリュー・ヒルなんですね。何回か前に、「お前さん、アンドリュー・ヒルにだけ、やけに冷たいけれども、どうなのよ、そこんとこ？　なんかアンドリュー・ヒルに恨みでもあんの？　振られた女がアンドリュー・ヒルばっかり聴いてたとか？」なーんてね、そんなクールでヒップな女子と付き合ったらね、振られてバンザイですよね。グッグッときちゃいますよ。「あたし、アンドリュー・ヒルの何かはっきりしないところが好きなの。その点、あなたは何もかもがはっきりしてるから嫌い」なーんてね（笑）、なに、にやけてるんでしょうね。とまあ、そのお便りをいただいた時に、TAKEO KIKUCHIさんが、この夏のTシャツのラインにブルーノート・レーベルとのコラボっちゅうことで、ジャズの有識者にアルバムジャケット一枚選ばせて——あっ、ブルーノート・レーベルのね——Tシャツにあしらうっていう企画がありましてってていう話をしたかと思うんですが、まあまあまあ、ジャズの有識者っつうかね、単に同じKIKUCHIだっていうよしみだけだと思いますけど（笑）。まあ、TAKEO KIKUCHIさんのほうから、「お前さんも一枚お選びよ」と。

さて、それが今週の一曲目です。プレイ中にジャケットの画像検索してみてください。我ながら、こういうセンスいいじゃん。選んだら良かったじゃん。演奏できなくなったら、Tシャッ作って暮らそうかな。でもやっぱり一番いいのは、初心忘るべからず、ヒモに戻ることかしら、なーんてね、ぐらい思いましたよ（笑）。はい、というわけで、すみませんね（笑）。アンドリュー・ヒルで「Black Fire」。

（♪ Andrew Hill「Black Fire」）

はい、パウル・ヒンデミットに薫陶を受けたアンドリュー・ヒルの持ち味は、何と言っても、このどうにもすっきりしない、ちょっとギクシャクした、要するにちょっと小難しそうなクール、ですよね。フリー・ジャズともモード・ジャズとも言い難い、孤高の位置にピアノを置いて座り込んだ人です。こちら1963年、グレートヴィンテージ。アンドリュー・ヒル四重奏団、ブルーノート・レーベルとの初契約は、ジャケット無茶苦茶ヒップでポップですよね。パーソネルはアンドリュー・ヒル、ピアノ。ジョー・ヘンダーソン、テナーサックス。リチャード・デイヴィス、ベース。ロイ・ヘインズ、ドラムス。アルバム『Black Fire』よりタイトル・チューンの「Black Fire」をお聴きいただいております。

と、納涼になりましたかな？「Fireで納涼もあったもんじゃねえだろう」などとおっしゃるなかれ。「Black Fire」ですからね。何なら冷たいと思いますよね、その炎。クラブの便所を照らすブラックライト、みたいなね、感じで。と、今回も始まりました「菊地成孔の粋な夜電波」。シーズン13、ジャズ・アティテュード。もう国際政治的に見たら、グラングランの帝都東京は港区赤坂、力道山刺されたる街よりお届けしております。日々がつまんねえ？　生きるのが辛い？　結構、結構。そんなもん、この黒い炎でクールに焼いちまえ、ってとこでしょうか。人生は一度きり。皆さん、好きなように生きましょう。そう、こいつらジャズミュージシャンたちのように。それでは、「クリスチャン・マークレー」のイニシャル、CMです。

Andrew Hill
「Black Fire」
『Black Fire』
（Blue Note Records）所収

Jean-Marie Londeix
「Hindemith: Saxophone Sonata」
『Portrait』
（MD&G Records）所収

第324回（2017年8月13日）ジャズ・アティテュード

テキストリーディング

「ストレンジに生きよう」

（♪ Gene Ammons「Canadian Sunset」に乗せて）

夏になると水着の女性、もしくは男性が見られるから嬉しいという人々がいて、まあまあ、牧歌的であることは美徳だ。古くは、民主党が日本を変えてくれると信じてワクワクした人や、メンタリズムでフォークが曲がると信じてワクワクした人や、芸能人と芸能人の結婚は永遠だと信じてワクワクしている人や、あるいはもう何がなんだかわからずに無根拠にワクワクしている人に向かって、「ワクワクなんかしてると、後が辛いですよ」などと囁くのは、賢者やニヒリストよりも、遙かにナルシシストに近いだろう。

「いややややや、夏場の水着は夏場の鱧《はも》なんかと同じだよ。つまり旬というものの喜びを愛でているのだよ、こちらは」という方も多いだろう。ハウス栽培や養殖技術の発達によって、今や食物のほとんどが年中収穫できるので、旬などという概念は消えたのだ、というのは確かに寂しい。っていうか、これって一時期あんなに言われたのに、最近全然言われなくなったのはなんで？　何かの戦略？　それとも一度進化した技術の撤退？　そんなこと疑問視しているオレ自身が一番牧歌的？

とまあ、こんな時間潰しはさておき、だ。僕はほぼほぼ一年中、女性の水着姿を見ている。写真だとか、動画だとか、そういう意味じゃないぞ。それなりにカネもかかるし、まあそこそこのリスクだって避けられないが、止められないものは止められない。試しに煙草に旬を設定してみるといい。紙巻き用のあの葉っぱは秋に収穫されるので、やっぱり一番旨いのは冬場のラッキーストライクだな、などという話に、チェーンスモーカーたちが乗ると思うか？

お聴きの曲はGene Ammons、1960年の作品、その名も『Boss Tenor』というアルバムに収録されているスタンダード、「Canadian Sunset」だ。これは2013年のアメリカ映画『ジゴロ・イン・ニューヨーク』にテーマ曲として召喚されている。準主役、というよりフィーチャリング・スターとしてウディ・アレンが出演して名演技を繰り広げていること、こういった渋好みのジャズが召喚されていることなどによって、ウディ・アレンの作品だと誤解している人も多いかもしれないが、これはイタリア系アメリカ人、ジョン・タトゥーロの脚本、監督、主演作だ。

ストーリーはシンプルでタトゥーロ演じる風采の上がらない花屋の店員が、ウディ・アレン演じる、本屋を畳んだばっかりの理屈っぽいユダヤ人に、男性売春夫（つまりジゴロ）としての才能を見出され、ピンプ（つまりポン引き）とジゴロのコンビとして働きながら、ある時、ジョン・タトゥーロはヴァネッサ・パラディと純愛をしてしまい、ジゴロとしては使えなく（つまり勃たなく）なってしまう、というものだ。最初の顧客である、女性の精神科医を演じるシャロン・ストーンが素晴らしい。彼女はレズビアンで、美しい女性のセックス・パートナーがいるが、そこに男性の売春夫を介入させることでさらなる喜びを得る。当時47歳のシャロン・ストーンは単なるセックス狂の中年女性ではなく、愛について深い経験と考察を持つ、一種の賢者として登場する。ある日、いつもの3Pに興じようとした時、ジョン・タトゥーロが申し訳なさそうな表情になる。画面にはもちろん映らないが、ペニスが勃っていないのは明らかだ。この時、シャロン・ストーンはレズビアンのパートナーと目を合わせ、慈愛とそして喜びに満ちた表情で、タトゥーロに「恋をしたのね」と言う。タトゥーロは黙って頷く。レズビアンの二人は「素晴らしいわ。とても素敵」と言いながら、二人でタトゥーロを抱き締めるのである。

恥ずかしながら僕は、何度このシーンを観ても、落涙を禁じ得ない。シャロン・ストーンの長い芸歴の中でこれは最上のものではないだろうか。それとも僕に、何らかのスイッチが特別に設置されているのだろうか。巷間僕は、インテリのハードコアな変態ぐらいに思われている。だが実際は、もっとずっとおしとやかなもんだ。女の子の水着姿に旬がない、つまり一年中着せ替え人形で遊んでいるような幼稚な奴が僕で、なにせ年間を通じてラブホテルのベッドで見ず知らずの女子たちに着てもらっているのは、水着だけではなく、フリーダが退任した後のグッチや、変わらずラガーフェルド様が就任し続けているフェンディのサマードレスなども含まれるからだ。警官や看護婦のコスプレを恋人にさせている牧歌的な人々の耳元で、「そんなのプアですよ」などと囁くのは賢者やニヒリストというよりも、遥かにナルシシストに近いだろう。

SMの最大の醍醐味はプレイ・ハードではない。SとMが逆転するその瞬間である。年間を通じてラブホテルで水着を着せられているのは、どちらかと言えば売春婦の仕事だ。しかし僕は、格闘技で言うところのアンダー・ポジショニングと同じようにして、自分のほうが売春夫である自覚がはっきりとある。水着を着せられている子たちが、セックスのサービスを受けない顧客、なのである。一々恋なんかしていたら商売にならない。というか、発狂してしまうだろう。世の中はストレンジだ。世界のストレンジさを頑なに認めないことで狂ってしまうぐらいなら、ストレンジを生きて正気でいるほうが、些《いささ》かながらでもクールだ、と僕は思う。どうせ、本当の恋をしたら狂うのだから。

もちろん、着てもらう女子が二人の時もある。その時僕は必ず、シャロン・ストーンとそのレズの相手に優しくされたいと思っている。でも、恋をしないと優しくされないな、だからあきらめないとな、と思っている。CDウォークマンでこの曲を聴きながら。ストレンジだ、この世界のように。

「ね、さっきから何聴いているの？」

「ジャズだよ」

「へー、有名なやつ？」

「ううん、マニアックなやつ。渋いよ、ちょっと聴いてみる？」

「へー、これ、マニアックなんだ？　普通に聴こえるけど」

「そう？　ジャズって変わってるでしょ」

「まあね」

これが確か、11月の思い出。

「よく似合ってるよ、それ」

「ほんと？　サイズがちょっと大きいかなって、思ったんだけど」

「ううん。ちょうどいい」

「えー、でもここら辺、ここら辺がさあ、もうちょっとピタッとしたほうがよくない？」

「そうね、じゃ、鋏とアロンアルファでも買ってくる？」

ストレンジだ、この世界のように。これは確か、2月の思い出。今日は僕の生みの母親の命日だけども、確か彼女の死ぬ前日も、翌日も、誰かに水着を着せていたはず。二人のママ、それでいいよね？


夏になると水着の女性、もしくは男性が見られるから嬉しい、という人々がいて、まあまあまあ、牧歌的であることは美徳だ。無根拠にワクワクしている人々に向かって、「ワクワクなんかしていると後が辛いですよ」などと囁くのは、賢者やニヒリストというよりも、遙かに単なるナルシシスト、嫌な奴に近いだろう。自己愛に縛られて、身動きが取れなくならないように振る舞うには、大変な努力が必要だ。ストレンジに生きよう。思いがけないような、変なことだけが、あなたを正しさのすぐ隣に、一瞬で連れて行ってくれる。「チャック・マンジョーネ」のイニシャル、CMです。

Gene Ammons
「Canadian Sunset」
『Boss Tenor』
（Prestige）所収

第324回（2017年8月13日）ジャズ・アティテュード

第327回前口上

あなただけ今晩は。悲しみよ今日は。そして武器よさらば。6年ぶり、日曜夜の8時に帰ってきたぜ。振り分け荷物は中年男の人生に降り掛かる艱難辛苦と、ヤバ過ぎるCDばかり。と、いつもの枕詞、これ聴くの久しぶりですなあ。「聴くの」って、アタシが言ってるんですけどね。ジャズの、しかもジャズ喫茶名盤みたいなコンサバじゃないのばっかりで、さぞかしお辛かったでしょう、ここ数週間。いや、そんなことない？　でしたら、命からがら、残暑で喉もからから。アルコールの前に、冷たい水でもいかがですかな。本日は約一月ぶりのフリースタイル。オープニング曲は「マギーのテーマ」。これ聴くのも久しぶりですなあ。しばらく聴いててみましょうか。

（15秒経過）

……おーっといけねえ。前口上がジョン・ケージになるところでした。というわけで、夏も終わり、9月の初回でございます。未来志向の方はそろそろ炬燵を、過去志向の方はこの夏の楽しい思い出や苦しい思い出をずっとずっと抱きかかえて……どっちもこれキツいねえ。現在、ここ、目の前で集合しようではありませんか。と、夢も思い出も余裕でシカトのナウズ・ザ・タイムは現在主義。本日は特集なしのフリースタイル、お任せコース。選りすぐりの4曲をお楽しみいただきます。それでは、帝都東京は港区赤坂、力道山刺されたる街より、TBSラジオがご提供する本邦唯一のフリースタイルラジオ、その時間の始まりです。人生は一度きりの、そこそこ長え遊びでございます。良い曲聴いて、うっとりしてるうちに無駄に時間が過ぎるほど贅沢な話はございません。たったの50分間、お付き合いのほど。お相手はジャック・ラカン曰く、欺かれぬ者は彷徨う。というわけで、誰にも欺かれない、つまり彷徨い続けるジャズミュージシャン、私、菊地成孔が務めさせていただきます。キナ臭え世の中ですが、世の中がキナ臭くなかったことなど一度もありゃしません。いつものように幕が開き、何もかんも忘れて、良い音楽聴きましょう。それでは早速、本日の一曲目でございます。

Vardi and the Medallion Strings「Maggie's Theme (For Now For Always)」『Maggie's Theme』(Kapp Medallion) 所収

第327回（2017年9月3日）フリースタイル

シネコン別キャラメルポップコーンのキャラメル濃度

新宿のシネコンちょっといい話を皆さんにご紹介します。

日本のほとんどのシネコンがキャラメルポップコーンをマウントしています。キャラメルポップコーンで問題になるのは、もちろんポップコーンの質そのものも問題ですし、量、値段、色んなことが確かに問題になってくるでしょう。でも、やはりキャラメルポップコーンにおける最大の問題はキャラメルがどれぐらいかかっているか、だと思うんですよね。これに関して、アタシのこれは厳密なレポートですので参考にしてください。

最もキャラメルポップコーンのキャラメルが濃いのはTOHOシネマズです。俗に「ゴジラシネコン」と言われている歌舞伎町の奥、一番街のゲートのドンツキにある、元コマ劇場だったところね。あそこのプレミアムキャラメルポップコーンは、もう甘すぎるよっていうぐらいですね（笑）。キャラメルポップコーン好きが怒り出すぐらい、途中でもう甘さでむせるぐらいのキャラメルがかかっておりますので。キャラメルポップコーンマニアの方は、何か好きな映画があったら是非TOHOシネマズに行ってください。

バルト9のキャラメルポップコーンのキャラメルはものすごく薄いです。一番薄いです（笑）。新宿はバルト9、ピカデリー、TOHOシネマズと三つのシネコンを擁しておりますが、アタシはこの三つともでプライベートで映画を見、三つともでイベントに出演してバックヤードも見まくった。もうほぼほぼ子供の頃から映画館に出入りしていたまま、長ずるにシネコンに出入りする大人になったというわけですが、キャラメルポップコーン的に言うと一番薄い。「これ、半分塩でハーフ&ハーフなんじゃないの？」っていうぐらいキャラメルポップコーンが薄いんで。キャラメルたくさん欲しい派の人は、セブンイレブンで買って足してください（笑）。『ベイビー・ドライバー』を見ながらキャラメルポップコーンをすごく味わいたいっていう時に、キャラメル不足が気になっちゃって――キャラメル不足なんか気にさせる映画じゃないですけどね――キャラメル不足が気になっちゃって気になっちゃって、もう映画が見られないよっていうことがないように（笑）。もういくらでもありますから。向かいにありますからね（笑）。セブン&アイのキャラメルポップコーンも最高なので、それを買って、携帯して……持ち込んでいいのかな？　いいんだよね。いいとしましょう。駄目だったらカットしましょう（笑）。こう、買ったキャラメルの上にザッとのせる。これでもう全然大丈夫です。キャラメルが薄いキャラメルポップコーンには、キャラメルが濃いキャラメルポップコーンをトッピング。これで問題解決。

トリキのうぬぼれ

トリキの壁に貼ってある筆書きのマニフェストみたいなのがあって、「鳥貴族のうぬぼれ」っていうタイトルがついているんですけど……あれ、はっきり言って日本語として、文法的にちょっとおかしいんで、今後も番組で追求していきます。菊地成孔です。

第328回（2017年9月10日）映画『ベイビー・ドライバー』特集

第329回前口上

ねえ、提案があるんだ。僕は左遷されちゃうから。業務の成績は優秀なのに、社内の後ろ盾がいないというだけで左遷させられてしまうんだ。そういう仕事なんだよ、政治家というのは。だからもう君とは別れないといけない。異動は10月の第2週なんだよ。だから君とは、ほら、今だって週末に1時間しか会えないでしょう。つまり君とのデートはあと3回しかない。今日を入れて。えっ、左遷されたっていいって？　いやあ、だって異動先は夜中の4時だよ。無理だよー。君ががっつりと寝てる時間じゃないか。えっ、「がっつりと」じゃなくて、「ぐっすりと」だって？　いややや、いーじゃないか、そんなのどっちだって。何だったら「むっつりと」寝ていたって構わない。君の寝顔は可愛いさ、いつも言ってたろ？　そんな、もちろん君が嫌いになったわけじゃない。オレだってこんなに辛いんだよ。あー辛い。ねえ、ほら、ぎゅうっとして。ぎゅうっと。ほら、辛さが伝わってきたろ？　だからそういうことで、君とは悲しいけどお別れだ。えっ、あんまり悲しそうじゃないって？　バカだなあ、バカ。もう一回ぎゅうー。今僕が悲しい顔なんかしたら、お互いにすごく辛くなっちゃうだろ？　無理に笑ってんだよ。それが大人ってもんでしょう？　まあ、ね、だから、お互いの新しい人生にエールを交換するためにも、笑顔で別れよう、ってね。それよりラスト3回のデートで何をしようか？

もう、あれか？　もう全部フリースタイル。えっ、あたしに飽きた？　何を言ってるんだ。何を言ってるんだろうな、この子は。ねえ、変なこと言わないで、この目を見てくれよ。ほら。えっ、そらしてなんかないよ。思いっ切り、ガン見してるっつうの。えっ、あたしの目と目の間をでしょ？　ち、違えよ。そうじゃなくて、まともに見詰め合ったら、涙がこぼれちゃうでしょ。そんなこともわかんないかなあ？

　と、騙されて、捨てられた過去がある方のPTSDに思いっ切り火を付けるようなオープニングで始まりました「菊地成孔の粋な夜電波」でございますが、これすべて番組の時間移動に関するギャグですからね。呼吸ができなくなっちゃった、なんて方はご安心ください。ゆっくり深呼吸しましょう。鼻呼吸でね。はい、吸ってー。吐いてー。というわけで、東京は港区赤坂、力道山刺されたる街より、はい、吸ってー。吐いてー。まるで昔のお産婆さんみたいになってお送りしております。人生は一度きりのそこそこ長え遊びでございます。キナ臭え世の中ですが、世の中がキナ臭くなかった例《ためし》はございません。良い曲聴いて、うっとりしてる間に時間が経っちゃった、なんてのは最高の贅沢ですな。はい、吸ってー。吐いてー。

Vardi and the Medallion Strings「Maggie's Theme (For Now For Always)」『Maggie's Theme』(Kapp Medallion) 所収

第329回（2017年9月17日）フリースタイル

芦田愛菜さんと橋本マナミさん

まあ、芦田愛菜さんが、「しゃべくり007」かなんかでやった、ブルゾンちえみさんのモノマネがあんまりにも色っぽかったっていうんで、大騒ぎというのが……もうネタとしてもちょっと古いですけどね。ただこの番組的に言わせていただくと、芦田愛菜さんと橋本マナミさんがいらっしゃって、どっちも「マナ」なわけですから、♪マナママナっていうね。♪マナママナ、トゥットゥットゥットゥドゥドゥドゥ。♪マナママナ、トゥットゥットゥットゥットゥってい（笑）。60年代に流行ったんですけどね（笑）。ついつい口ずさんでしまいましたけど。この曲とはまったく何の関係もないお二方ですけどね。

まあ、橋本マナミさんは、「愛人にしたいナンバー1」とかいって、手近な旅館みたいなところで、檜風呂で肌に滴が立ってるような写真はもういいんで。橋本マナミさんは今から子供番組のね、お姉さん、世代的に言うこと古くなりますけどね、ピンポンパンとかね、ロンパールームとか、ほんと古いですね（笑）。そういった子供番組のお姉さん役になるべきですよ。ちょっと胸の大きめのお姉さんね。

で、まあ、芦田愛菜さんは、ま、こっから先は言わずもがなっていう感じですけどね（笑）。まあ、この主張は、我ながら、相当早かったですよね。芦田愛菜さんの身長が急激に伸びられたので、男の子でいうと成長期というか、久しぶりに出てきたら大きくなったなっていう。大きくなってる間にイメチェンの準備があるから、しばらく出演を控えよう、入試もあるしねといったところでしょうか。えー、その直前からアタシ、指摘してましたからね。民は二年遅いっていうかね……奥田民生さんじゃありませんよ（笑）。景山民夫さんでもありません（笑）。民は二年遅いなっていう感じですけどね。ま、今さら惑っていう。色っぽいに決まってんじゃん、芦田愛菜って最初から。って思いますけどね。

第329回（2017年9月17日）フリースタイル

テキストリーディング

「地面を嘗めたことがあるか」

（♪ Vic Schoen And His Orchestra「Tightrope」に乗せて）

世の中には二種類の人間がいる。何だと思う？　男と女？　大人と子供？　いややや、そういう意味じゃなくて。モテと非モテ？　金持ちと貧乏人？　お止しなさいよ、そんなセコい話。これからモテるかもよ。そして知るだろう。モテなんてしたところで一つも嬉しくないってことを。えっ、クルマの免許を持ってるかどうか？　いいねえ。それは故ナンシー関の慧眼だ。天才は切ないねえ。いいことを言って、早死にをする。彼女は僕の一つ上だ。生きてたら、北朝鮮のトップと合衆国のトップについて、いややや、芦田愛菜について、どんな辛辣で楽しいスタンプを押してたろうか。

おっとっと、いきなりだが正解は、誰かに倒されて地面を嘗めたことがあるかどうかだ。ま、今のところはとするが、僕は病気で二度死にかけた。二度結婚して、二度映画に出て、二度親が死んで、二度スカイダイビングをして、二度ロトに当たって……最後の二つは嘘。とにかく54年間で重要なことを二度している人生なので、当然地面も二度嘗めたことがある。

一回はベルリンで、演奏後にさっきまで最前列で喜んで聴いていた黒人の客に財布を盗られそうになって、楽器ごと引きずり倒された時だ。ドイツの石畳というのは半端なくごつく、あの時はマジで死ぬかと思ったね。この話はこの番組でも何度もしている。

そしてもう一回は高校生の時だ。僕の高校は普通科と工業科があり、ま、想像つくだろうが工業科はヤンキーである。僕は母校の歴史上、恐らく唯一の普通科のシティボーイとも、工業科のヤンキーとも、同じ比率でつるんでいたダブルクロッサーで、要するに三つ子の魂というやつだ。母親が二人いたのだ。僕は今後二つの家庭や、二つの国籍や、二つの人格が自分に宿ろうと、納得以外何もしないだろう。正直に言わせてもらえば、そういうのが一つのほうが不自然だ。そう思わない？　え、何、その怪訝な顔？

とまあ、それはともかく、僕が嘗めたもう一つの地面は昭和50年代の地方の高校の校庭だから、つまり土を喰った。そうでなくても嫉妬と怒りで半狂乱になっていたヤンキーのあいつは、あまつさえトルエンまで吸引していて、結果としてあれが命取りになるんだが、まあとにかく、自分の彼女が僕に取られたと思い込んでいた。今様に言うと「寝取られ」というやつだが、実際は寝ても取ってもいない。彼女は単なる僕のクラスメイトで、単に仲良くしていただけだが、とは言え、彼女は後々、僕の最初の妻になるので、奴はトルエンの幻想で未来が見えたのかもしれない。そうそう、奴と僕はマイメン同士だった。

校庭の裏に呼び出された僕は、不自然に泣いたり笑ったりを繰り返し続ける奴の姿を見て、言葉を完全に失ってしまった。僕は家の事情で、毎晩手酷い喧嘩を見て、その後始末をして育った。今試算してみたら、10年で2500回は見ている。なので、数分後にこいつが僕を殴るだろうなというのはすぐにわかった。そして僕に行動哲学のようなものがあるとしたら一つだけ、一度わかってしまったことには逆らえない。僕は殴られることにした。回避するスキルも、反撃して喧嘩に持ち込むスキルもまあ、無くはなかったと言わせてもらいたい。しかし、運命には逆らえない。奴は涙と涎を垂らしながら、延々と泣いたり笑ったりを繰り返している。画面の端に数字が。「菊地が殴られるまで5、4、3、2、1」。目から火花が飛び散る。

しかし、お聴きの皆さん、古今東西の賢者が言うように、あなたが心配していることの99％は起こらない。不幸のほとんどをあなたは予想できない。身体をくの字に曲げて、校庭の土をもぐもぐと咀嚼していた僕は、全身が灼熱のように熱かったが、殴られていないことをすぐに知った。僕は蹴られたのだ。ムエタイでいうとテンカオという技だが、つまりボディーへの膝蹴りである。奴はレコードを貸し合う親友の肋骨にヒビを入れてしまい、二ケツで登校していた親友の顔面が土まみれになっているのを見て、何よりも自分の愛する女神が自分よりもそいつが好きだという妄想によって、大声で泣きながら走り去った。

肋骨にヒビが入った経験がある方は多いだろう。しかし、それが恋の誤解から親友に膝蹴りを喰らった結果だという方は、どれぐらいいるだろうか。僕は途轍《とてつ》もなく複雑で、途轍もなく惨めだった。校庭にうずくまって、泥を唾と一緒に少しずつ口から吐き出しながら、声も出せなかった自分が、ではない。親友を傷つけたから、でもない。トルエンを吸引してクラックラの高校生の膝蹴りは、目にも留まらぬ速さだったから、でもない。子供の頃から見てきた喧嘩というものを生まれて初めて自分がした、その理由のつまらなさにである。いや、理由があるということそのものにだ。

喧嘩の理想は理由がないことである。理由もなく地面を嘗めさせられるのは正しくクリーンで、ヘルシーな喧嘩の負け方だと言えよう。チャーリー・パーカーは言った。「すべてを一音残らずクリーンにするべきだ」。僕は薄汚いデビューを飾った。何のために２５００回も会場観戦をしてきたのだ。予習は役に立たない。だが、経験は人生に判断力を与えてくれる。校庭の土の味を知ったのだから。どんなだったって？　そうだな。一番近いのは、風呂から上がった女の子の肛門の味である。嘘。紅茶の茶葉だよ。嘘２。同志たちよ、今からでも遅くはない。倒されて、地面を嘗めておくべきだ。そして、なるべくでいい。クリーンに生きよう。「チャップリンのマネ」。ＣＭです。

Vic Schoen And His Orchestra「Tightrope」『Las Vegas/Tightrope』（Kapp Records）所収

第３２９回（２０１７年９月17日）フリースタイル

第330回前口上

はい、どうもどうも、お晩でございます。菊地成孔でございます。国民の皆様におかれましてはご機嫌いかがですかな。秋の気配が忍び寄りなんか言っちゃえばね、まあまあキザったらしくもなく、嫌味ったらしくもなく、爽やかで深みがあり、かつややセクシーなんつって気持ちのいいことこの上ないわけですが、実はまだ秋の気配が忍び寄りなんてわけじゃなくて、まだまだ残暑も残暑ざんしょ、ってえやつでして、この残暑ってのが厄介なもんですな。心身をそこそこ傷みつける季節でございます。身体に対しては、まあ夏場に溜まっちゃった熱が、うまくこう放熱できなくてね、妙になんかいつでも暑苦しい、理由もねえのに鬱々とした気分に。まあ理由がねえのはウキウキしてる時も実は一緒なんですけど。夏にね、嫌でもハイになってしまいますから、人っていうのはね。そのハイになっちゃった魔法も解け始めまして、気恥ずかしいような、疲れたような、やり場を失ったような、やり場がゴミ捨て場しかねえような、ね、要するにグッタリするわけですね。グッタリング。グッタリティ。グッタリズム。こう、英語で言ってもね（笑）、全然英語じゃないですけどね（笑）、全然すっきりしません。あるいは、ウンザリですかな。ウンザリング。ウンザリティ……もう、いい？　はーい。お前さん、残暑をそんなに悪く言うもんじゃないよ、悪しざまにねえ。四季が豊かなのがウチらの取り柄なんだから、残暑には残暑なりの良さってもんがあるだろ、なーんて御仁。だったら、もう一層、グッタリすんのも悪くねえやと、もう何もかんもウンザリだよ。いいね、そういうのも、なんてね。こんなんしてるうちに、マゾの国になっちゃうんでしょうかね？　仕事柄ね、世界中行きますけどね、やっぱ我が祖国はですね、マゾヒストさんの割合が少々多いんじゃないですかね、やっぱり。「あたし、ドSだから」かなんかおっしゃる美人さんがね、悪い野郎に捕まってその晩のうちにもうドMにされちまう、なんていうね。あるいはその逆っていうパターンもありますけどね。まあ、そういった例をね、呑み屋の倅上がりの夜遊び人としましては、ずいぶんと、そうですなあ、昭和の40年代から見てきましたけど、いまだに健在よね、あの光景。とまあ、こういう時はですね、涼しい音楽聴くに限ります。例えばこれですね。

（♪ Rob Pronk, Jerry van Rooyen, Nat Peck, Rolf Kühn, Hans Koller, Lucky Thompson, Klaus Doldinger, Ronnie Ross, Attila Zoller, Rob Madna, Ingfried Hoffmann, Ruud Ja & Cees See「Smiling Jack」に乗せて）

はい、１９６２年のドイツ、ケルンですね。「放送局系」って言葉がね、ＤＪ業界にはあるとかないとか。これＮＤＲっていうんですけど、Norddeutscher Rundfunkの略、北ドイツ放送局という意味でして。冷戦下にあった当時、西側・共産圏問わず多くのジャズメンが招聘された番組の音源です。ちょっと、こう『Miles Ahead』意識したみたいなね、涼しいですよね。なにせ、冷戦時代ですからね（笑）。戦争まで冷てえわけですから、涼しくないはずがないっていう。はい、一方こちら、こういうのもありますね。

（♪ Modern Jazz Gang「Flying Boy」に乗せて）

はい、これさらに2年前。１９６０年、イタリアはローマ産ですね。これも涼しいですね。ドイツのケルン産でも、イタリアのローマ産でも同じ涼しさですね。ま、ともあれご近所さんですからな。じゃあ、これはどうでしょうか。63年のリオデジャネイロ。ラテン音楽なのにね。

（♪ Eliana And Booker Pittman「Mister Bossa Nova」に乗せて）

はい、この涼しさね。ラテンだってのに、この涼しさ。どうやら冷戦ってのは、世界中の音楽というものを涼しくしちまうっていうところありますね。こうやって記録に当たってみますと。

しかし、まあ、これからお聴きいただくのが、実は今夜の一曲目なんですけどね。まあまあまあ、長いこと長いこと、枕ばっかりね。この曲ね、一言で言うと暑苦しいんですよ。64年。冷戦真っ直中。しかも北欧のスウェーデンで録音されてるっていうのに。

（♪ Idrees Sulieman「The Camel」に乗せて）

はい、Idrees Sulieman、この名前聞いて、「ああ、モンクのブルーノートの作品に参加してるやつでしょ」ってわかる方はもうジャズマニアA級ですよね。黒帯だと思いますけども。まあああまあ、無名奏者っていっていいと思います。とは言え、アート・ブレイキー、クリフォード・ブラウン、マイルス・デイヴィス、マックス・ローチなど、並み居るレジェンドたちと共演しておりますが、なぜか60年代に訪欧して、滞在先のスウェーデンで録音された、なぜかムスリムテイスト溢れる一曲ということで、Idrees Sulieman の「The Camel」という曲をお聴きいただいております。

　はい。というわけで、長え枕に続きまして、暑苦しくてしょうがないのが良い調子で流れてきますが、かくして本日の特集は「ジャズ・アティテュード　昔、逆療法って言葉あったよね？　残暑に贈る暑っ苦しい音楽特集」であります。まだ、これなんか涼しいほうだからね。と、帝都東京は港区赤坂、力道山刺されたる街よりお送りしております、TBSラジオ「菊地成孔の粋な夜電波」シーズン13。本日はシーズンラス前に、粘っこいの、「もう行かなきゃ」「嫌だ、帰らないで」の放送と申しましょうかね。夏も番組の締めも終わろうって時に、暑苦しくてねちっこい音楽をお届けすることで、残暑のウンザリとグッタリを逆に治しちまおうってえ寸法でございます。はい、「クリミナル・マインド」。CMです。

Idrees Sulieman「The Camel」『The Camel』（Columbia）所収

Eliana And Booker Pittman「Mister Bossa Nova」『News From Brazil - Bossa Nova!』（Polydor）所収

Modern Jazz Gang「Flying Boy」『Miles Before & After』（Adventure）所収

Rob Pronk, Jerry van Rooyen, Nat Peck, Rolf Kühn, Hans Koller, Lucky Thompson, Klaus Doldinger, Ronnie Ross, Attila Zoller, Rob Madna, Ingfried Hoffmann, Ruud Ja & Cees See「Smiling Jack」『NDR Jazz Workshop No. 25』（B.Free）所収

テキストリーディング
「静かに話そうぜ」

（♪　Bobby Montez「Speak Low」に乗せて）

「Speak Low」、つまり「小声で話して」というのがこの名曲の名タイトルだ。なんと粋で、艶っぽいメロディーとタイトル。しかし今日の特集内容を鑑みるに、筒井康隆の『男たちのかいた絵』に倣って、この曲名に因んだ実に暑苦しい話をご披露しなければならないだろう。

どこまでも暑苦しいそのジャーナリストは、僕への連載オファーに際し、僕に関する一切の予備知識を持たないくせに、凄まじい熱意はもって現れた。もうこの段階で暑苦しい。彼は今のインターネット、特にニュースサイトは皆腐っていると、まず演説を打った。その内容は、「今のニュースサイトは、というかネット全般が、どこの馬の骨が書いたのかわからない記事が、誰が編集責任を持っているのかまったくわからないままに垂れ流されていて、報道や情報発信というものが危機的にまで劣化している」と、激昂に近い口調で話した。

僕は「あの……それって、誰でも思ってることですよね」とあえて微笑みながら言った。どこまでも暑苦しい、つまり人の言うことを聞かずに、自分の話したいことだけを情熱的に話す彼は、僕の極めて涼しい、遂に今完成されたとしかいいようがない、完璧な微笑が目にも入らなかったらしく、パワーポイントを駆使したA4ペラ6枚に及ぶ、革新的なニュースサイトの企画書を卓上に置いて説明し始めた。そこには日本の文化を根底から変えるぐらいの勢いの檄文が踊っており、僕は目線を落とした瞬間からうんざりしていた。勘弁してくれよ、おっさん。なんせ、無駄にデカいんだよね、声が。

左翼系で、名立たる雑誌の編集に携わっていた者たちの集団で編集される、そのサイトのメインコンテンツは社会時事の報道だが、複数の文化人によるエッセイの連載がある。僕の写真も使われている執筆候補者たちは輝かしい業績のある文人ばかりだったが、そのラインナップに僕はぐったりした。第一にこんな偉い人たちが集まるわけがないし、第二にどうやったら僕がこの人たちと並べるんだ。中学生が書く、夢の企画書だ。しかも、デカい声の。

そもそも彼が僕に目を付けたのは、この番組を一回だけ聴いて、その中で僕が社会時事についてちょっと口にしたことに対して、「目から鱗が落ちた」そうだ。おっさんのなりした左翼系中学生の目から鱗を落としたのか。このマイクで。僕はうんざりしてる。

「この人しかいないと、確信しました!!」と、彼の声は興奮でどんどん大きくなった。僕はやんわりと、しかし最強の悪意と共に反撃に出た。

「あの……第一にね、あの……僕のことをですね、社会をバッサリ斬る毒舌系論客と誤解するバカが、すごく多いんですね。で、バカは往々にして情熱的です。それに乗って仕事して後悔しなかったことはただの一回もありません。そもそも僕は、社会時事を斬るコメンテーターだとかいうのが最も賤しい仕事だと思っていて。というか、あれはいじめられた経験やバカにされた経験がある者たちの、集合的な復讐心のはけ口でしかありません、原理的に。ご存知ないと思いますが、僕は社会時事の本を一冊書いています。はい、これです。『時事ネタ嫌い』というのは、諧謔の類ではありません。これは嫌々、社会時事に関してエッセイストが書いていくとどうなるか、という実験の連載でして……」

10分後、彼は僕の薫陶を受けて、土下座せんばかりの状態になった。とは言え、その土下座は、もうすっかり慣れている、形だけのもので、つまりは実に堂に入っていた。

「はい‼　まずはご著書を読んでから、出直してまいります‼」

「謝る時もうるせえんだよ、声がさ」

以後、彼は二度と出直してこなかった。Speak Low。中身がないことを埋めるために、音量を使うことは、音楽の神への冒瀆だ。左翼系の文化人がロックを愛好してやまないことに、ロック側は迷惑している。きっと。ロックンロールのラウドネスには破壊衝動だけではない、豊潤な意味がある。静かに話そうぜ。特に、あえて大切な話の時はね。「ケミカル・マロングラッセ」、CMです。

Bobby Montez
「Speak Low」
『Jungle Fantastique!』
（Jubilee）所収

第330回（2017年9月24日）ジャズ・アティテュード

第331回前口上

あなただけ今晩は。悲しみよ今日は。そして武器よさらば。6年ぶり、日曜8時に帰ってきたぜ。振り分け荷物は中年男の人生に降り掛かる艱難辛苦と、ヤバいCDばかり。と、そんな決まり文句で始まりましたが、「へー何だそれ、面白そう。今日初めて聴いた」ってあなた、お引きがお強いですなあ。今日で最後なんですね、このシーズン。2011年4月から足掛け6年半、オーバーグラウンドでお送りしてまいりました当番組ですが、来週から、ある時は土曜の深夜4時にして、ある時は日曜早朝4時、しかしてその実体は、収録時間は変わらないという（笑）、変装しない怪人二十面相、フリーメーソンのくせに左遷の憂き目に遭いまして、そうはさせんと丹下左膳、左遷、なんてあなた、ネットには書くけど、実際口に出したことありますか？　いややや、精液の話じゃない、経歴の話ですよ。こっちはアンダーグラウンドに降ろされてるんだから。口に出すならもう一回ぐらい。いけね。トンでもねえ下ネタ。キューバのスカトロ首相になるところでしたが、いいじゃないですか、飲尿療法とかあるんだしさ、なーんつってお食事中の方におかれましては申し訳なし。責任取って、深夜帯に降格、機動隊。いや、ジャパンクールのほうじゃないですよ。スカーレット・ヨハンソン。おくだけ、おくだけ。誰か観てやってよ、エロくして頑張ってるんだからさ。いや、もうあんなのエロく感じない？『タロットカード殺人事件』の時のほうが、よっぽどエロくて可愛いかった？　あっぱれ、その通り。しかし、言いっこなし、おしっこの話。結局、戻ってきちゃいました。本日シーズン13、最終日にして、夜帯の最終日でもあります。深夜帯に変わっても、変わらぬ御贔屓のほど。東京は港区赤坂、力道山刺されたる街よりお送りしております。「菊地成孔の粋な夜電波」。今週は何を呑気に最終回なのに、「オレの外国人のお友達特集」って、フィリピンパブでも、国連の同時通訳でもありませんよ。人生は一度きりのそこそこ長え遊びでございます。キナ臭え世の中ですが、世の中がキナ臭くなかった例はございません。良い曲聴いて、うっとりしてる間に時間が経っちゃった、なんてのは最高の贅沢でございますな。えー、「チーズが好きだ、マントヒヒ」。あるいは「小文字でセンチメートル」。CMです。

Vardi and the Medallion Strings「Maggie's Theme (For Now For Always)」『Maggie's Theme』(Kapp Medallion) 所収

第331回（2017年10月1日）オレの外国人のお友達特集

第2章―シーズン14

2017年10月7日―2018年3月31日（全26回）。「謎に満ちたシーズン13」を受け、一転して「金曜深夜4時～5時」という、突如の深夜番組化（それでも収録時間は変わらなかった）。新人パーソナリティーのような深夜／早朝放送。OP曲のフィクス、「ソウルBAR」3シーズンぶりの復活、前口上に「力道山刺されたる」といった過去の定番フレーズが復活するなど、「番組の中間地点からのUターン」を連想させるも、実際はターンしてみたらラストランだった。古谷がテレビレギュラーを持ち、電通社員の死亡により「ブラック企業」という概念が一般化することで労働時間に関する締め付けが強化、一時期は復帰は永遠にないと思われたが、本人の強い希望により何と復帰、そして病気により休職中だった水野真裕美アナの登場により、TBS女子アナの最若年層二人が、高いアティテュードで番組2トップを担うようになると、番組全体に若返りの気分が横溢するようになった。特に「ソウルBAR」の二代目、初の女子バーテンとなる「ミズノフ（水野真裕美）」の人気は凄まじく、彼女の言では「しばらく局内で〈ミズノフ〉と呼ばれていた」とのこと。CMの前に、大喜利のあいうえお作文のように、CとMが入った言葉で締めることが定着。世相はほとんどすべて、オリンピックに向かうことに集中、中期間だった「テロの季節」も終わりかけ、日本は何もかもオリンピック一点賭けという国家的な愚挙に邁進して行く。

第332回前口上

やあ、ラジオの前の皆さん。ご機嫌はいかが？　僕はまだこの時間に慣れてない。ジャングルにでもいる感じだ。番組を6年半続けたら、いきなりこの時間帯に投下された。「菊地成孔の粋な夜電波」といいます。今日がこのシーズンの初回だから、この時間帯のお客さんに初対面の挨拶をしろってスタッフは言うけど、そんなことは、毎週聴いてくれさえすればだけど、自ずとわかるだろう。この番組には、いわゆる構成作家さんがいない。ビッグカンパニーのメジャーでは、とするが、世界でもいまや珍しい、パーソナリティが選曲から構成まで全部やるスタイルなんで、毎週どんな内容になるのかは僕が決めている。今日も決めてきたんだ。最初に説明してしまうから、興味のある人だけが聴いてくれればいい。

そうそう、月並み過ぎるけど、「おはよう」の方も、「お休みなさい」の方も。そして、悪夢にうなされて、ちょうど今起きてしまった人。あなたの部屋で偶然ラジオが鳴っていたら、まずは冷蔵庫をそっと開けて、その光と匂いを顔に当てながら聴いてほしい。あなたはきっと喉が渇いているから、何を飲むかすぐ判断できるだろう。今日流す音楽は、きっとそれに合うよ。そして悪夢は精神衛生上、いいことだ。そのことがすぐにわかるはずだ。

深夜帯に移った初回にふさわしいのかどうかわからないが、今日は追悼番組をすることにした。誰の追悼かって？ まずはジョン・レノンだが、最終的には100人ぐらいになるかもしれない。ぐらいになるかもしれないね、というのは不謹慎だ。今まさに病院で死神と闘っている人がいるのだから。

ジョン・レノンがマーク・チャップマンに射殺された時、僕は17歳だった。まだSNSどころかPCすらなかったその時代に、僕は今の自分のそれよりも遥かに高い検索能力を使って、犯人であるチャップマンの発言やバイオグラフを徹底的に調べ上げた。その結果わかったことは、小さいことが一つだけだったが、とても重要なことだった。チャップマンはジョンの音楽について、一切発言していない。「熱狂的なファン説」というのもあったが、あれはストーキング行為にフェティッシュがある変態が流したガセだ。チャップマンは『ライ麦畑でつかまえて』の話しかしていない。すごく簡単に言ってしまえば、彼は音楽を聴いていない。彼が愛したのは文学だ。

誰でも毎日服を着て、食事をとる。音楽だって、ほとんどの人が毎日聴いている。だから、漠然と誰もが食事や酒、服や音楽を生きるのに欠かせないものとして好きなのだと、僕らは考えがちだ。だけど、本当に服を愛している人も、服なんてどうでもいい人もいる。食事もそうだし、音楽だってそうだ。誰だって音楽は嫌でも聴いて暮らす。しかし、音楽を芯から喰って愛している人も、何か別の重要なことの伴奏かなんかだと思っている人も、うるさくて嫌いだと思っている人だっているはずだ。音楽を愛して、聴きながらウットリしている人々を見て、「殺したい」と思っている人も。

チャップマンは文学を愛していた。ギターを教え、ギター漫談で喰っていたこともあったが、音楽なんか好きじゃなかった。犯行当日も『ライ麦畑』を読んでいたし、同じ小説の崇拝者と結婚して、いまだに結婚生活を送っているのだ。二人はジョン・レノン射殺事件前から結婚していた。なんて文学的な人生だろう。音楽的な人生とはとても言えない。

20世紀においては、音楽のフェスやスタジアムライブが、テロの標的になったことはなかった。爆発物にしろ銃の乱射にしろ、それは空港や駅、オリンピック村や観光地や、普通の市街地で行われた。20年代のシカゴマフィアの時のような特別な時代を除けば、音楽が鳴っていて、人々がそこで踊ったり楽しんでいたりする場では、人殺しは起こらない。少なくともテロの標的としては。

リオのカーニヴァルでギャングが人を殺すのは、騒ぎのどさくさに紛れているだけのことだ。音楽は空気の振動によって人体に直接愛のヴァイブスを送り、それが感知できる人にとっては、最高の幸福が保証される。愛が物質として得られるのだから。イメージではなく、直接ね。これに一番近いのはセックスだろう。セックスより音楽のほうが僅差でいいけどね。個人的には。いずれにせよ、テロの格好の場のはずなのに、テロリストはそこに入れなかった。僕は有神論者だ。造物主は絶対にいる。そして沈黙の下に、あらゆる御心と御技を行使しているのだ。それでも僕は怖かった。神の加護を感じる者は、その結界を突き破る悪魔の存在に怯えざるを得ない。

僕はフェスでもクラブでもテロが起きないまま40代を終えた。そして50代を迎え、53になったら、いきなりフロリダであれが起きた。オーランドのゲイナイトクラブで、男が自動小銃を乱射した後、店内に立てこもった。男は特殊部隊に射殺されたものの、50人が死亡し、53人が負傷した。これは銃乱射事件の被害としては、アメリカの犯罪史上最悪――これは当時の話だが――となったが、それより僕が怖れたのは、犯人が踊っているゲイの人たちに向けて、バスドラムの音に合わせて面白がって引き金を引いた、という事実だ。

とうとう来たのだ。ウッドストックで完成したかもしれない結界が破れ、戦争が始まったのである。僕は事を重く見て、この番組で追悼特番を組んだ。音に合わせて引き金を引かれたから、撃たれていることに気がつかない被害者もいたという耳を覆いたくなるような報道を、僕は大袈裟でなく震えながら聞いていた。怒りと恐怖と、そして殺意に満ちて。つまりそれは、過不足のないテロの効果である。お前もテロリストになれ、という。

一度破れた結界にはどんどん敵が入ってくる。今年の5月には、英国のマンチェスター・アリーナで、あろうことかあのアリアナ・グランデのコンサート会場で爆発物が爆発した。23名死亡。彼女のコンサートである。被害者には当然子供も多く含まれていた。この事件は様々な要因から、宗教テロに分類されつつある。しかし僕に言わせれば、それはその通りかもしれないが、別の意味でさらにその通りなのである。つまりそれは、音楽を愛さぬ者が、音楽を愛し、祈りを捧げながら宗教活動をしている現場を襲撃する明らかな宗教テロである。この段階で一度明言させてもらいたい。音楽を愛する者は音楽を愛する者を殺さない。ましてや愛の行為の最中には。

あのナチス・ドイツですら、ガス室での大量虐殺の日々の中、ユダヤ人の演奏家は殺さずにブラームスやモーツァルトを演奏させた。僕は「音楽を愛する者なら全員善人である」などという牧歌は歌わない。ただ、中途半端にでなく、本当にセックスの素晴らしさを知っている者は、寝取られた現場を見て、そこでパートナーが本当に心からセックスを楽しんでいるのを見たら、悲しみもがき苦しむかもしれないが、殺すことはできないだろう。同じ宗派なのだから。というか、一緒にやってしまえばいい。セックスは何人とだってできる。音楽と一緒だ。僕は齢54にして、結界が破れ、戦いが始まったことを目の当たりにした。音楽と戦争とスポーツは、実はアナロジー関係で結ぶことができる、仲の悪い兄弟のようなものだ。

そしてつい先日、僕をあざ笑うかのようにして、ベガスであの事件が起こった。スタッフは言う。「深夜帯の新しいリスナーの皆さんにご挨拶を」。だったら、これは手の込んだ初対面のご挨拶だ。今回この番組は、この2年間で連続して起こった21世紀の宗教戦争、その被害者全員の鎮魂を目的とする。もう一度言う。音楽を愛している者は、音楽を楽しんでいる他人を絶対に殺さない。だからこれは真空の宣戦布告のようなものだし、戦争を焚きつける可能性すらあるから、大きな声では言えないが。

例えば文学というものは、自殺的であり他殺的だ。もちろん音楽の中にも、自殺性と他殺性は含まれている。だけどそれはメタファーとして昇華された形で含有され、実際の自他殺衝動に取り憑かれた人を、むしろ治す。文学にはその逆のベクトルがある。読者に存在していた自他殺の衝動を誘発してしまう力を持っている。

クレームは局ではなく、すべて僕が直接引き受ける。僕は狂信者だ。音楽の。音楽を聴いて楽しんでいる最中に射殺された人々の魂を鎮め、さらにその人々の家族、その事件を報道で見てしまった報道被災の人々の。そして何よりこれはマスメディアだ。

「そんなことどうだっていいね」という人々、中には「オレも今度クラブで踊ってるパリピとかいう忌々しい奴らを、片っ端からダガーで切り裂いてやる」「クラブで踊ってるゲイなんて皆殺しで当然だ」という鼻息の荒い人もいるだろう。「お前の暑苦しい能書きは終わりにして、早く曲かけろよ」という方が、一番多いかもしれない。そうしたすべての人々に今夜の番組を捧げます。僕と同じ音楽の狂信者は力を貸してほしい。より良く音源が響くように。耳を澄ませ、感覚を開放して、一人でも多くの人々が音楽の真髄に今夜初めて触れることを強くイメージしてほしい。音楽を他の何かに明け渡してはならない。

戦いは続くだろう。54歳にして僕は、生まれて初めて戦争の時代に突入する自分に、興奮を禁じ得ない。鎮魂や追悼、そういったものにそぐわないほど。それでも、これは追悼だ。火を灯そう。もちろん空想で構わない。場所はそう、胸の真ん中辺りに。そうしてから出勤してほしい。そうしてから眠ってほしい。そうしてからトイレでおしっこをして、悪夢を覚ましてほしい。最初にプレイする曲の歌詞は、以下のようなものだ。

（♪　Sufjan Stevens「Death With Dignity」に乗せて）

僕の沈黙の聖夜を　お前の声が聞こえる
けれど怖いんだ　お前の側にいるのは
わからないんだ　どこから始めたらいいのか

砂漠のどこかに森があって

僕らの目の前に1エーカーの土地がある
でも、わからない　どこから始めたらいいのか
わからないんだ
僕はまた力をすべて失くしてしまった　ああ、側にいて
風に髪をなびかせた　老いてくたびれたメスのお前を

テーブルにはアメジストと花束　これはリアル、それともファンタジー？

そう。多分、友達は友達
僕らはみんなわかっている　これがどんな終わりを迎えるのか

アマツバメよ、僕を見つけて　番人になっておくれ
杉の木のシルエット
お前が死者のために歌う　あの歌は何なんだ
部屋の窓を抜けて僕にぶつかる　信号の光が見える
証明することは僕には何一つない

けど、あなたを許します　母さん、あなたの声が聞こえる
あなたの側にいたい

（下略）

そうそう、この番組の名前は「菊地成孔の粋な夜電波」。以後、お見知りおきを。それでは、「キリストの饅頭」、ＣＭです。

Sufjan Stevens「Death With Dignity」『Carrie & Lowell』（Hostess Entertainment）所収

第332回（2017年10月7日）追悼・ラスベガス乱射事件

テキストリーディング
「レモネードを一杯」

（♪ 中島ノブユキ「プレリュード ハ長調」に乗せて）

僕の母親は認知症と、パーキンソン病と、老衰の合併で死んだ。僕が誰だかわからなくなってから8年、人間の言葉を話さなくなってから5年、まったく声も発さず、動きもしない中型の爬虫類のようになってから3年。つまり、途轍もなくゆっくりと彼女は死んでいった。いつさよならを言ったか、まだ言ってないのかは、だからわからないままだ。

彼女は口も、目も、大きく開けたまま亡くなっていた。介護士の人たちは鼻を啜っていて、僕は、神様が罪深い僕にくれた、この世で一番酸っぱくて苦いレモンを、何とかレモネードにして、介護の人たちに振る舞うことにした。

兄は事務手続きを済ませた。14も年が離れた男兄弟で、どっちがマザコンか、などという議論は時間の無駄に過ぎないだろう。でも僕は知っている。彼のほうが遙かにダメージを受けているということを。

そして色々なことを思い出してしまう時、つまり堪えがたいほど辛い時がきたら、あのレモネードを一杯。「ほら」と言って、肩を叩く。僕と兄は二人で、天に向けて祈りでも捧げているかのような格好をした母親の遺体を真ん中に置いた、巨大な生花作品を作った。小説家と音楽家にしてはそこそこの出来だったと思う。

百合を、菊を、見たこともない花々を。その遺影をデジタルカメラの中に入れて持ち歩いていると言うと、たまに「よかったら見せてほしい」という人がいた。彼女たちは全員が女性だった。ある女性は瞳孔を開き、「狂えるオフィーリアのようだ。美しさに今、動揺している。ごめんなさい」と言って、僕の右腕を強く摑んだ。ある女性は泣き出して、「自分が死んだら誰が花を飾ってくれるのだろうか」と僕に訊いた。ある女性は長い沈黙の後に優しく微笑んで、「あなた、お母様にそっくりだったのね」と言った。

母は下の子である僕を可愛がらなかったが、たくさんのことを教えてくれた。戦争が起こったら、空爆があったら、どうやって逃げるか。体力では敵わない相手と喧嘩をし、相手を制圧するには、まず何から言えばいいか。そして何より、最もすごい教育は音楽の授業だった。

まだ声が出せる頃、彼女は赤ん坊のように、全身を使って声を限りに泣いた。そして、身体を震わせ、涙を流して泣きながら、それがモーフィングして途切れることなく、普通の民謡になるのだった。もちろん泣いてはいない。平然と、普通に民謡を歌っている状態になるのだ。歌っている間に泣き出した女性なら、何百人見たかわからない。しかし、慟哭が良い調子の民謡に変わるのは、まるでVTRを逆転再生しているようだった。あの歌を録音しておかなかったことを、僕はいまだに悔やんでいる。ひょっとしたら彼女が亡くなったこと以上に。

子守歌など一度も歌ったことがないくせに、彼女は歌の生まれ方の、一種の極限値を僕に授けた。あの時母親から得た、歌に関する最も深遠な教えを僕は一生忘れないだろう。厳密には、どれほど忘れたくなっても忘れることはできないのだ。僕はステージで歌を歌う。その時、母親のあの姿を忘れたことは一度もない。

　家族がどうしても愛せない人へ。あなたは恥ずべき人でも、許されざる悪人でも何でもない。この世で、最も酸っぱくて苦いレモンから作ったレモネードは、栄養豊富な呪いであり、そのテーマは生と死の逆転であることに間違いない。

　僕らは彼女の遺体を洗った。「クリーンナップ、マイマム」。CMです。

中島ノブユキ「プレリュード ハ長調」『Cancellare』（East Works Entertainment）所収

第332回（2017年10月7日）追悼・ラスベガス乱射事件

第333回前口上

人類史の開始以来、絶えることなくずっと続いております、混迷の現代社会を生きる、混迷の現代人の皆様、ご機嫌いかが？　そちらの混迷はほぐれそうですかな？　何？「もうあたし一人の力じゃ、今さらどうにもならないよ」？　結構、結構。アタシもタクシー410円時代なんて、「すみません。新人なんで道が全然わかりません」なんてこと言うのに、何の躊躇もないドライバー氏がどんどん増えていくことに関して、もうアタシ一人の力じゃ、どうにもなりゃしませんよお。だって、新宿通りの上で拾って、「このまま新宿通り、行ってください」って言ったら、返ってきたのがこの台詞。しかも週三。お前、中三？　その頃は龍角散？　730円時代に戻りてえよ。おっとっと、運輸業界に韻を踏みながらイラつくなど、野暮の極地とは言え、考えてみれば我々が単なる猿ではなく、ノイローゼの猿、すなわち人類になってから、世界は混迷しっ放し。ということは、逆に考えりゃ一度も混迷なんかしてないのかもしれませんね。我々は常夏の島で生まれ、「今年は暑い。今までで一番熱い。ひょっとしたらヤバいかも」と同じこと十万年も歎き続けている、半袖半ズボンのノイローゼの猿なのかも。だったら、もうこの際だ。死ぬまで歎き続けようじゃありませんか。嘘でも自由の国だ。歎き悲しんだまま、くたばるのも自由。しかし、猿のくせして生意気に難しい顔でくたばるてえなら、まずはこの番組をお聴きになってからでも遅くはありませんぞ。というわけで、二度目のオリンピックが楽しみなのか、ウンザリなのか。帝都東京は港区赤坂、力道山刺されたる街よりTBSラジオがお送りしております。お相手は鷹を連れ、ガラガラヘビを喰らい、フロイドの言葉遣いで今日も悪魔祓い、彷徨えるジャズミュージシャンにしてラッパー、私、菊地成孔54歳、あれ？　53歳だったたっけな、でございます。一足りねえのか、一多いのかって、ついついわかんなくなんない？　大体、日曜って週の始まり、それとも終わりだっけ？　この時間って土曜の夜中、それとも日曜の早朝？　と、あらゆる境界線の上に立つ、ボーダーライナー・ファスビンダー、「菊地成孔の粋な夜電波」シーズン14。Sun Ra And His Arkestraに乗った、このたった今が、夜中なのか朝なのか、週の始まりなのか終わりなのか、混迷なのか平穏なのか、泣くか笑うか、勝つか負けるか、東京オリンピックもこの際、どっちでもいいよか、すべてはお聴きになっておられる、そう、あなた次第。お出しするのは二つだけ。与太話と最高の音楽だけでございます。それでは、早速参りましょう。

Sun Ra And His Arkestra「Saturn」『Singles (The Definitive 45's Collection 1952-1991)』(Strut) 所収

第333回（2017年10月14日）フリースタイル

Oasis

はい。「菊地成孔の粋な夜電波」、ジャズミュージシャンの菊地成孔がTBSラジオをキーステーションに全国にお送りしております。アタシはこの時間帯、ほぼほぼファミレスにおります（笑）。まあもうそろそろ秋ですからね、カキフライ、松茸ご飯かなんかをいただきながら。

隣の席に、年の頃なら……この歳になると、てめえより下の人らがみんな一緒になっちゃって。年々雑になって。もう下手するとね、ちょっと疲れている日なんか、八島君と戸波さんが大体同じぐらいに思えてくるような時があったりなんかして。もう雑もいいところですよね。とは言えですよ、そんな雑なアタシの目にも、年の頃ならあれはどれぐらいなのかな？　34、5の人が背伸びしてんでしょうね。90年代の話をしてましてね。「90年代の音楽なんか、聴いてた？　今、流行りなんだよね、90年代の音楽が。ほら、小沢健二とかも復帰したし」とかって。で、興味がありそうなさそうな感じの、もうちょっと若い女子が「うーん。あれ、宇多田ヒカルとかって90年代？」「うん、そうね……ギリギリ、90年代」とかなんか話しているわけです。

「やっぱさ、オアシスとかさ。オレなんか、洋楽派だからさ。そうね、レッチリとかね。懐かしいよね。フジロックね」って。懐かしいよね、ってまだフジロックはやってますけどね。

「オアシスとかさ。ほら、オアシス、知ってる？　ファンはオエイシスとか言うけど」「あ、うん。知ってる、知ってる」「オアシスってさ、確かさ、中心人物が二人いたじゃん？」「えっ？あ、そう……うん。二人ね」とかって。「中心人物二人いたのさ、あれ、確かさ、兄弟か双子……いや、双子じゃないな。兄弟かなんかでいなかった？」つったら女の子がびっくりして、「えっ、大久保さんと光浦さんって兄弟だったの!?」って言ったっていうね（笑）。

事実は小説より奇なりと申しますが。驚きました。さすがにね。美味しく頬張ってたカキフライがブッて出てくるところでしたけどね（笑）。そうでなくても、カキフライは噴き出しがちですからね。皆さん、気をつけてくださいね。「熱っ!!」って、ジュッと中から熱いジュースが噴き出してきますから。とまあ、そんなわけですけども。

第333回（2017年10月14日）フリースタイル

スーパー両利き

まだアタシが小学生時代ってのは、もうヤバい先生とかいたんで。ヤバい、もう予科練の生き残りみたいな先生がいてですね（笑）。その先生がですね、怖いわけですよ、もうメチャクチャ。どのぐらい怖いかっちゅうと、左利きは絶対駄目だっつって。「大人になったら絶対困っから、今のうちから絶対右利きにするんだ」っつって、朝「おはようございます」って言うとね、タオルで左手ぐるぐるに縛られちゃうの。で、一日中、鉛筆も、給食のスプーンも、習字の時の筆も、図画工作の時のクレパスも、右で持たなきゃいけないっつって。で、アタシどのぐらい極端に左利きだったかっていうと、右手でろくろく棒も持てないぐらいだったんですよ。その代わり、幼稚園の先生が進歩的だったの。「好きなだけ好きなようにおやんなさい」っていう自由学園的な幼稚園の先生だったんですよ。自由学園ってどんなところか全然知りませんけど（笑）。だから、もう左だけ使っちゃって。何もかも左でやったらメチャクチャ器用になっちゃって。今見てもビックリするぐらい精緻なコガネムシの絵とか描いたりしてたんですけど。もう図鑑みたいな絵描いてたりして。先生が驚いて、何か医者とか、絵の先生とか東京から呼んできて、大騒ぎしましてね。天才児だったのかなあと思うんですけど。まあ、天才児が往々にして、こんなバカに育つってこと、よくありますよね（笑）。「10で神童、54になる頃には呂律の回らない、尿も漏れる人」みたいな感じなんですけど（笑）。まあ、そんな感じで。

そこからね、一転して小学校に上がったらですよ、どんどんどん進歩的になっていくべきじゃないのか、リベラリズムとかバカリズムってのは（笑）。ま、それはともかく（笑）。どんどんどんどん上がってってったら、保守的になってったわけ。幼稚園の時は自由主義。で、小学校に入ったら、朝起きるなり予科練の生き残りの先生にぐるぐる巻きに手縛られて。で、右手だともう、ほぼほぼ落としちゃうわけ、ペンを持っても。……あの、悲惨な話してるわけじゃないですからね。可哀想とか思わないでね。夜中に悲惨な話なんかする気ないですよ。これ面白い話（笑）。

で、ポトンと落ちちゃうぐらい書けないわけよ。国語の時間とかやってくるでしょ。そうすると、ほぼほぼ何書いてるかわかんないぐらいなの。ミミズがのたくるどころじゃなくて、何て言ったらいいのかな、もうカンディンスキーみたいになってるわけなんですね（笑）。カンディンスキーは画家ですけど。でまあ、先生が「その屈辱をバネに、字をもっと上手く書け」ってことでしょうけど、みんなにバッと見せて、「こいつの字はこんなに汚いんだ」っつって、みんなにゲラゲラ笑われたりして。話してくうちに、どんどん酷い話を報告してるみたいですけど、全然。当時の主観では、自分も笑ってましたから、自分の下手さに。

まあまあ、最近の方はみんなすぐ腹立てますよね。なんか「ハラスメントだ」なんつって。ダジャレみたいになっちゃいますけど。昔はね、昭和はね、そんなにハラスメントは腹立たなかったですよ。ハラスメントの屈辱は晴らすめんと。なんてことがなかったの（笑）。ひどいでしょ。いや、駄洒落が（笑）。相当なね、なんか生徒がボコボコにされたり、校舎の裏側で鼻血出してピクピクしてる奴とかいましたよ、普通にね（笑）。水泳の授業でも、「水が怖い」とかっつって、思いっきり先生にボワッと沈められて（笑）。まあまあまあ、そんなこととか普通にある世界だったんで。しかし千葉県銚子市なんて、一応あれですよ、地理学の不思議で、一応千葉県として陸地につながってますけど、あんなもん実際は島ですからね。だからもう島の話だと思って聞いていただきたいんですけど。もうワイルドですよね。荒くれてますから。小学校はそんなの当たり前なんですよ。

そうすっとね、どうなるかっちゅうと、結局ね、これは良い話に落とし込もうってわけじゃないんですけど、だんだんやっぱり書けるようになってくんの。右も使えるようになってくるんですよ、ガキは器用ですから。習うより慣れろで。それで2、3年もやってる間に、もう右も全然使えるようになって、スーパー両利きになるんですよね。で、スーパー両利きになった結果どうなったかっていうと、左脳と右脳の両方が活性化されることによって、頭がおかしくなったっていう（笑）。自分でもはっきり自覚してますけど。ものすごい左利きだった奴を、2、3年無理くり左手使えないようにして右だけでやらせると、そうすっと、両方がものすげえ開発されんの。

そしたらもうすごくて。道歩いてても、サイケデリックでね。ヤバくて。商店街とか行くじゃない。そうすっと、情報がすごいんですよ、商店街ってのは。アーケードがあって、色んな道があってね。舗装されてて、舗装されてるとは言いながら、ありんこがいたりしてね。そういう情報がね、全部入ってくんの、脳が開くと。宇宙がどうなってるかがね、わかるんですよね（笑）。で、自分がこう、一歩踏み出しますよね。ガキの一歩ですから30センチぐらいでしょ。そのぐらい踏み出すと、地球がちょうど30センチ後方に行ったってのが、全身にビンビンに伝わってくるんですよね。……はい、その結果がコレです。夜中の4時からです（笑）。その結果が、6年半目から4時からですからね（笑）。

だから人生何が起こるかわかったもんじゃないんでね。左利きも右利きもね。この流れで言ったら失礼千万かもしんないですけど、アタシはそのぐらい気楽に考えてるってことですけど。セクシャル・マイノリティの方とかもね、差別なんか受けたり、色々大変だと思いますけど、気にしないで楽しくいきましょう。そんなもう、どうせ死んじゃうんだから、上も下もないですよ、もうね。良い音楽聴いて楽しく生きましょう。

第３３３回（２０１７年10月14日）フリースタイル

テキストリーディング
「ポンと押し出される」

（♪ Bernd Rabe, Götz Wendland, Rolf Kühn. Kurt Bong, Attila Zoller, Horst Jankowski, Poldi Klein, Christian Kellens & Conny Jackel「Supernova」に乗せて）

北野武には一人娘の井子《しょうこ》ちゃんがいる。彼女は98年に鳴り物入りで歌手デビューを果たした。デビュー曲の楽曲提供とプロデュースはX JAPANのYOSHIKI。PVの監督は世界の北野である。しかし、女性としてはともかく、女性シンガーとしては彼女は大成できなかった。正確にはエリアから押し出されたのだ。椅子取りゲームの最後の時のように。あるいは相撲のようにして。同年にデビューした、藤圭子の娘であり、完全にダークホースだった、宇多田ヒカルという無名の少女によって。と、これはもちろん、僕が考えた話ではない。天才の誉れ高き、故ナンシー関氏の慧眼である。

土俵の上やゲームのフィールドでなくても、人は人をポンと押し出すことができる。狙い澄まして、意識的にそして情熱的に、ライバルや目の上のたんこぶを蹴落とすなんてことじゃない。他人のことなんか一切何にも考えてなくても、あるフィールドに降り立って派手に動けば、自動的にポンと駒が落ちる時がある。もちろん、そういった駒の力学とはまったく無縁の者もいるが。ラッスンゴレライは自滅か、それともPERFECT HUMANに執念で蹴落とされたのか。まあまあまあ、そういうことはともかく。我々は芸能人でなくても、そのことを熟知している。会社にも学校にもいるだろう。「キャラ被り」みたいな、わかりやすい話ではない。意外な駒が、意外な対角線上にいる駒を落とす。一見意外だが、奥には名人の頭脳にしかわからない因果律がある。将棋のようだ。

いきなりだが、僕は、ブルゾンちえみにポンと押し出されたのはピコ太郎だと思っている。「いや、平野ノラでしょう」という声が圧倒的に多いが、民の声というものは時に恐ろしいほど間違っていて強い。ある意味、民意というのはそうでないといけないのだ。完全に賢明な民意って怖くないか？ じゃなければ、あのドイツがファシズムなどと……ああ、いけない。わざと話を逸らしたが、とにかく平野ノラはポンと押し出されてはいない。検知する方法があるのだ。彼女がオチで「35億」と言ったとしよう。特に何も感じない。駒位置は近いが、無関係だからだ。だが、ブルゾンちえみがあの曲のブレイクポイントで、「ペンパイナッポーアッポーペン」と言ったとしよう。我々は実際の収入だの数字だのと関係なく、勝利と敗北をはっきりと感じ取ることになる。

僕の前のガールフレンドは、その前のガールフレンドを絵に描いたようにポンと落として、僕のガールフレンドの座に就いた。二人は元々友人で、まったく対照的だった。僕に対する理解はほぼ同じだったが、どちらかがどちらかを意識的に蹴落としたのでないことだけはよくわかっていた。つまらない話で申し訳ないようだが、今では二人は友達に戻っている。上辺だけとかではないぞ。ガチもガチの友情で。つまりそれはあくまで結果としてだが、ある友情関係に途中で一時的に僕が挿入されただけの陣形となった。しかし、僕は恐ろしかった。二人の女性の心理や行動、そのことではない。あんなものはデフォルトだといえるだろう。

それより、人間やったらやられる。何の執念も悪意もなく、僕はポンと押し出されるに違いない。一体誰が僕をポンと押し出すのか、僕は冷や汗をかきながらそればかりを考え続けていた時期があった。しかし、僕は残念ながら竜王ではない。とんでもない距離と位置関係で僕と結ばれている、僕とほぼほぼ関係のない、しかし同業者を特定することは、僕には遂にできなかった。結論が聞きたい方には申し訳ない。この話は実名をあえて出さない、寸止めの快楽のためだけに書かれたものだ。もちろん、僕は驚くべき音楽家にポンと押し出された。それはい い。その時の教訓は、恋愛なんてものは得ても失っても、悲しかったり苦しかったりするだけで、特に人生、特に仕事とは関係ないということだ。ブルゾンちえみの言う通りである。

それより僕は思った。えーっ、このサークルの始まりはどこ？　僕はいかなるフィールドでも、誰かをポンと押し出したりしない孤高のタイプだと思うんだが。それとも、すべては関係妄想？　だったら重傷だなあ。いまだに答えは出ていない。僕はやはり何度考えても、誰もポンと押し出したりしていないはずだ。ですよね、神様？　僕はどっちかと言うと、誰も蹴落としていないにもかかわらず、みんなに「アイツに蹴落とされるかも」と警戒されてしまうタイプだ。音楽を約50年、精神分析を約10年以上受けたのだからして、そのくらいのことはわかる。

しかし途方に暮れた僕は、突然だがサンシャイン国際水族館に行った。昔、友達になったマンボウを探しに行ったのだった。が、マンボウはいない。係員に訊いたら、笑いながら「10年前からいません」と言われた。

「ああ、そうですか。死んだん……ですかね」

「そうね……」

「そうか……」

　すると突然、僕の頭上を轟音と共に巨大なペリカンが飛び去っていった。

「うーわ!!　うーわ!!　うーわ!!　なんだよ、今のペリカン!!」と脳内で大騒ぎしながら、僕はじっとしていた。そして思い出した。そうだ。僕は前の彼女が「ペリカンが見たい」と言って、上野動物園の爬虫類館にデートに行ったのだった。そこの入口には、なぜかフラミンゴの群れがいるのである。その時、彼女はあいつの話をしていたっけ。僕はマンボウに会いに行って、不細工なペリカンに、美しいフラミンゴのことを思い出させられたのだった。すまない。この話にオチはない。僕は慄然としながら、ペリカンの着地を見詰めていた。実に不細工な着地だ。僕と同じように。

　紳士諸君、一人の水族館は悪くないぞ。サンシャイン国際に限るけどな。ペリカンの餌箱は、「キャベツの盛り」。CMです。

Bernd Rabe, Götz Wendland, Rolf Kühn. Kurt Bong, Attila Zoller, Horst Jankowski, Poldi Klein, Christian Kellens & Conny Jackel「Supernova」『NDR Jazz Workshop No. 24』（B.Free）所収

第３３３回（２０１７年10月14日）フリースタイル

第335回前口上

　人類が生まれてから現在まで、途中休憩一切なしで続く、激動の時代、そして混迷の現代を生きる、現代人の皆様。そちらの混迷はほぐれそうですかな？　何、もうすべてが手遅れだ？　結構。明け方の外気を潜《くぐ》り抜けた午前4時の電波を、高原の空気のように、冷蔵庫の光のように、あるいは地下のクラブでレズビアンのバーテンが最後に出してくれる水のようにご賞味いただきたく、当方、マイクの前に座っております。約60分の後、本当にすべてが手遅れなのかどうか、クイズ番組にご出演いただき、目の前のコールボタンを早押しの後、お答えくださると幸甚の至り。光陰矢の如く、21世紀もあと83年と2ヵ月ばかしになりましたが、このまま千年ぐらいは余裕でミニマル。というわけで、いかがでしょう。こんなドープな時間に、ドープな音楽番組。と、本日は22世紀を前にした、ドープタイム、ドーピング。アルバム出す出す詐欺が詐欺でなかったことを、一億倍のクオリティで証明してみせたアンダーグラウンド・ヒップホップ界の英雄、その初アルバムなども交えつつ、久しぶりにライブＭＩＸをいくつかあしらいまして、子供の頃、見てはいけないものを見てしまったあの官能、聞いてはいけないことを聞いてしまった官能に乗せて、お楽しみいただきます。

　というわけで、帝都東京は港区赤坂、力道山刺されたる街より、深夜と早朝、土曜と日曜、興奮と沈静、悪夢と朝食、「あいつなしじゃ生きていけない」と「あいつがいる限り生きていけない」、ドラッグとマクロビオティック、夢となめらかにつながったその次の夢、とあらゆるボーダーラインの上に立つ、ボーダーライナー・ファスビンダー、そりゃMIXするのも当然だ、「菊地成孔の粋な夜電波」シーズン14があなたのお部屋にやってまいりました。お相手は、「安室ちゃんも引退かあ」と言おうとしたところ、「小室ちゃんも引退かあ」と思わずあまりに基本的な間違いを自宅のソファーの上で平然ともらしてしまう、90年代知らずの彷徨えるジャズミュージシャン、私、菊地成孔がお送りいたします。それでは、早速参りましょう。

Sun Ra And His Arkestra「Saturn」『Singles（The Definitive 45's Collection 1952–1991）』（Strut）所収

第335回（2017年10月28日）フリースタイル

米朝問題

はい、どうも。「菊地成孔の粋な夜電波」、まあ、真夜中もしくは早朝にお邪魔しております。ジャズミュージシャン、そして最近、テレビでよく字幕で「米朝問題」ね、米朝問題って出ますけども、米朝問題って出るたんびにね、また大阪で小米朝が何かやらかしたのかなって、桂一門の話に頭がいく（笑）、といった、ま、そうですね、鮨も、関東の極東、銚子市に生まれながらにして、ちょっと大阪の押し寿司が好き。東京だとサーッと上品な拍手がくるオーケストラ連れて大阪に行くと、ドワーッと立ち上がってアプローズが来る、といった（笑）、身体は骨の芯まで関東なんですけども、なぜかどこかで前世が……そうですね、前世なんてものがあるんなら、えー、なんか通天閣でブリッジしながら歩いてエクソシストの真似でもしてたのではないかと思われる（笑）、えーと、関東落語も好きですが、関西落語の書見台とハリセンがあるのも好きな菊地成孔がお届けしております。ま、とにかく米朝問題のことを桂米朝さんのことに聞こえてしょうがない話がしたかっただけで、2分使ってしまいました。

第335回（2017年10月28日）フリースタイル

テキストリーディング
「神からの託宣」

まあ、そうだな。後に続く人々のために大きな燈台になりたい、と願う僕ら。これを神からの託宣としてメモってくれたまえ。必ず手で。そうだね、昭和の新聞記者のように。ロイヤルホストはティーポット盗まれ過ぎ。逆がジョナサン。あそこはティーポットを自分たちで売るほど完成度は高いが、ローズヒップティーの糖分でガーゼがベタベタしている可能性があるので気を付けるように。ココスのメニューの中にある、子供が退屈しないように置いてある、五つの間違い探しは簡単過ぎる。10秒で見つかる。これに対してサイゼリヤのメニューに置いてある、子供が騒がないため、あるいは大人が騒がないためかもしれない、の10個の間違い探しは超難し。超難しい。四人がかりで二時間掛かってやっと解けた。そのうち一個に関しては、本当にあれが正解だったかどうかわからない。なぜなら解答図がないから。そしてココスはメニューの写真の写りが悪過ぎ。料理が運ばれてくると、「えっ、こんなにいい女だったの」とびっくりする。逆がデニーズ。デニーズはメニューの写真が良過ぎ。運ばれてくると……以下自粛。はい、といったことで、そうだね。じゃあ、時間は時間だけど、「ココスで飯でも」。CMです。

第335回（2017年10月28日）フリースタイル

第336回オープニング「tO→Kio」作詞法」

自分の主宰しているレーベルのアーティストに楽曲を提供することになった。アーティストの名は「けもの」といって女性の一人ユニットなのだが、コーネリアスみたいなものですという説明で事足りるのだろうか。まったく予想が付かない。それはさておき、アルバム全体のテーマというか、キーワードというかそういうものとして、「今の、ないし未来の東京」が挙げられている。「作曲はこちらでするので、作詞をお願いします」とプロデューサーである僕に逆指名が来たのである。僕の仕事は良い意味でも、悪い意味でもとても速く、オファーを受けたら電撃の速さで書いてしまう。音楽家だけではなく作家でも画家でもそういう人がいるが、着想から完成までのプロセスを、降ってくるのをただただ待つと、古代の雨乞い、もしくは来訪神の如く言う者が多く、つまり書こうと思っても書けるものではないということなのだろうけれども、この反対が湧き出してしまって止まらない状態なのだろう。僕の仕事ぶりは恐らく両者の中間にあって、一番似ているのはフリースタイラーのラップではないかと思う。「はい、お題は今の東京でスタート」と言われて、とにかくどんどん書き出してしまうのである。推敲や中断はほとんどしない。なので、どういう思考や連想のプロセスを踏んで完成したのか、全部を記憶しやすい。トランスして、気づいたらこんなのが出来ていたといったことは滅多にない。なので、一曲の作詞にどれくらいの素材があったか、どういう過程を踏んで書き上げたか、丸々書いてみることにする。

まずタイトルを「tO→Kio」とした。漢字の「東京」も、アルファベットの「Tokyo」も、カタカナの「トーキョー」も、略語の「TYO」も、それらに何かをくっつけたやつも、ほぼほぼ出揃っているので新しい表記を作ればいい。これはアルファベットと記号の組み合わせで10パターンほど並べ、すぐに決めた。すごくいいわけではないが、タイトルのインパクトが強過ぎると内容がどうでもよくなってしまいがちなので、そこそこちょうどいい感じにとどめたということにしておこう。発音は漠然と「トーキオ」みたいな。これが作詞を始めるスタートボタンである。はい、押した。

今の東京といえば、中国人観光客である。僕は銀座にあるラデュレのサロン・ド・テが好きでよく行くのだが、ご多分に漏れず、北京語と広東語が聞こえてくる。これは消去法であって、僕は赤ん坊程度には韓国語を話すので、そうでなければ中国語といった程度のことだが。彼らは総じて富裕層であり、全身で総額百万円以上の人々がほとんどである。

けものがある日、ここの窓際の席に座って、ぼーっと他の客を見ながらマカロンを摘んで紅茶を飲んでいる。けものは中国語の渦の中に点在する日本人客をフォーカスし、またもぼやーっと見詰めている。「格差社会」というが、日本には韓国のような財閥も、中国のようなあらゆる劇的な格差もない。中国人観光客は「リア充」とか「勝ち組」——懐かしいな、この言葉——とかいう日本人対応のネット語を吹き飛ばす、現代の貴族みたいな人々だが、日本人はそれに比べると平等だな。でも平等というのは、不平等な人々がするコスプレみたいなもんだ。

確か、山内マリコ先生の最新作は『あのこは貴族』だったような気がするな。お姫様みたいな子も、町娘みたいな子も、平等に平等な服を着てるな。ほんのちょっと物悲しい。ピスタチオのマカロンをもぐもぐもぐもぐ。

それにしても「愛」っていう名前って、ちょっとすごいと思うんだけど、みんなも思わないのだろうか。マンガ家の池野恋先生はペンネームだからあれだけど、実際に「恋」という名前で、恋ちゃん、恋ちゃんと呼ばれていた子なんて見たことがないし、そうだな逆に、憎悪の「憎」と書いて「憎《にくみ》」という名前の子もいないし、「罪」とか、セックスを指す「性」という子もいないが、「愛」は山ほどいる。表記を変えればもっといる。だけど、「愛」ってすごくないか？ そもそも自分の名前が「愛」。全然すごくないよと、みんな思うかもしれないが、けものはそう思い始めてしまう。だって外人で思いつくのって、コートニー・ラブとかG・ラヴとか、90年代に流行った音楽家くらいしか知らない。歴史上の人物や現代の有名人に、何とかラブっていう人いないよね？ 自分の名前が「愛」という子は、恋人に「愛してるよ、愛」って言われたり、恋人に「愛してます。愛より」とメールの最後に書いたりするんだろうし、ふざけて自分の名前の下に「人」をくっつけて、例えば「菅原愛人」とかいうハンドルネームとか、ペンネームとか作らないのだろうか。ていうか、「恋人」と「愛人」って。

と、アーティストであり、歩くポエジーともいえるけものは、詩的そして修辞法的な思考が止まらなくなってしまう。恋人に「愛してる」と言われるってどういうことなのだろうか。そもそも名前が「愛」の人たちは、恐らく麻痺してるんだろう。いや、逆で意識し過ぎておかしくなってるのかも。

二煎目のぬるいダージリンをずずずずず。宵闇が迫ってきた。この時間、好きで、嫌いだなあ。だって何か怖いんだもの。きっと古代の人々もそうだったに違いない。だからこんなに銀座の街をライトアップしてるんだ。きらきらしたものが好きなのは女の子だけじゃない。そもそも神様は、きらきらしたものを好んでいたのではないだろうか。

あ、突然思い出した。三年くらい前かな。もう別れてしまった彼が初めてわたしの部屋に泊まりに来た時、「部屋中にあるものはみんな、君の過去の遺物だ」と言って、頭を抱えてしまったことがあった。「嫉妬と恐怖で眠れないよ」と言って震えていた彼は、本当に素敵だったな。でも別れてしまった。彼のTシャツにはチェ・ゲバラがプリントされていて、わたしがふざけて「革命家になりたいの?」と訊いたら、「いや、誕生日が同じなんだよ」と言って暗く笑って検索してみせて、それからトイレに入り一時間くらいしたら出てきて、「と、東京に革命なんて起こるわけないだろ」と怒ったような顔で言ってトイレに戻りかけて、わたしの隣に座った。

わたしは間違ってしまった。「でも、オリンピックがあるからいいじゃん」とトンチンカンなことを言ってしまい、彼とのコミュニケーションは砕け散ってしまった。あれが別れた原因だったのかも。これだから世の中は嫌だ。怖い時や嫌な時は、気を紛らわすために何かを考えるのが手っ取り早い。でも、たった今してることがそれなんじゃないか。けものは堂々巡りの末、一瞬で泣きそうになる。頑張れ。頑張れ、自分。

オリンピックの制服ってハズレないよな。動画のサイトで色々見たけど、結局みんな好き。次はどこが作るんだろうか。Mame でも TOGA でもいい。制服って素晴らしいな。学生もO

Lもやめたし、もう着ることないけどね。だから、制服っぽいデザインが入った服は、つい買ってしまう。キャビンアテンダントさん風とか、バスガイドさん風とか。

でも、あれっ？　革命の時って、体制側と革命軍側に分かれるわけよね。革命っていう言葉を口にする時、反射的に自分を体制側だとイメージしながら、口にしている人っているんだろうか。いなそう。いなそう。だけど、制服着るのって体制側じゃない？　革命軍はみんな好き勝手な服を着るわけでしょう。だったら体制側のほうがよくない？　あれ？　逆か？　いいのか？　逆か？　おっかしいなあ。おっかしいなあ。おっかしいよ。うっとりしてるはずなのに、涙が止まらなくなってきたよ。別の彼氏のバイクに二ケツで乗った時みたいだな。彼とクラブで踊った時みたいだ。彼のほうが、彼よりガチで革命家みたいだった。彼に恋していた。彼にも恋していたなあ。東京に出て来る前だったなあ。確か直前だったよ。

けものはラズベリーのマカロンを指で押し潰す。マカロンが傷ついて、内出血したように見える。今この街で革命が起こったら、どのマカロンの血が流れるのだろうか。

けもので、アルバム『めたもるシティ』より「tO→Kio」。

第336回（2017年11月4日）ゲスト：けもの　青羊

けもの「tO→Kio」『めたもるシティ』（Village Music）所収

第338回前口上

人類史の開始以来、途絶えることなくずっと続いております、混迷の現代社会を生きる、混迷の現代人の皆様、ご機嫌いかが？　そちらの混迷はほぐれそうですかな？　何？　「秋深き隣は何をする人ぞ、と芭蕉は言うが、こちとら眠くて眠くてしょうがないんだ。こんな時に退屈なフィンランド映画なんて」。あんた、それ、「秋深き」じゃなくて、アキ・カウリスマキの間違いでしょ？　眠い時はフィンランド映画だろうと、ハリウッド映画だろうと寝ちまいますって。ソファーに座って、灯りが暗くなって、外国語聴くのが映画館ですからね。いっそのこと、こうしたらどうでしょうかね？　「アキ・カウリスマキ隣は何をする人ぞ」。いいですねえ。シネコンでいっぱいになった現代社会を見事に斬った名句。あるいは単にアキ・カウリスマキの新作の名前みたいですけどね。あるいはファミレスのシーズンメニューみたいですね。秋のカウリスマキフェア。主力商品は松茸、銀杏、ノドグロの焼いたのが入った土瓶蒸しに牡蠣ご飯がくっついた、カキ・カウリスマキ御膳。混迷の現代から、ずいぶんほっこりしたとこに辿り着いたねえ。とは言え、考えてみりゃ、我々が単なる猿からノイローゼの猿、すなわち人類になってから、世界は混迷しっ放し。ということは、逆に考えりゃ、一度も混迷なんかしてないのと一緒なのかもしれません。だったら、もうこの際だ。死ぬまで歎き続けようじゃありませんか。嘘でも自由で民主の国だ。歎き悲しんだままくたばるのも自由。しかし、たかがノイローゼの猿のくせして、生意気に難しい顔でくたばるってえなら、まずはこの番組をお聴きになってからでも遅くはありませんぞ。

　というわけで、帝都東京は港区赤坂、力道山刺されたる街より、TBSラジオがお送りしております。お相手は鷹を連れ、ガラガラヘビを喰らい、フロイドの言葉遣いで今日も悪魔祓いの東京砂漠を彷徨える、ジャズミュージシャンにしてラッパー、私、菊地成孔54歳、あれ？53歳だったっけな、でございます。いややややや、一つ足りねえのか、一つ多いのかって、ついついわかんなくなんない？　そもそも、日曜って週の始まり、それとも終わり？　今って土曜の夜中、それとも日曜の早朝？「土瓶蒸しと茶碗蒸し、どっちにします？」「そりゃ、どっちもでしょう」。と、あらゆる境界線の上に立つ、ボーダーライナー・ファスビンダー、「菊地成孔の粋な夜電波」シーズン14。Sun Ra And His Arkestraに乗った、このたった今が、夜中なのか朝なのか、週の始まりなのか終わりなのか、混迷か平穏か、泣くか笑うか、勝つか負けるか、東京オリンピックもこの際どっちだっていいよか、すべてはお聴きになっておられる、そう、あなた次第。あなた好みの女になりたい、あなたとアタシの合言葉、なんてこと言いながら、お出しするのは二つだけ。与太話と最高の音楽だけでございます。

それでは、早速参りましょう。

Sun Ra And His Arkestra「Saturn」『Singles（The Definitive 45's Collection 1952–1991）』（Strut）所収

第338回（2017年11月18日）『機動戦士ガンダム サンダーボルト2』サウンドトラック特集

テキストリーディング
「シカゴの妖精」

（♪ Frank Sinatra「Autumn In New York」/ Sarah Vaughan「Autumn In New York」に乗せて）

この収録が終わったら、数時間で僕は羽田の国際線ターミナルへ向かう。この歳になって驚いたことは、憂鬱の重さがリアルになったことだ。重さがリアルになるって、どういう意味よ？ それ重くなったの、軽くなったの？ 誠実に回答するならば、肉体的には重くなり、精神的には軽くなった。若い頃、といっても僕の場合40代までだが、憂鬱は他の感情と同じ、アンリアルなロマンティークで、つまり精神的には今より遥かに大げさに深刻で、肉体的には結局は軽かった。恋人の嘘に歎き悲しみながら……いやいや、嘘、嘘。正しくは、恋人に嘘をつくことに歎き悲しみながらしっかり寝ていた。ずいぶんと酷い話だ。

それにしても、合衆国に行くこと自体の憂鬱を誰か共有してもらえないだろうか。どうして午前中に出て、12時間以上フライトして、降りたら乗った時の数時間前なの？ これを「ラッキー」と言って喜べる奴は躁病か、あるいは朝食が異常に好きな奴しかあり得ない。はっ。それってオレじゃないか。まあいい。

ハワイを除けば、僕は合衆国には一回しか行ったことがない。２００３年にシカゴに行った時は不安神経症でパニック発作の症状が残っていたから、まあ地獄だったのは仕方ない。そう、同病者には二つメッセージがある。一、こっち一抜けで先に治して悪かったが、君も必ず治るよ。二、今から最低でも二分間はラジオの電源を切って、空でも見ていてほしい。聴いてたら絶対に具合が悪くなるから。

フライトが辛いのは言うまでもない。最も恐ろしいのは、やっと地獄のフライトが終わり、地面に降りてもまだパニックが止まらないことだ。絶叫マシンを降りても心拍数も恐怖も落ちないままだったら、どこまで行って落ち着けばいいの？　ねえ、IKKOさん。同級生として一言言わせてもらうが、いっぱい食べたりハイになることで誤魔化してないで、ちゃんと治療を受けたほうがいいよ。まあ、それはともかく。

「シカゴは高層ビルが有名です」とか、現地ガイドが言っちゃって、とんでもなくデカい、ガラスのビルがひしめいていたんだが、僕はそれら一つ一つ全部に飛行機が突っ込んでくる幻影が見えて、ほとんど息もできずに泣きながら演奏の現場に向かった。歩けないので、路上をゴロゴロ転がりながら。

僕の看護に同行した僕の前の妻は、夜になるとホテルの大きな窓の結露に指で絵を描いた。僕と彼女には二人にしか見えないキャラクターがたくさんいて、ディズニーランドみたいだった。そのうちの一人は癒しを司る妖精で、いつも居眠りをしている。彼女が描いたのはその妖精のシカゴ支部長で、いつも僕らの部屋に現れるやつよりも鼻がデカく、手にはスペアリブを持っていて、吹き出しにでっかく「ようこそ」と書いてあった。

でも僕は、それを見てまた発作を起こしかけた。結露が溶けて、その妖精自体が溶けて死んでいくように見えたからだ。前の妻は「あららららら……」と笑いながら、慌てて窓を全部拭き、今度は自分がその妖精になりきって、彼の口調で話してみせた。「シカゴへようこそ、菊地さん。あなたはギャングが好きでしょう？　この街にはギャングがいっぱいいるから楽しいよ。機関銃もいっぱいあるよ」。僕は過換気の発作でハーハー言いながら、その妖精と握手をし、気が付いたら眠っていた。

「パリは百回くらい行ってるけど、ニューヨークに行くのは初めてだ」と言うと、大抵の人がすごく驚く。ジャズミュージシャンというものの把握、というか、マスイメージというものはあまりに大ざっぱに過ぎる。確かに僕はアジア人で初めてImpulse!レーベルと契約した（エッヘン！）偉大な人物だが、ニューヨークに限らず、アメリカは映画で観るに限る。

あっちではロボットアニメというのは、『ドラゴンボール』みたいな東洋的な超人ものよりはガキ臭いと思われているのだそうだ。僕はそのイメージを大人向けに変えた功労者の一人として、演奏するのはもとよりサイン会やパネルディスカッション、映画上映会での挨拶などをツーリスト以下の英語で行う。

パニック発作はとっくに完治して、僕は自分の会社の社長になり、フライトはゆっくり休めるまたとない機会となった。あのサンダーキャットが「『セッション』や『ラ・ラ・ランド』は見てもいない。ジャズを愚弄してるのが丸わかりだからな。今、ジャズを最も正しく使っている映画は、ガンダムの『サンダーボルト』だ」とインタビューで言ってるのを見て、僕は「自分の名前と似てるだけだろ」と言いながら、掲載誌を部屋の隅っこに放り投げた。すべてが15年掛かって好転している。しているように見える。それでも、行く前からわかってるんだ。

15年前のシカゴのあの地獄のほうが遥かに楽しかったということが。シンプルな話だ。中年の人生は苦い。

数年ぶりで前の妻にメールを出すと、あの時の癒しの妖精からまたメールが届いた。「ニューヨークへようこそ、菊地さん。あなたはジャズが好きでしょ？　この街にはジャズがいっぱい流れているから楽しいよ。美味しいステーキハウスもいっぱいあるよ。久しぶりに会えて、嬉しいよ。あなたが偉くなるって、僕らは知っていたよ。大統領は武器さえ買ってくれれば、東洋人と仲良くできるみたいだよ。だから機関銃も買ってね」

僕は笑いながら、まあ、泣くしかなかった。ベタベタで申し訳ない。ベタベタな国の話だから、ご容赦願いたい。楽曲は言わずと知れた「Autumn In New York」。バージョンはフランク・シナトラ、続いてサラ・ヴォーンでした。「〈ちびくろ〉までならOKですか？」

CMです。

第338回（2017年11月18日）『機動戦士ガンダム サンダーボルト2』サウンドトラック特集

Frank Sinatra「Autumn In New York」『Come Fly With Me』（Capitol Records）所収

Sarah Vaughan「Autumn In New York」『The Definitive Sarah Vaughan』（Verve Records）所収

コント

「出たいの!!」

（♪ Pee Wee Russell「Love Is Just Around The Corner」に乗せて）

妻 ねーえ、あなた。「監獄のお姫さま」の第1回、大丈夫だった？

夫 えっ、どこが？

妻 あたしの……しゃくれ。

夫 （笑）君、やっぱり面白いね。それを気にしてるのって、ガチだったんだ？

妻 気にしてるとか、してないとか、そういう問題じゃないのよ！　しゃくれてるか、しゃくれてないかって問題だけなの、あたしという女は……。

夫 そこだけなんだ（笑）。

妻 だって、やめてくれって言ってんのに、登場シーン、全部横向きだしさあ……。あー、もうどうしよう!!　怖くてオンエア見てないし!!　あなた、見たでしょう？

夫 うん、見たよ。満島ひかりのファンだもん。

妻 ああ……満島さん！　顔が野球のボールくらいしかない!!　いや、ゴルフの!!

夫 それはさすがに気持ち悪いでしょう（笑）。ネズミじゃないんだからさあ。大袈裟だなあ、君は……。

妻 でも、ヒアリの大きいのって、お腹がゴルフボールぐらいあるんだって。ヒアルロン酸がいっぱい詰まってるから、とっても便利だけど。

夫 うーん……大袈裟なだけじゃなくって、自分の思い込みを無根拠に信じ込む症状が入るよね、いつもね。

妻 ええっ！　ヒアルロン酸って、ヒアリから取れるからヒアルロン酸っていうんだよ。塩酸って、顕微鏡で見ると、円い……フリスビーみたいな形なんだから。あと、穀類ってあるでしょ。あれは、小さく狂ってるってことよ。だから、食べるとちょっと狂うんだよ、小狂い……。

夫 なるほど（笑）。

妻 絶対そうだよ！　くまのプーさんっていうのは、蜂蜜が大好きなんだからさあ。

夫 （笑）。たまには……その……合ってるねえ。うーん……そうだな、じゃあ、有美君さあ、昔、ステマっていう言葉があったでしょう？　あれの意味、わかる？

妻 うん。「〈ミュージックステーション〉に出ると、ディーン・フジオカさんですら間抜けに見えてしまう」こと。

夫 それはギャグだよ（笑）。

妻 いや!!　それしかないわよ!!　他に意味ある？　ステマって言葉に？　ひとっつも思い浮かばない!!

夫 だって、一回しか出てないよ、ディーン・フジオカ。

妻 （泣きながら）もう、しょうがないよね。あたしの性格、ものすごく悪いから？　やっぱ

夫　……もう……クソみたいな？　ゴミっていうか？
夫　まったく関係ないよね……。勘違いすることとさ、性格の良し悪しっていうのは。ていうか、性格にね、良い性格とか、悪い性格というのはないね。原理的には。
妻　ねえ、ねーえ。あたし、前々から思ってたことがあるの……。あたしって……ちょっと変だったりする？　するのかもしれないなーって、最近。
夫　そーだな、その答えはさあ、自分の夫に訊きたい？　精神科医に訊きたい？　哲学者に訊きたい？
妻　ねえ、それ、どういう意味？　三択？　サンタクロースのことだよ。いくらなんでも、ちょっと早過ぎない？
夫　有美君さあ。僕が精神科医で哲学者だから、夫にしたんじゃないの？
妻　うっ、うぇーーーー!!　居酒屋の大将だとばっかり!!
夫　記憶の混乱があるね。えーっと、飯島直子の前の夫は？
妻　キム兄!!
夫　辺見エミリの元夫は？
妻　YouTube作った人!!
夫　まあ、正しくはTUBEを作った人だけどね。これ一般的によくごっちゃにされるからなあ。
妻　ねーえ？　ねえ。
夫　うん。
妻　あたし、前々から思ってたことがあるの。

夫　自分って、ちょっと変なんじゃないかって？

妻　やだ!!　どーしてわかるの!!　テレパシーだ!!　テレパシーだ!!　シンパシーみたいな感じで、人の心をずんずん読んでいくことかなあ!!

夫　（笑）。もはや、ちょっと変、とかじゃなくなってるけどね。うん。そうだね。ちょっと変かもね。だから、あれだ。ちょっと変だから、相談に乗ってくれそうな、居酒屋の大将と結婚をされたのでしょうか？

妻　えっ!!　ええーーーーー!!　あなた、居酒屋の大将だったっけ!!

夫　じゃあさあ。何だと思う？

妻　えっ。ああ……わからない……。ごめんなさい。わあ、どうしよう、どうしよう……あなた……誰ですか？

夫　ままま、誰でもいいけどさあ（笑）。君は前々から思っていた自分の秘密について、誰かわからない人に訊くの？　その人と自分の関係って、何でしょうか？

妻　じゃ、じゃあ、じゃあ……。今、一番、一番あたしの近くに……いる……。

夫　近くにいる？

妻　じ……人類ということにしましょう!!　ひとまず、それで……いいでしょうか!!!

夫　とてもいいね。まずね、しゃくれの件だけどね。

妻　はい……。

夫　「はい」じゃなくて、「うん」でしょう。奥さんなんだから。

妻　（泣きながら）人が……すごく気にしていることを、運だなんて……。「運でしょ、奥さん」って。それだったら、主婦はなんでも運次第ってことじゃない。占い師、あなた？　それってさあ、心が疲れてる人からお金をむしり取る……。

夫　ちょっとだけ、しゃくれてるのが可愛いって、思われると思うよ。ファンの人たちにさ。まあ、僕もだけど。まあ、自分のチャームポイントを欠点だと思いたがる人は多い。よくある症状さ。

妻　あなた‼　愛してる‼　はい、抱っこ‼

夫　早いよ（笑）。

妻　それ……それ……しょうがないよね。あたしの性格、ものすごく悪いから。やっぱクソみたいな……ゲロみたいな……ゾンビの死体みたいな……ゾンビは元々死体だけど……それが蘇って、また死体になって。

夫　君は元々ね、良い子だよ。ホントは。

妻　テメエ、ぶっ殺してやろうか‼

夫　『アウトレイジ』みたいになったね（笑）。

妻　ごめんなさい。見ず知らずの方に……。あのお……先生、昨日ちょうど飛行機で見たんですよ。『アウトレイジ最終章』。だってえ、普通、映画館で……あれ、観ようって思わない……。

夫　口悪いねえ（笑）。

妻　形が悪いのは、口じゃなくて、顎の先端なんですう。

夫　それ、落語のオチだよ、それじゃあ（笑）。

妻　ねえ、あなたどうして……どうしてあたし、毎晩こうなるの？　自分が怖いよ。

夫　僕は全然怖くないけど……。毎晩、じゃないんだよね。毎週一回なの。土曜の深夜4時から1時間だけ。何か思い当たる節はありますかな、僕のワイフ殿？

妻　（えずきながら）うえええ、おえええ……うえええ……土曜の深夜4時から1時間……。

夫　わからない？　自分で思い出さないとね、有美君。

妻　ど……土曜の……深夜……んんん。

夫　はい、頑張って。頑張って、古谷有美君。

妻　4時……から……1時間……んんん……出そぅ……。もうちょっとで出るぞ……。背中さすってください……。

夫　ホントにゲロに似てるね、こういうのってね（笑）。

妻　んんん……ハア、ハア、ハア……。あのお……ヒントをくださいますか？

夫　ヒントって（笑）、君の話よ。TBSアナウンサーの古谷有美さん。あなたは土曜の深夜4時から1時間だけおかしくなります。それはどうしてかな？

妻　いーー……いーー……いーー……いきなーー……よーー……よーー……。

夫　歌舞伎になっちゃってる（笑）。

妻　夜電波というラジオ番組を……きーー聴いて……。

夫　聴いてはいないよね。その時間はお仕事の準備なんかで忙しいはずだ。あの番組でさ、こいつ絶対ヤバいよなっていう人に、好きなだけしゃべらせる意地悪なVの時間あるじゃない。あの時、ワイプで抜かれる真矢ミキさんの表情、すごくいいよね。すごい好きだな、僕あれ。

あれこそが宝塚のエレガンスだと思うよね。ままま、それはさておき。はい。じゃあ、聴いてない、としたら何なのか？　聴きたい。でも聴けない。そんなあなたにできることは？

妻　できる……でー……でー……デンプン質‼　電解質‼　伝統芸術‼　電話ボックス‼　でー‼

夫　頑張れ。

妻　でー‼

夫　頑張れ、古谷。

妻　でー‼　出たいんです‼

夫　Yeah.

妻　出たいの‼　出、た、い、の‼　夜、電、波、に‼!

夫　はい、よくできました（拍手）。

妻　ふぁー。すんごいすっきりしたわ。

夫　はい、お疲れさまでした。そしてお帰りなさい。

妻役：古谷有美
夫役：菊地成孔

Pee Wee Russell「Love Is Just Around The Corner」『Weary Blues Vol. 2』（Documents）所収

第340回前口上

おはよう。もしくはお休み直前かな。「いやいや、余裕で活動中っすよ。腹減っちゃってますよ。コートのポケットにピアス落としたみたいなんで、さっきから探してますよ」という人には親愛の情を。ただ悪いことは言わない。可能な限り、君には遊びに行っててほしいね。今、ラジオ番組ってのは、ラジオの前に張り付いてないと聴けないってわけじゃないみたいだから。ていうか、今ラジオっていう機械自体があるんだろうか。特に30代以下の人の部屋に。

こちらは「菊地成孔の粋な夜電波」です。ＴＢＳラジオの、まあ自分で言うのもなんだけど、今ややちょっとした名物番組だ。力道山が刺された、赤坂っていう街からみんなの部屋に、電波の形で音楽を届けている。お蔭さまでシーズン14に入った。そのうち、ラジオっていう機械自体がナンセンスってことになるかもね。だってメールがナンセンスなんだから。驚いたよ。LINEをやれやれって。LINEってねえ。特にWhite Lineっていうのは、アメリカのスラングだったら……まあいいや。

さて、この時間に移ってからも色々やってはみたけど、どうかな？　君は楽しい？　なら良かった。オレはいつだって……そうだな、もう死にたいと思ってる時でも楽しいけど。躁病って恐ろしいよ。今日はそうだな、危険な目に遭った話なんかもするような気がするんだけど。

だってテレビじゃお相撲さんの頭が割れた写真とかさ、大陸間弾道弾とか言っちゃって。ま、こんなもん不謹慎中の不謹慎かもしれないけど、火星12号っていうのは格好いいよね。名前が。僕はネーミングがダサいのと、服装がダサいのは選別してしまっている。差別はいけないけど。一瞬でね。火星12号ってのは、いい名前だ。お前、それが落ちてきたらどうするんだっていって怒る人は、好きなだけ怒っていいよ。嫌いじゃないね、基本的に。すぐ怒って、それが止まらなくなる人ね。あのヒステリー発作の女性議員の人、好きだよ。部下をハゲって罵ったり、「父親が好きでその父親が禿げてた。だから、あれはそういう親愛の情を込めたんです」ってぬけぬけと言ったりしてね。虚言にまったく抵抗がない。すごいだろうね、そういう人のセックスはね。えっ、虚言とセックスって関係あるのかって？　そりゃまあ、そうだな。またの機会に。

さて、さっき言った通り、どんな危険な目に遭っても、僕は基本的に笑ってた。全部ね。だから、最近はあんまり笑わないようにしてんだ。不謹慎に見えるしね。これは他局だけど、実はついさっきまでテレビに出てたんだ。（スクラッチ音）っていうすごい可愛い女の子と二人の番組だったんだけど、実際に会う彼女は、ホント可愛かったなあ。そして、暗かったなあ。「レリゴー」ロスですか、なんて言ったら単に嫌な奴だ。そんなことはしないよ。怒りは好きだけど、嫌味は嫌いだからね。それに僕は綺麗な、しかも頑張り屋さんの女の子が暗いのは、仕方ないと思ってる。だからきっと僕が暗くさせたんだろう。あんまり笑わないようにしながらにして、無理に笑ってみせたからね。相当気持ち悪かっただろうな。

今日はね、ニューヨークの話をしようと思うんだ。生まれて初めてニューヨークに行ったたんだから、土産話の宝庫だったろうって思うだろう。でも、全然ないんだよ。ニューヨークはテレビで見過ぎた。何も新しいことはなかったな。思った通りに、デッカい奴らや、デブな奴らがいっぱいいて、色んな移民がいて、色んな色の、色んな肌の、色んな服を着た奴がいたから、デッカい水槽みたいだったよ。サンシャインの。それはでも、今のニューヨークね。当たり前だけど。

僕が行きたかったのは、もちろん78年のニューヨークだ。僕が乗ったのがＪＡＬではなくて、ＴＭ、つまりタイムマシンだったら、間違いなく78年の、つまり民主党コッチ時代の、汚いニューヨークだ。市内の死因の一位がエイズ、二位がレイプっていう、途轍もない時代がこの街にはあった。そこのクイーンズやブロンクスに行きたかったよ。僕が行ったのは、そこそこ危険なだけでとても清潔なニューヨークだ。ちと残念。でもそれって、１９２０年代に行きたいな、行きたいなあって思ってる人とか、幕末に行きたいなあって思ってる人と同じだよな。ただ、僕と同じことを考えてる、つまりゴールデンエイジのことばかり考えてる、無駄な夢想家はいっぱいいる。

音楽は便利だ。これは日本人が作った音楽だけどね。僕はこの曲をプレイすることで、78年のクイーンズに行った気になるしかない。現実が嫌いだなんて言わないよ。現実は大好きで、しかし僅差で音楽のほうが好きなだけだ。今日はそんな、ドープでイルでダーティで、そしてダーティでダーティなものばっかり流すから、そういうのがイエスな人だけ聴いてもらえばいい。ま、それはいつものことだけどね。サンプリングのネタは、有名なのはＵＫハードコアパンクから、ギターのストロークだけ抜いてきたんだって。作った本人から聞いたから間違いない。今日は大体、こんなんばっかり。音楽の話。せっかくの土産がこんなんで、申し訳ないね。

（♪　菊地成孔「Scandal-X/Re-mix ver.0」）

菊地成孔「Scandal-X/Re-mix ver.0」『「素敵なダイナマイトスキャンダル」オリジナル・サウンドトラック（+remix）』（ヴィレッジレコーズ）所収

第340回（2017年12月2日）フリースタイル

テキストリーディング

「個人的な運命についての話」

　被害者の遺族の方もいるだろうから、極めて慎重にしゃべるけど、なにせ今から話すのは、あくまで僕の個人的な運命についての話であって、他の誰の何とも関係ない。あれは確か、高校生の時だったんじゃないかな。銚子に住んでいた僕は、ワクワクしながら東京、特に新宿に遊びにきた。何をするわけでもなくどこに入るでもなく、僕は新宿をうろうろし、兄貴が住んでいる西永福までバスで帰ろうとしたんだ。まだ携帯やスマホがなかった、どころじゃない。僕には自分の腕時計すらなかった。喫茶店やデパートの中をちらちら覗いて、時間を確認していた。それで乗るべきバスを乗り過ごしてしまった。ちょっとはしゃぎ過ぎたんだ。もう一度言うけど、ゲームセンターとかパチンコ屋とか喫茶店とかに入っていたわけじゃない。デパートの中にいたわけですらない。ただただ西口の、あの万博のパビリオンみたいなセンスの——ってまあ、万博のほうが後だけどね——西口のあの、地下から地上に出るところのデザイン感覚に完全にやられて、何度も何度も同じ場所をうろうろしてたら時間を忘れちゃったんだ。なんていい時代だろうね。

　確か9時とか、そんなだったと思う。そのバスに乗らないと、兄貴の家の夕餉に間に合わない。固く言われてね。「何番口の何時のバスに乗れ」って。でも気が付いたら、もうその時間を過ぎてた。大した話じゃないじゃんって思うだろう。でもこっちは半年に一遍だけ東京に遊びにくる、銚子のガキだ。新宿でバスに乗り遅れるなんてことは、取り返しがつかない失敗で、それをやっちまっただけで、こんなちっちゃな死んだ蠅みたいに小さくならないといけない感じだった。僕は怖くなってね。バス停から逃げたんだ。逃げて逃げて、途中から走って逃げて、地下を伝って中央口まで逃げて、京王線に乗って、それで西永福に行くことにしたんだ。言い訳を考えたり、忘れたふりの演技に数分間で磨きをかけないといけなかった。

ところが、完全にビビりながら兄貴の家に着くと、それどころじゃなかった。テレビは臨時ニュースで大騒ぎだったんだ。新宿西口から出たバスの客の一人がガソリンと新聞紙でバスに放火したんだ。6人死亡、14人が重軽傷。今では、「新宿西口バス放火事件」というのが通称になっている。僕と兄貴はテレビを見ながら、二人で茫然としていた。それは僕が乗るはずのバスだったからだ。

最近立て続けに彼女の話になるけど、他意はない。僕の前の妻はそれこそ赤坂でバーのチーママをやっていたが、そのうちカタギに転職した。仕事はSEっていう仕事で――これはまあ効果音のことじゃなくって、まあわかるか、わかるよね、システムエンジニアっていって、まあ釈迦に説法だろうか――仕事の勘がいい、理系の彼女はどんな職場でもトップに上り詰めた。小さなプログラミングの会社でも。なので僕は、そうだなあ、10年近くヒモ生活をしていた。今でも、音楽の才能が完全に枯渇したら、ヒモになろうと思ってるよ。マジで。だって、女性が朝、出掛ける時にわかるんだ。今夜彼女が帰ってきたら、何を喰いたがり、身体のどこが凝ってて、どのぐらいマッサージをして、どれくらいどんな風なセックスをしたいか。それだけじゃない。どんなことだってできるんだ。泣きたかったら泣かせ、怒りたかったら怒らせ、笑わせたかったら笑わせることが僕にはできた。そして音楽は何が聴きたいかも完全にわかってた。服装も髪形も、僕が全部決めてた。そのほうが自意識という厄介な邪魔が入らないから、スムーズに彼女が素敵になる。なんでそんな才能に満ち溢れていたのかまったくわからないけど、思えば今と大して変わらない。僕は女に喰わせてもらっているようなもんだ。今でも。僕が今のところ、最もセールスしたアルバムはUAとのコラボだし、ニューヨークでのICIの人気と、桑原あいちゃんへの拍手は本当にすごかったよ。

しかし、完璧なヒモである僕も、彼女が朝、ほんのちょっと寝坊することまでは、コントロールもエスコートもできなかった。当時彼女は丸ノ内線で、それこそここの近辺、赤坂見附に向かっていた。ある会社のプログラムを作るために。彼女はマンガみたいにもんどり打って、ベッドから転がり落ち、床をゴロゴロゴロゴロ転がりながらスーツに着替え、焦ってトーストを口に詰め込んで、朝のキスも省略して、スーパーマンのようにドアから飛び出していった。そして順調に、丸ノ内線を一本だけ乗り遅れた。しかし課長であり、プログラム制作のチーフである彼女のキャリアには、実際はシミ一つ付かなかったんだ。彼女は電話してきて、僕に言った。

「ねえ、戦争みたい。空はヘリコプターだらけ。なんか、急病の人がたくさん倒れてて、ガスマスクをしている人が右往左往してるの。自衛隊と警察でいっぱい。ねえ、ちょっとテレビをつけて見てみて」

彼女が寝坊をせず、いつものコーンブレッドとスクランブルエッグを平らげ、意気揚々と僕と朝のキスを済ませて、いつもの丸ノ内線に乗っていたら、彼女は地下鉄サリン事件の被害者になっていたんだ。

「ニューヨークに行く。ジャビッツ・センターという、日本でいうと幕張メッセみたいなところらしいよ」と言うと、誰もが「テロに気を付けて」と言った。テロって気を付けると、避けられるものなの？　僕は機内泊を含め、5日間マンハッタンにいたが、単純に僕のフッドである新宿との当社比でも、危険度は百分の一にしか思えなかった。そして以下は帰りに機内で、柄にもなく手に取った読売新聞の記事である。

「ニューヨークテロ容疑者訴追【ニューヨーク】米連邦地検は1日、ニューヨーク・マンハッタンで小型トラックを暴走させて8人を殺害したとして、トラックを運転していた中央アジア・ウズベキスタン出身のサイフロ・サイポフ容疑者（29）をテロなどの容疑で刑事訴追したと発表した。犯行に使ったトラックで事前に予行演習を行うなど、周到な準備をしていたことが明らかになった。／サイポフ容疑者は事情聴取に対し、イスラム過激派組織「イスラム国」がインターネットを通じてトラックなどを凶器にした無差別テロを呼びかけていることに応じたと供述した。」（「読売新聞」２０１７年11月2日）

慌てて調べてみたら、この通りは僕が泊まっていたホテルのすぐ近くだった。あらゆることはタッチの差だったりする。土産話がこんなんで申し訳ない。

第３４０回（２０１７年12月2日）フリースタイル

コント

「首を絞められてるみたいな感覚」

教授　さて、もう時間も大分過ぎてしまいました。えー、というわけで、あのー、私の立場としてはですね、まだまだフロイドは有効だと思っています。臨床治療でもそうですし、芸術分析でも、また今日の講義で一番時間を割いた、映画の脚本などにおけるあらゆる虚構の人物の人格設定ね。来年2月公開になります『スリー・ビルボード』という、これ非常に優れてる映画ですけども、あと、DVD化されております『ラースと、その彼女』、これはライアン・ゴズリングの恐らく一番良い映画だと思いますけど、えー、この二作はその端的な例になりますんで、是非ともご覧になってください。えーと、こうして予定されていた質疑応答の時間がね、ついつい講義が長くなって無くなってしまったのも、一種の無意識的な欲望（笑）かな？

（笑い声のＳＥ）

教授　皆さん、とても優秀だから、追い詰められてしまいそうだ。

（笑い声のＳＥ）

教授　えー、それでは終わります。ありがとうございます。

（拍手のＳＥ）

教授　レポートに類するものはね、是非、紙にプリントアウトしてわたしのオフィスまで送ってください。一番駄目なのはあれね。ブログに書いたので、読んでくださいって、リンクが貼ってあるやつ。

（笑い声のSE）

教授　あれはね、礼節に欠きますよ。あのー、あなたが好きなんで、ブログにラブレター書いたんで、このURLに飛んでくださいっていうね、ラブレターありますかね？　別にラブレターくれって言ってるんじゃないよ！（笑）

（笑い声のSE）

教授　はい。それでは、長時間ありがとうございました。失礼します。

（拍手のSE）

学生　あのー！　あのー‼

教授　すみません、時間がね。ごめんなさい。レポートだったら、さっき言ったような感じで。

学生　レポートの感想はないんですが……質問があるんですけど……いくつも……。

教授　うん。はいはい。なるほど。えー、こうして、公開でぶつけたい類の質問……なんですかね？

学生　二人っきりでお答えいただけるなら、そちらのほうがいいんですが……。

教授　失礼。では、公開にさせていただきますね。えー、3分間だけ、お時間差し上げますので。3分間でお願いします。

学生　あたしは……父親に生理的嫌悪感があるんですけど……。先生がおっしゃるように、いつまでも身体を洗われたとか、そういう視線で見られたとか、それ以上とかは……一切ありません。

教授 えー、お父様の匂いは……？

学生 反吐が出ます。

教授 うん。えーっと、ご兄弟は……？　これプライバシーなんでね、可能な限り。

学生 父と、母と、あたしの、三人家族で……両親はどちらも、実の母と、実の父です。

教授 うん。えーと、じゃあ、顔なんですけど……あなたの主観で結構です。あなたはご両親のどちらに似てると思いますか？

学生 父に決まってるじゃないですか。だから、こんなに不細工なんです。

教授 いや、まあ、決まってはないですけどね。お母様には似てないですか？

学生 母親似と言ってくる人もいますけど、多いですけど、それはお世辞を言ってるんです。

教授 えー、ご両親のセックスを見てしまった経験は？

学生 キスまでならあります。挨拶程度の。

教授 ここまでで、いくつ、嘘をついてますか？

学生 ……三つです。一つは……。

教授 おっしゃらなくて結構です。三つね。それは、あなたの大体、アベレージですか。それとも、何らかバイアスが掛かってますか？

学生 バイアスが掛かってます。バイアスが掛かってるから、普段より少ないです。

教授 えー、お訊きになりたいことというのは、こういうことですか？　あなたは、一般的に言ってですね、パッと見……パッと見って言っちゃあ失礼ですけど、若くて、モテそうなね、可愛い女学生さんですけど、学籍簿を見る限り、男性ですよね。

学生 はい。

教授 （激しくどよめくＳＥ）

男性として、わたしと性行為がしたい、してくれるか、ということですよね？

学生 その通りです。

（どよめくＳＥ）

教授 そうしたことに理解があるのかどうか、明言してほしい、ということですか？

学生 いや、一般論ではなくて、この、僕についてです。僕は……男だけれども……先生は寝てくれますか？

教授 いや、それねえ……一般論と個別論がごっちゃになっちゃってるから……まあ、色んな……その、何ていうんでしょうね、えー、性的倫理観を試されるのは、仕事柄構わないんですけど。一気に二つっていうのはね、ちょっとアンフェア・トレードだね、これね。

学生 わかってます。じゃあ……僕の父親と寝てくれますか？

教授 いいですよ。じゃあ、寝たとしたら……あなたはそれを見たいですか？

学生 吐きたいんです。僕は……喉が細いから、吐くのが苦手で……先生なら……思いっ切り吐かせてくれると思って……。

教授 えーっと……死にたくは、ないですね？ 吐きたいだけね？

学生 はい。全然死にたくないです。

教授 えー……さっきからここまでの間で、嘘はいくつ増えましたか？

学生　ゼロです。
教授　ＯＫ。えー、今嘘をつきそうなゾーンに、自分がいると感じます？　それとも、ゾーンの外にいると感じますか？
学生　外に……いますけど……いつでも戻れると思ってます。
教授　ＯＫ。わたしからの質問は以上ですが、あなたの質問は、あといくつあります？
学生　……三つ……。
教授　実際は二つですよね？
学生　……はい……。
教授　じゃあ、こうしましょう。お互いに二つずつ質問し合いましょう。質問が、さらなる質問を生み出さないように気を付けて。
学生　質問が、さらなる質問を生み出さないように気を付けて……。
教授　そう。お金や暴力みたいな感じでね。自己増殖しないように。
学生　お金や暴力みたいな感じで、自己増殖しないように……。
教授　そうです。じゃ、どうぞ。
学生　……僕は……僕は……三人で……するのが……夢で……というのは、「トリプル」っていう小説があって……。
教授　はい、村田沙耶香さんね。あれいいですよね。あの『コンビニ人間』とかよりずっといいよね。
学生　そうです。それで……そこでは、二人っきりでするのは野蛮とされていて……三人で儀式みたいにするのが、すごく崇高で……人間的に描かれてるんですが……恐らく、去勢不安が失われてしまうと自我は危険だし、でも世の中からは去勢不安が失われつつあるから、あえて、ああいう生贄の儀式みたいなすごいエロチカを描いて、去勢不安を取り戻そうとしていると……僕は解釈したんですが……僕……僕、間違ってますか？

教授　いや、合ってるんじゃないですか。っていうか、間違ってるなんて、全然あなた思ってないでしょ？　いやあ、これは質問じゃなくて……そうだな、じゃあ、あなたの理想のトリプルのメンバーは、誰ですか？

学生　……僕と……先生と……ママ……。

教授　写真ある？　お母様の？

学生　はい……これです……。

教授　うーん、やっぱり、君、お母さんと姉妹ぐらい似てるね。

学生　いいえ。

教授　瓜二つだよねこれ。

学生　いいえ、全然似てないです。

教授　どこがですか？

学生　身体が。男の身体と女の身体は、全然似てないでしょ!!　違いますか!!

教授　いやあ、今、質問が質問を生んでしまってるね。

学生　金や憎しみのように。

教授　お金や暴力のように、ね。

学生　すみません……。

教授　いややや、いいんですよ。じゃあ、僕から、そうですね……追加の質問をしたいんですが、あなたが慢性的に抱えてしまっている吐き気ね……常に吐きたい、でも喉が狭いから吐けない、これは逆に言うと、呑み込めない、例えば唾ですとか、飲み物ですとかね、ま、極端に言うとペニスですとかね、呑み込めないということと鏡面関係にもあるわけだけれども、あなたの喉を狭めてしまったもの、つまりあなたを窒息させてしまったもの……あなた恐らくもう、既に熟知してますよね。それは何ですか？

学生　……あの……音楽なんですけど……。あるアーティストで……古いやつだから……今、誰も知らない……。

教授　古いやつ？　へー、20年代とか？　シェーンベルク？

学生　いや……いやいや、2000年代初期です。打ち込みのデュエットグループで、パパがファンだったんですけど、いつも夜中に……あの……オナニーしながら聴いてて……。

（どよめくＳＥ）

学生　最初、ＡＶ見てるのかなって……でも……僕も……ていうか、その頃は自分を女の子だと思ってたんですけど……一曲聴いたら、わかっちゃって……色んなことが、その日から……誰かから首を絞められてるみたいな感覚が抜けなくなっちゃって。自分が瞳ちゃんにならないと、息ができないんですよ、そのグループ!!　だって、デビュー曲の名前が「インター……」。

教授　知ってますよ、それ。SPANK HAPPYでしょ？

学生　えっ。先生、なんでご存知なんですか？

教授 そりゃ、知ってますよ。僕やってたから。首絞めてごめんなさいね（笑）。

（♪　SPANK HAPPY「インターナショナル・クライン・ブルー」）

教授役：菊地成孔
学生役：古谷有美

SPANK HAPPY「インターナショナル・クライン・ブルー」『インターナショナル・クライン・ブルー』（ベルウッドレコード）所収

第342回（2017年12月16日）ノンストップSPANK HAPPY

テキストリーディング

「君が少しでも安らかであってほしい」

（♪ Oscar Isaac & Marcus Mumford「Fare Thee Well（Dink's Song）」/ Oscar Isaac「Fare Thee Well（Dink's Song）」/ Bob Dylan「Farewell」/ Justin Timberlake, Carey Mulligan & Stark Sands「Five Hundred Miles」に乗せて）

ベルリンにいる君からメールが届いて、身も心もヘトヘトの僕はPCを立ち上げ、メーラーから一通を選んでクリックすることは、郵便受けに手紙が届いて、どんなトラブルも解決してくれる僕の自慢の犬歯で喰いちぎるように封を開けるほうが、どれだけ楽かと思うくらいだった。君のメールは泣き言ばかりで、僕が住むなら南のほうに住めと言ったのに、意地を張って欧州の北、しかも元共産圏に住むことにしたことを後悔しているし、あらゆることを後悔していた。離婚すると、人は熱くなる。ディボースホット。離婚だけじゃなく、ピンチの時は必ず、人は代謝が、体温が、脈拍が、すべて上がる。だから、痩せて情熱的な人になる。つまり魅力的になるってことだ。君が一時的に輝き、あろうことか苦も無くドイツ語の特訓までしてベルリンに向かったと聞いて、僕はSNSをやっていないことによる小さな勝利をまた一つ確認した。あんなもんしていたら、君の今の暮らしを知ることになる。君が灰色の煉瓦の壁の前で毛皮のコートを着て、新しい、ドデカい、ゴツい夫と腕を組んで、必死に微笑んでいる写真を見たら、僕はそこそこ胸を痛めてから「うーん、なかなかいいね」と思い、恐らくだけど、数分見詰めてから「いいね！」というボタンを押すだろう。今人類が犯せる最大の愚行の一つだ。

ディランは言う。「洞窟の魔女に捕らわれたら、逃げることはできない」。僕には後悔はない。僕は頭がちょっと変で、どんなに苦しいことも5年間寝かせると、うっとりするような甘さに熟成してしまう。若造ども。焦らず5年待ってみるといいぞ。ひょっとして僕と同じ症状だったら、君は知る。苦しいことも楽しいことも、熟成すれば全部甘くなるってことを。そして、もう察しはついているだろう。それが酒と肉だ。

君は昔から後悔ばかりしていた。ティファールの素敵なグリーンの手鍋を買ってきて、箱から出すなり「ああクソ!! 赤にすればよかった!!」と苛立つような君が——よく聞いてほしい——僕は大好きだったよ。君の泣き言だらけのメールを読んで、僕は長らく忘れていた君の匂いや、君の声や、君の裸を思い出した。文章の内容はまったく頭に入らなかったけど。特にドイツ人の旦那の悪口は写真がないのが幸いした。ピンチホットは長く続かない。君の体温は下がり、ベルリンの12月には耐えられないだろう。そして君の代謝は下がり、ドイツ食ではぶくぶく太ってしまうだろう。

辛うじて君をアッパーにしているのは、後悔だけ。「いつか、リラックスしながら後悔する方法を考えよう」。僕は結婚している頃、君によくそう言ったよね。君はその言葉にも苛立ち、「そんなことできるわけないでしょ。お芝居でもするの？」と言った。僕は「そう。お芝居でいいんだ。だって、何だってお芝居だろ」と言った。君は泣き出したね。「わたしたちの、何がお芝居だっていうの」。僕は「僕たちだけの話じゃないんだ、これは」というフォローの台詞を呑み込んでしまった。実際にもう僕たちはお芝居だけになっていたし。君はそのことに苛立ち過ぎて、元々綺麗だった顔が険しくなって、つまりちょっと僕好みになってから、さらに険しくなっていて、さすがの僕も怖くなっていた。今、君がちょっと険しいぐらいになっていることを祈るよ。あれはとてもセクシーだからね。

今年が終わっていくね。音楽が一曲終わっていくように。今年が終わっていく。ドイツでのクリスマスが、どれだけ厳粛で豪華かは知ってるつもりだ。僕は急激に衰えている東京のクリスマスに仕事をしていた。働き過ぎていつもヘトヘトだけど、君のいない暮らしもそこそこ楽しんだよ。泣きたい時はトイレで泣いて。もちろん嫌なことはいっぱいあった。厳密には面倒臭いことのほうがずっと多かったけど。でもそれだって生きる喜びだよ。動物たちにとっては、死ぬことさえ生きる喜びの一つだ。僕は動物に近いのかもね。生肉が好きだし。いつでも性器の匂いを嗅いで、トラブルはほとんどすべて、犬歯で嚙み付いて解決する。CDのパッケージが開かないとか、相手がもうイキそうなのになかなかイケないとか、クソのような会議が紛糾した時、パワーポイントで作った企画書を喰いちぎるとか、そんなことをしながら今年が終わっていく。

そしたら、君からメールが来たんだ。犬歯はまだ使ってないよ。「君が少しでも、君らしくいられるように」なんて、ラブソングの歌詞には必ず書いてある。でもあれは少々大袈裟だ。君がこの部屋を出ていって、ベルリンで後悔ばかりしているのは、君らしいよ。君は君らしくしている。だから君が少しでも安らかであってほしい。せめて年の瀬ぐらいはね。まだ愛してるよ。思い出したからじゃない。僕の心の中の愛するものたちの棚に、君の名前が書いてある引き出しがまだ残ってるってことだ。このことを何て書いたらうまく伝わるんだろう。喉が渇いている時の水のように。グーテンターク。

リスナーの皆さん、あなた方の今年はどんなでしたか？　苦しかった人、楽しかった人、誰にも愛されていないと思っている人、誰も愛していないと思っている人、死にたかった人、殺したかった人、大体良い調子だった人、泣いてばかりだった人、怒ってばかりだった人、笑ってばかりだった人、犯してもいない罪の意識に震えていた人、犯した大変な罪に気づいてもいなかった人、あなた方全員の今年が終わっていきます。いかがでしょう。どんな人もみんな、ちょっと楽になりませんか。今さらジタバタしたってしょうがない。注射器を打たれるのが怖くて暴れ回る小学生だって、とうとうそのまま打たれないということはない。実際は一瞬チクッとするだけ。そして、あなたが予期している悪いことの90％は起こりません。あなたがさっきよりちょっとだけ楽になって、良い気分になれることをこの番組は願っています。

お聴きの音楽は、映画『Inside Llewyn Davis』のオリジナルサウンドトラックより。「チェリーとマスカット」、CMです。

Oscar Isaac & Marcus Mumford「Fare Thee Well (Dink's Song)」/ Oscar Isaac「Fare Thee Well (Dink's Song)」/ Bob Dylan「Farewell」/ Justin Timberlake, Carey Mulligan & Stark Sands「Five Hundred Miles」『Inside Llewyn Davis Original Soundtrack Recording』(Nonesuch) 所収

第344回（2017年12月30日）フリースタイル

第346回前口上

人類史の開始以来、絶えることなくずっと続いております、混迷の現代社会を生きる、混迷の現代人の皆様、そちらの混迷は解決されそうですかな？　えっ、何？　もうすべてが手遅れ？　結構、結構。手は早くても、遅くてもケチがつきますなあ。「手がちょうどいいね、あいつは」なーんて話、社長のお手付きでも、竜王戦でも聞いたことありません。この間も飴嘗めながら咳き込んでる奴がいたんで、「そいつは咳止め飴だろ？　何事も急いでやると逆効果だから、気を付けな。飴と女の裸はゆっくりお嘗めよ」そう言ったら、「いや、これ咳が出る飴なんすよ。今呑むと頭が痛くなる頭痛薬とか、呑むと吐き気がする乗り物酔い止めとか楽勝ですよ。ネットで」なんつって、現代は混迷したもんですなあ。まあ、ビートたけしが言ってました。「冬場は作り物は冷てえんだよ。むしゃぶりつけねえ」なんてね。あれも現代っちゃあ、現代でしょう。とは言え、考えてみれば、我々が単なる猿からノイローゼの猿、すなわち人類になってから、世界は混迷しっ放し。ってことは逆に考えりゃ、特に一度も混迷なんかしてないのかもしれません。我々はひょっとしたらお天道様が昇るのを見ても「ヤバい、ヤバい。もう駄目だ」言ってる重傷の猿なのかもしれませんね。だったら、もうこの際だ。死ぬまで恐怖と不安で生きましょう。嘘でも自由で民主の国だ。恐怖に戦《おのの》きながらくたばるのも自由。しかし、猿のくせして、生意気に難しい顔でくたばるってえなら、まずはこの番組をお聴きになってからでも遅くはありませんぞ。

　というわけで、帝都東京は港区赤坂、力道山刺されたる街より、ＴＢＳラジオがお送りしております「菊地成孔の粋な夜電波」。お相手は仕事柄、ガラガラヘビに絡まれる程度にゃ慣れちゃいるが、さすがに龍は怖い。彷徨いながらにして、龍退治には行かない、スクウェア・エニックス指名手配中のジャズミュージシャン、菊地成孔でございます。「菊地成孔の粋な夜電波」シーズン14。Sun Ra And His Arkestra に乗った、このたった今が、夜中なのか朝なのか、週の始まりなのか終わりなのか、世界は混迷か平穏か、次のゲームで泣くか笑うか、その選択が間違いか正しいか、アンゴラ村長可愛いか不細工か、すべてはお聴きになっておられる、そう、あなた次第。賽の目知らず、こちらバーテンがお出しするのは二つだけ。与太話と最高の音楽だけでございます。それでは、早速参りましょう。

Sun Ra And His Arkestra「Saturn」『Singles（The Definitive 45's Collection 1952-1991）』（Strut）所収

第３４６回（２０１８年１月13日）フリースタイル

ハーフショルダーの有村架純さん

まあねえ、世の中にはいっぱい色んなフェチの人がいて、すごい面白いんで、アタシはインターネットは三つか四つしか使い道がないんですけど、そのうちの一つが色んな世界中のフェチを調べることなんですよね（笑）。フェチの人が狂おしい情熱によって作り上げたホームページを見ること、これが好きなんですけど（笑）。ハーフショルダーっていうのは、なんてことないです、アマレスなんかでもそうですし、水着にもあるし、ナイトドレスでもあるんだけど、片方の肩だけが丸々出てるスタイルのことね。

これ、紅白の話ね。有村架純さんが……最初はね、ベアショルダーって両肩が出てる、腋の下からこう、水平に線が引かれるような形の、両肩出ちゃって首も出ちゃってるスタイルの赤いドレスだったんです。まあ、服が好きですからね。紅白の司会、グラミー賞、アカデミー賞のレッドカーペットとなったら、あらゆる人が世界中のドレスメーカーにめちゃくちゃ気を使って発注して、着てね。たまに同じプラダがぶつかっちゃって喧嘩したとかいう話が大好きですから。有村架純さん自身がどうだこうだって別にないですよ。好きとか嫌いとかじゃなくて、あ、有村架純さんだなって思うだけなんですけど。どんなドレスを着るんだろうな、紅白、と思って見てたんですよ。

そしたら、まあ最初はベアショルダーでね。このクソ寒いのに、NHKのホールの中は熱気が漂ってるのかな、なんて思って見てたんですけど、何回か衣装替えがあった後に、Superflyの後でハーフショルダーに替えたの。で、番組が終わるまでハーフショルダーだったの。でね、ベアショルダーってのは、ま、何でもそうですけど、全部いっそのこと出ちゃうとね、エロくないんですよ。で、ちょっと隠れてたりするのがエロいと……。アタシがそうだってことじゃないんだけど、一般論としてね、ベアショルダーはエロくないけど、ハーフショルダー、ヤバいっていう人いっぱいいいるの、実は。日本でもアメリカでもいっぱいいるのね。そのことを知っててか知らずか、最初ベアショルダーで爽やかに登場して、Superflyさんの「♪タラリラリーラーリーラー」と爽やかな曲が終わった後に、いきなりハーフショルダーで有村架純さんが登場されて、番組の最後までハーフショルダーだったんで、急にさっきまで全然気にならなかった肩とか腋とかが気になり出して、歌どころじゃなかったハーフショルダーフェチが、この地球上に何億人いたかっていうことを考えながら見ていた、ということをコメントしながら、次の曲に入りたいと思いますけど。

第346回（2018年1月13日）フリースタイル

テキストリーディング
「旧正月に備えよ」

（♪ Antibalas「Gold Rush」に乗せて）

旧正月に文句言ってる、イラついてるすべての奴に言いたいね。イラつきも文句も、ああ結構だが、一回ものを考えてからにしろってんだ。文字見て、すぐ文字書いてちゃ世話ねえぞ、SNS。一月って何もしなくねえか？　この間、役割を終えたばかりのピコ太郎――失礼、わざと間違えた――去年のスケジュール帳、一月に何かその年を支配する大きな事件って起きてるかね？　えっ、てめえはどうだって？　親父の命日以外、やったライブも全部忘れちまってるね、はっきりと。そう、誰も言わないなら、オレが言ってやろう。一月ってのは年の始まりじゃねえ。芝居の緞帳《どんちょう》が掛かってる時間、起きてコーヒー飲み終えるまでの時間、それが一月だ。どんなに忙しいふりしてたとしても、みんな一月のことは結局忘れる。旧正月ってのは、今年の本当の始まりを遅れたふりして告げる、かなり気が利いた習慣だと思うけどね、オレは。こういうこと言うと、必ず右だの左だの、上だの下だの、小さ過ぎてわからなかったからもう一回、ハッキリ言ってくださいだの、検眼器やヘイトスピーチみたいなこと言うバカが多いが、旧正月のシステムを採用してるのは北東アジアだけじゃない。キリスト教国もみんなそうだ。

奴らはイースターとクリスマスで、ご丁寧に二段構えに年を終える。後は余禄。映画のエンドロールだ。だからニューイヤーイブなんて、誰も本気で祝っちゃいねえ。あれをガチで祝うアングロサクソンは一部の変わり者か、イースターとクリスマスに負けた奴らだ。チャカだって、右フックだって、ナイフにだって予備動作がある。予備動作は攻撃や殺傷に構造的なエレガンスを与える。予備動作なく、いきなりむちゃくちゃにダガー振り回す奴にエレガンスなんてあるもんか。えっ、合気道も、居合抜きも、歌舞伎の掛け声も我が国の一突き、一刺し、一声には予備動作なんかない？　それが姿勢の良さをキープし、瞑想や集中力の深さをもって知る、我が国日本の美徳じゃなかとね？　そりゃそうだ。その通り。知った口きくじゃねえか、博多弁で。じゃあ、お前、和の精神で生きてみるか？　『七人の侍』の宮口精二みたいに、一年中微動だにせず生きてみろ。Wi-Fiなんか気にしてキョロった瞬間に、後ろから蹴られんだぞ。オレは水商売の両親に、飯と育ての母親だけ与えられて、ネグレクトされて育った。つまり、実の親からは躾は受けてない。オレを躾けたのはストリートだ。だから、確かに喧嘩に予備動作なんか入れてる奴が、全員やられてしまうことをオレは知ってる。凄んだり、ゴロまいたりしてるチンピラが、相手の胸倉を丁寧にゆっくり摑み、ゆっくり拳を引いた時には、年配のヤクザは既に、割ったコップをチンピラの喉笛に押し当ててる。ヤクザに予備動作はない。実際にはあるが、それを極限までストイックに絞り切ってるという意味において、剣道や居合や合気道の達人はヤクザに似ている。昔の任侠道はお伽の国のアウトレイジの世界とは違う。えっ、お前、ビートたけしにベットするのかしないのかって？　「松本人志のタウンワークに有り金全部」なんて、セコい真似だけはしないね。それよりも野郎ども。旧正月の話だ。一月は寝てな。起きて、動いてるふりしながらな。オレがお前らがスムーズに目を覚ますように、あと3週音楽を選んでやる。そう、忘れちまっていいやつだ。忘れられない音楽だけが、素晴らしい音楽じゃない。お聴きの曲は、まだ活動してたかね、5年ぶりのAntibalas。アフロアメリカンじゃなく、白人とチカーノがアフロビーツを演奏する、フェイクアフリカのビッグバンドだ。結成当初は粋がって、ステージの上でテロリストの服装とかしてたけど、もうどうせあれ駄目だろ。ま、忘れよう、若気の至りは。録画残っちゃって、都合が悪いことを忘れてもらえないっつう拷問みたいな時代を生きる、気の毒なガキどもをブチのめせ、Antibalas。そして、この曲は忘れられる。同じような曲が世界中にいっぱいあるからな。オレのしゃべりはここで終わるが、曲はまだまだ続く。5分以下じゃあ、フェイクったってフェラ・クティが許さねえ。ランニングタイム10分のこの曲名は「Gold Rush」。日本じゃあお誂え向き。安くてデカいハンバーグ屋の名前だぜ。コンプライアンスとやらにビクビクしながら、マイクを握っている気の毒な番組パーソナリティども全員をブチのめせ、Antibalas。そして、この楽曲が終わる前に、とうとう死んじまったのが「チャールズ・マンソン」。奴のイニシャル、CMです。紳士諸君、GOLD RU$H のハンバーグを喰って、旧正月に備えようじゃないか。

第346回（2018年1月13日）フリースタイル

Antibalas「Gold Rush」『Where The Gods Are In Peace』（Daptone）所収

第347回前口上

1, 2, 3, 4, the cool world's coming soon. 現代におけるジャズの役割とは何か？　合衆国アフロアメリカン芸術の伝承？　まさか。ビートルズ以来、蹴っ飛ばされたままのジャズマーケットをレコンキスタすること？　まさかまさか。ソウルやヒップホップにパラサイトして、適度に踊れるやつで、そこそこの客数とそこそこのリスペクトを手に入れた高級なファンクの量産？　まさかまさかまさか。セクシーとワイルドの既得権に、多少エロ気な格好をした、聴いちゃいられねえ女子ジャズサックスの多いこと多いこと。アゲアゲのJ-POPみてえな、聴いちゃいられねえJ-JAZZの多いこと多いこと。全共闘シルバー世代対応の、おじいちゃん死んじゃいますよフリー・ジャズのさらに多いこと多いこと。神も仏もアート・テイタムもマイルス・デイヴィスもあるもんかの世界。旦那、しっぽ巻いて帰ったほうがよさそうです。魚民行きゃあ、黄金期ハードバップの良いやつが聴き放題ですよ。内臓に優しいウーロンハイ、財布に優しい鍋や刺身でもやりながら、いくらでも聴いてみましょう。遙かにコスパが良いってやつだ。貧乏ゆすりみてえなインチキなリズムに乗って、コスパ追求と鬱病の夜を行くスウィンガー、おっと、こいつは古いアメリカのスラングで乱交する人のことですがね。ジャズ狂いの人たちって、今何て呼ぶのがいいんでしょう？　愛好家？　マニア？　好事家？　ファン？

まさか、ヘッズとかおっかけじゃないよね？　おっかければ、下手したら追い付いちゃいますよ、ジャズマンなんて。貧乏臭せえとはこのこと。ニューチャプターとやらも、もはやラストチャプターとっくに超え、クラブジャズったってそもそもクラブ自体が意味を失ったロストワールド。中央線ジャズファン、二番目の趣味はゲートボール。ジャズ喫茶だの一般大学だのでジャズ勉強会なんて笑止千万、千夜一夜。ここは一つ、ラジオのジャズ番組でも聴いてみましょう。えっ、そんなもんないんだけど？　彷徨える現役ジャズミュージシャンとやらの番組聴いても、全然ジャズ流れねえんだけど？　あ、いや、失礼つかまつった。事務所の大掃除が大変でね。いやさか、たまさか、お任せあれ。なかなかしかない風邪でもしいて、たまにはジャズ熱でも出させていただきますかな。

　というわけで、今年最初の、ていうか久しぶりに帰ってきたジャズ・アティテュード。最新のジャズの脂の乗ってるところを四曲ばかりお届けいたしましょう。お相手は私、オレは丸腰、菊地成孔。死人に口無し、菊地成孔。欺かれぬ者は彷徨う、彷徨えるジャズミュージシャン、深夜の内緒話。お聴きのナンバーは何人のいつの録音か予想してみてください。正解はブラジル人の去年の録音です。というわけで、ブラインド、ブラインダー、ブラインデストでリスナーを挑発する、ボーダーライナー・ファスビンダー。土曜と日曜、深夜と早朝の挟間美帆たち。力道山刺されたる街より、不安定なこの星全体にお届けする「菊地成孔の粋な夜電波」ジャズ・アティテュードでございます。ジャズは死んだかなんて論争は、死ぬわけがない時代の遺物。今こそなされるべき論争ってえのは、大抵今なされないのが世の常。ニルス・ペッター覚えてる？　メロディ・ガルドー覚えてる？　えっ、そもそも知らねえ？　ジャズファンだのに、粋だねえ。一杯行こう。いやさ四杯行こう。この一杯は勘定にゃあ入れねえよ。そんなセコいことするもんか。えっ、それじゃあまずは一服、だって？今時の洒落者が一服ったって、IQOSとやらが関の山を越すだけ。麦藁蛸に祭鱧、蟹は喰ってもガニ喰うな。ジャズは聴いても聴かれるな。「ちょっかい出すなよ、マスメディア」。CMです。

Philippe Baden Powell & Rubinho Antunes「Garfield (feat. Bruno Barbosa e Daniel De Paula)」『Ludere』(Independent) 所収

第347回（2018年1月20日）ジャズ・アティテュード

α鯖

はい、「菊地成孔の粋な夜電波」。ジャズミュージシャンの……そしてですね、この間鮨屋に行ったところ、まあまあまあ、この間鮨屋も何もね、母方の実家が鮨屋ですけども。まあ、今年でね、あと数ヵ月で――この番組始まった時はAKB48歳だったんですけど――コント55歳になろうというね、ことでございますが。さすがに目が悪くなってきて、品書き見たらね、「α鯖」って書いてあって、ヤベえ、これはもう人工的に、遺伝子かなんかを操作された、あるいは栄養価の違った――最近色んな食品があるじゃないですか――α鯖ヤベえなって思ってよく見たら、可愛い女の店員さんが「〆鯖」の「〆」を丸い線で書いてしまったっていうね（笑）。目が悪くなったんじゃなくって、頭が悪くなったんだっていうことがね（笑）、はっきりした菊地成孔がTBSラジオをキーステーションに全国にお送りしております。

第347回（2018年1月20日）ジャズ・アティテュード

第349回前口上

人類史の開始以来、ずっと絶えることなく続いております、混迷の現代社会を生きる、混迷の現代人の皆様。ところでそちらの混迷は解決されそうですかな？　えっ、何？　もうすべてが手遅れ？　だって朝の4時だぜえって、結構結構、ご主人、深夜の4時が長期戦のピークですぜ、あのゲームは。えっ、竜王戦？　いやさ、悪魔祓いのことでやんすよ。『スウィート・エクソシスト』とは言ったもんだのモンダミン。神父も悪魔もマウスウォッシュ、かなりの近距離でやりますからね、あれ意外とね。女口説いてるのと変わりゃしません。どっちも端から見たことあるから知ってるんすよ。悪魔祓いやってるようなもんでしょ。前の彼女との傷とか、前の彼氏の裸の残像とか、そんなもん祓ってやるさ、なんてね。前の彼氏とのキスの数なんてオレが三日で超えてやるぜ、なんて言ってた人、誰だ？　正解は三代目魚武濱田成夫さんですね。大塚寧々さんの最初の旦那ね。どーなんでしょう。女優が詩人に口説かれるなんつうのは、悪魔祓いより悪魔憑きに近いんじゃないでしょうかね。よく自由が丘でね、ATMで高額下ろしてましたけどね、オレと誕生日が一緒の大塚寧々さんね。オレオレ詐欺なんかなくて、ATMに上限がなかった時代ですね。とまあ、悪魔憑くのか祓うのか、相撲の決まり手じゃあるめえし、デーモン閣下に訊いたところで、あの人のコメントから廻しから真面目も真面目、悪魔じゃないんじゃないかな？　ってそれ言っちゃお仕舞い。もうやっておしまい。儲かったらもうお仕舞いが博奕の流儀。悪魔祓いも悪魔憑きも、結構毛だらけ、猫インスタ映え。真夜中、悪魔憑くのも祓うのも、まずはこの番組をお聴きになってからでも遅くはありませんぞ。急いでモンダミンどうぞ。

というわけで、帝都東京は港区赤坂、力道山刺されたる街より、TBSラジオがお送りしております「菊地成孔の粋な夜電波」。お相手は三度の飯より悪魔祓いが大好きな、彷徨えるジャズミュージシャン、私、菊地成孔でございます。「菊地成孔の粋な夜電波」シーズン14。Sun Ra And His Arkestra の演奏に乗った、このたった今が夜中なのか朝なのか、週の終わりなのか始まりなのか、勝つか負けるか、憑くか祓うかは、すべてお聴きになっておられる、そう、あなた次第。賽の目知らず。こちらバーテンがお出しするのは二つだけ。与太話と最高の音楽だけでございます。本日は中南米と並ぶ悪魔祓いの本場、アフリカ特集。「クールでドープなアフリカはお好き？　太鼓と甲高い声だけはデフォルトだけどね、もうあの大陸、アニメとマシンビートよ」というタイトルでお送りいたします。それでは、早速参りましょう。

Sun Ra And His Arkestra「Saturn」『Singles（The Definitive 45's Collection 1952–1991）』（Strut）所収

第349回（2018年2月3日）最新アフリカ音楽特集

第350回前口上

人類史の開始以来、絶えることなくずっと続いております、混迷の現代社会を生きる、混迷の現代人の皆様。そちらの混迷は解決されそうですかな？　えっ、何？　もうすべてが手遅れだ？　結構結構、ご主人、深夜の4時だ。パラダイス・ガラージならラリー・レヴァンのＤＪが始まるところ。インドネシアの儀式ならそろそろバロンダンスが始まるところっすよ。遊びだろうとガチンコだろうと一番アガるところでしょ。夜遊びしなくなりましたなあ、日本人も。スマホなんか持たされちゃって、LINEなんかでつながれちゃって。昭和の御代《みよ》だったら、スマホったらスマートホテル、LINEなんてあなた、白い粉をこう厚紙で丁寧に……おっとっと、風邪薬のことですよ。もうタミフルの時代終わってんのね、インフルエンザ。この間知りましたけどね。白い粉をね、思いっ切り吸うのよね。ジャズ界の悪い先輩がワクワク……おっとっと。おっとととのおっとっと。クエックエックエッチョコボール、SMAPより先にとんねるずだとばっかりね、思ってましたけども。丁半博打が苦手でね、好きなの麻雀、アリアリの点ピン、昭和のルール、三日三晩、ラリー・レヴァン。ぐるっと回っちゃいましたよね。イカサマのやり放題で八十日間世界一周。とまあプルースト『失われた時を求めて』、西部邁先生のことを考えながら、ぐるっと一周、東場南場まで回っちまおうってんなら、休憩中にちょいとこの番組をお聴きになってからでも遅くはありませんぞ。

　というわけで、帝都東京は港区赤坂、力道山刺されたる街より、ＴＢＳラジオがお送りしております「菊地成孔の粋な夜電波」シーズン14。お相手は桜井章一がヒクソンにかぶれた時に「どっちもどっちだなあ、こいつら」とインチキカリスマを眼圧高めの右目で見切る、彷徨えるジャズミュージシャン、菊地成孔でございます。Sun Ra And His Arkestraのこの演奏に乗った、このたった今が、夜中なのか朝なのか、週の始まりなのか終わりなのか、ツモるか出させるか、すべてはお聴きになっておられる、そう、あなた次第。賽の目知らず。こちらバーテンがお出しするのは二つだけ。与太話と最高の音楽だけでございます。本日は久しぶりのフリースタイル。それでは、早速参りましょう。とは言え、ラリー・レヴァンも西部先生もテンパってきたようです。本日のファーストオーダーはこちら。ご堪能あれ。

リーチ。

Sun Ra And His Arkestra「Saturn」『Singles（The Definitive 45's Collection 1952-1991）』（Strut）所収

第350回（2018年2月10日）フリースタイル

西部邁先生に捧ぐ

はい、「菊地成孔の粋な夜電波」。ジャズミュージシャンの菊地成孔がTBSラジオをキーステーションに全国にお送りしてまいります。えーとね、「西部邁ゼミナール」っていう番組があったんですよね、テレビ番組。それがね、この1月で終了したの。で、終了に合わせて亡くなったと思いますけどね。アタシ、最終回観てたんですよ。で、まあまあ、笑って話していいことだと思うから笑って話しますけどね。というのは「西部邁ゼミナール」の最終回の西部先生は、ものすごい朗らかに「ということで、終わる！」っつって終わったんですよね。「これにて日本はどんどん駄目になります」っつって。ニコッと笑って。その時にね、観た方いますか？　ひょっとすると、こういうのは面白がって動画サイトとかに上げる輩がいますから、確認できるかもしれませんけど。この番組で、西部邁先生は必ず手袋をされてたんですよね。で、あの手袋は何だったんだろうって、誰も突っ込めないんですよ（笑）。その手袋が白いんですよ、基本的に。白いんだけど、最終回だけは……いや、これ本当にね、何て言うか、ギリギリ不謹慎なんだけど、いいと思うんで言いますよ。最終回だけはね、片手が黒、片手が白で、白黒だったんですよ、手袋が。アタシ、先に番組観てたんで。訃報は後から知りましたので。あ、そういえば最終回だけ、手袋白黒だったな、と思って。すごいことすんな、憂国の士は、と思いましたけどね。

はい。あとこれ以上説明は一切避けますので、普通に番組は進行しますが、アタシの気持ち的には、今回は最初から最後まで西部邁先生に捧げ続けるということで。まあまあ、皆様とはね、直接関係のない話ですけども。手袋白黒で目が白黒しちゃいました。

第350回（2018年2月10日）フリースタイル

第351回前口上

人類史の開始以来、絶えることなくずっと続いております、混迷の現代社会を生きる、迷える現代人の皆様。そちらの混迷は解決されそうですかな？　えっ、何？　もうすべてが手遅れだって？　あらかじめ何の期待もしないのが一番？　ほーっ、結構結構、お気持ちわかりますよ。ピョンチャンいったら、昭和の御代ではクスリ屋の前に立ってた、エスタックかなんかの陽気なピンク色の兎ですからな。ピーポくんの先祖みたいな。まあまあ、佐藤製薬のサトちゃんとごっちゃになってるわけですけどね。まーあいつらだけでやってるのが平昌オリンピックだったらこりゃ目離せませんけど。今が目が離せないといえば、解説の佐野稔さんだけですよね。あの溢れんばかりの既得権益感（笑）。あとはまあそうですな、スノボの平野君がね、好きなラッパーは誰か？　しかないですね。でも知ってるの。AKBが好きなの、平野君は。せめてねえ、ジャスティン・ビーバーだったら。「スッキリ」で見せた名作、関根麻里ちゃんとの卓球忘れらんないですよ。あの時絶対ジャスティン、関根麻里ちゃんに恋してたと思うんですよね。逆じゃないっすよ。さすが関根勤さんの娘さん。世界が、ジャスティンを狂わせたのがエレーナ・ゴメスだと思ってるなか、ジャスティンを居合切りで失恋させたのが関根麻里ちゃんだと知ってる方のほとんどが、永野の青シャツが、青いライダースジャケットとフード付きのスウェットの二刀流になったことを、とっくに知ってる御仁でありましょう。とまれ、ハマった皆様、どうせ寝不足。「ドラゴンクエスト」のI以来と言われているとかいないとか。IIに進んで太陽の石を10日も20日も探し続けるのは、この番組をお聴きになってからでも罰は当たりませんぞ。

というわけで、今オリンピックで寝不足になってる人なんかいねえの承知で、あえて書きましたる前口上。帝都東京は港区赤坂、力道山刺されたる街より、ＴＢＳラジオがお送りしております「菊地成孔の粋な夜電波」。お相手は、「えっ、そんなもんスピードスケートの高木でしょ」のジャズミュージシャン、私、菊地成孔でございます。「菊地成孔の粋な夜電波」シーズン14。Sun Ra And His Arkestra の演奏に乗った、このたった今が、夜中なのか朝なのか、週の始まりなのか終わりなのか、勝つか負けるか、金か銀か、銅かなしか、すべてはお聴きになっておられる、そう、あなた次第。賽の目知らず。こちらバーテンがお出しするのは二つだけ。与太話と最高の音楽だけでございます。本日は小特集「ちょっと変わったブラックミュージック　アメリカもういいんじゃねえか？　色んな意味で」というタイトルでお届けいたします。それでは、早速参りましょう。本日のファーストオーダーはこちら。ご堪能あれ。

Sun Ra And His Arkestra「Saturn」『Singles（The Definitive 45's Collection 1952-1991）』（Strut）所収

第351回（2018年2月17日）小特集「ちょっと変わったブラックミュージック」

コント
「バーテン募集中」

店長　あーあ。長年、ウチでバーテン見習いだったベーアも独立して、自分の店出しちゃったしなあ。求人広告出してえけど、ウチはSNSとかやってねえから、つうか、やり方まったくわかんねえんだけどな。どうやるんだろ、あれ。はっははー（笑）。ま、しかし「バーテン募集中」っていう貼り紙を入口に貼って、それを見た志願者が直接、店に入ってくるのを待つなんて、セットの商店街の時代が昭和で止まってる、志村けんさんのコント以外、全然考えらんない……。

ミズノフ　すみませーん。入口の貼り紙見て来たんですけど……。

店長　おおーっと。ラジオだと、全員でこうやってコケる仕草が見せられないのがもったいないね。

ミズノフ　あのー、あたし、このお店で働きたいんですけど……。

店長　あの、募集してるのバーテンなんだけどね？　ウチ、アマチュアの女の子とかに酒作らせたくないんだけど。持ってる、資格？

ミズノフ　えっ、えーと……コンパクトは丸いし、財布でしょ、お薬ケース……あの、長方形でもいいですか？

店長　四角いものを持ってるかどうか訊くのに、「持ってる、四角？」って言うか、普通？「持ってる、三角？」とかさあ。つうか、その人が正方形の物を所持しているかどうか最初に訊くかね、あらゆる側面で。バーテンダーの資格のことだよ！

ミズノフ　あっ、いや……店長さんは四角い物がお好きなのかなって。あっ、ちなみに四角だけ方形っていうんですよね。これは方舟《はこぶね》の名前の由来にもなってるんですけど、正三角形でしょ、正方形、正五角形、正六角形……。ちなみに前のほうが四角形で後ろが円いから、前方後円墳っていうんですよ。あれって、ほとんどの人がですね、円いほうを前だと思ってて、それだと後方前円墳になっちゃうんですよ。ふふふふ。あっ、前円後方墳でもいいのか？　すみません。考えが浅過ぎました……。

店長　コントとは言え、すげえの来たな。で、どうなの、君バーテンダーの資格は？

ミズノフ　あっ、持ってますよ。取ったのは5年前なんですけど。父親が日本バーテンダー協会の前の代の会長で、帝国ホテルのインペリアルのソファー席で、あたし生まれたんですけど……あっ、これ。履歴書です。

店長　履歴なんかより、出生の秘密にしか興味持てねえよもう！

ミズノフ　身重の母親がお酒我慢できなくって、バーでカクテル呑みまくってるうちに破水しちゃって。でも、酔っててわかんなくて、カウンターにいたお客様がちょうど産婦人科の先生で、でもその人も酔ってて、夜中だったんで産院がどこもやってなくて、バーにある食器を煮沸消毒するんだって、パパがお湯沸かし過ぎて火傷しちゃって（笑）。全然駄目ですよね、こいつら全員（笑）。

店長　ついていけねえ。初めてついていけねえの来た。君、えーっ。先月までハイアットリージェンシーのオードヴィーにいたの？　一流じゃねえか。なんで、こんな小さいソウルBARに？　しかもウチ、ウイスキーミルクと、レミーマルタンのセブンアップ割りしかないんだよ。

ミズノフ　あっ、あたしを使ってくれれば、470種類のカクテルが出せます。全部ウォッカベースですけど。

店長　そんなにあるのか（笑）。ウォッカとウォッカのカクテルとかでしょ？　または……ウォッカを凍らせたオン・ザ・ロックとか！

ミズノフ　（拍手）さすが、店長！

店長　だからそんなの要らないよ（笑）。いいかい？　ウチはホテルバーみたいなエレガントなとこじゃない。場末のソウルバーなんだ。ほら、入口に貼ってあるあの写真、あれが誰かさえ、君……。

ミズノフ　テリー・ハフですよね。76年の『The Lonely One』のジャケのアウトテイクですよ。ギターのメーカーの名前が出ちゃってるから使えなかったんだと思います。ほら、あそこに「Martin」って。正規ジャケットには写ってないし！　あっ、すみません。ソウルミュージックの話になるとつい話が長くなっちゃって。もう止めますね。

店長　いや……（ニヤリとして）続きが聞きたいね。

ミズノフ　Terry Huff And Special Delivery 名義で出したものの、テリー・ハフの最後のアルバムになっちゃったんですよね。アフロにナマズ髭で、音楽がうまくいっていない時に警察官をやっていたことから、ブラザー・トムが小柳トム名義のピン芸人だった頃の元ネタだと、一部では有名ですよ。プロデュースはAl Johnson、スウィートソウルマニアの間では三曲目の「Why Doesn't Love Last」なんですけど、あたし的にはすぐ次に入っている「When You're Lonely」ですね、これこれ。もちろん1976年、グレートヴィンテージ。Special Deliveryのメンバーは……。

店長　もういい、もういい、もういい。採用だ。いやや……ちょっと、ちょっと待ってよ。君のことだからなあ……音楽はテリー・ハフ以外、何も知らないとか。あるいは「Huff」って名前の有名人だけ、やたらと詳しいとか、何かヘンなことに……。

ミズノフ　あたしのオールタイムベスト、そのレコード棚に全部ありますよ。

店長　ありますよって、見えねえだろうよ（笑）……。面出しなしで、ぎっしりだぞ。あんな1ミリ幅の文字が読めるっていうの？　しかも君から2メートル先だよ。

ミズノフ　あたし、視力が14・2あるんです。

店長　オリンピックの見過ぎだろ、それ（笑）。アフリカ人だって6とかそんなんだ。ってか、その眼鏡は何なの、そもそも!?

ミズノフ　矯正してるんですよ、1・2に!!

店長　……そ、そうか……そうだな……14・2もあったら、普段の生活に困るもんね。

ミズノフ　はい。人の心の奥まで見えちゃうんです。それじゃあ……やっぱねえ……生きるのが難しいっていうか。ふふふふ。

店長　人の心の奥ねえ。OK。じゃ、最後のテストだ。あの棚からテリー・ハフ以外で、君のお気に入りを三枚抜いて持って来てくれ。

ミズノフ　ああ……はい。自分で取りに行くのは、ちょっと気が引けますので……上から二段目……左から14枚目。

店長　眼鏡外したと思ったら、いきなり来たね（笑）。何？　何が入ってるってわけ？

ミズノフ　はい。David T. Walker の『Press On』です。あと、三段目の左から4枚目が Gil Scott-Heron と Brian Jackson の『It's Your World』。ライブ音源とスタジオダビングの融合。捨て曲なし。テリー・ハフと同じ76年ですね……。

店長　ちょちょ、ちょっと待って……ちょっと待って……。合ってるよ、合ってる!!　君、ウチで働くよりもっといい仕事があるんじゃないか、野鳥の会とかさ？

ミズノフ　ふー。やっぱり……不採用ですか？　ありがとうございました……。

店長　いややや、採用だ採用だ!!　よろしく!!

ミズノフ　えっ!!　本当ですか!?　やったー!!　あたしずっとソウルBARのバーテンになりたかったんです。理由はちょっとこじらせてるっていうか、かなり複雑なんで、誰にも言えずにいたんですけど……。

店長　よかったら、じゃあ、聞かせてもらえないかね。誰にも言えないこと、それを抱えた客の心を読むのも、ソウルBARで働く者の資質と言えるからね。

ミズノフ　あたし……ソウルと……バーが……どっちも好きなので……。

店長　まったくこじれてないね……。一番シンプルだと思うけど（笑）。

ミズノフ　うえっ!!　本当ですか!!　すごーい!!　神様!!　世界でただ一人の理解者に、あたしは今出会えました!!　感謝します!!

店長 ほとんどの人が理解すると思うけどね（笑）。まあ、それはともかく。よろしく。えーと……名前は？

ミズノフ 水野です。

店長 あのさあ、じゃあ渾名《あだな》付けない？　前の奴は「阿部」だから「ベーア」って言ってたんだけど、オレねえ、バーテンをねえ、水野っていう名前だからっていって、「ねえ、水野ちゃん」って呼ぶの嫌いなんだよ。

ミズノフ 何でですか？

店長 「菊地ちゃん」って呼ばれたことないから（笑）。言いづらいでしょ、「菊地ちゃん」。

ミズノフ （ボロボロに泣きながら）ずびばぜん……言いたくないことを言わせてしまって……。誰にだってね……そういうこと……。心の傷って……ほんっとうに……。

店長 もう、何が起こっても驚かないけど、とにかく泣くな。ここは泣くとこじゃない。まあそれより、何かないの？　中学生の時、「水野っち」って呼ばれてたとかさ。

ミズノフ うーん……皆「水野」って呼んでたからな……うーーん……。

店長 自分でさあ、呼ばれたいやつでいいよ。もう水野離れてもいいから、渾名だから。

ミズノフ うーん……じゃあ……「ミズノフ」‼　ミズノフがいいです‼

店長 まあ、あえて訊くオレのほうもどうかしてると思うけど、何で？

ミズノフ スミノフみたいだから。

店長 ふふふ（笑）。ウォッカ戻ってきたねえ。ははは。

ミズノフ ふふふふふ。

店長　じゃあ、水野君。いや、ミズノフ。早速カウンターに入ってくれ。
ミズノフ　いつからですか？
店長　再来週からだ。
ミズノフ　えっ!!　でも、再来週ってスペシャルウィークですよ。いいんですか、菊地さん？
店長　いいんだ、ミズノフ。再来週はスペシャルウィークの特別企画として、実に1年半ぶりに開店。「ソウルBAR〈菊〉リボーン」。二代目バーテンを迎えての再開だ。
ミズノフ　すごい大役もらった!!（素に戻って）本当大丈夫ですか？
店長　（素に戻って）いや大丈夫です。大丈夫です。っていうか、スペシャルウィークにTBSの女子アナさんが出演されて、同時間帯一位になる率が高いんですよ（笑）。サブの集計によるとですけどね。
ミズノフ　それって（笑）、ご自分一人では数字は無理だっていう。それか、古谷アナとのSPANK HAPPY特集で数字を取った、柳の下のドジョウをもう一匹取りたいっていう、そういうことですか？
店長　まあはっきり言って、その通りです（笑）。
ミズノフ　はははは。頑張らせていただきます。
店長　しかも、来週はそのキックオフイベントとして、これまで5年間お届けしてまいりましたソウルBAR〈菊〉のベストオブベストを厳選いたしました、番組史上最高のソウルBAR〈菊〉をお送りいたします。
ミズノフ　それは、まだあたしは出なくていいんでしょうか？

店長　はい。ミズノフ登場への溜めを利かせようと思いますね。溜めのまったく利かないSNS時代だからこその。

ミズノフ　全然意味わかんないですけど、了解です。

店長　はい。じゃあ、ミズノフ。記念すべき初仕事だ。次の曲をコールしてくれ。

ミズノフ　はい。さっきも出ました、Terry Huff And Special Deliveryで、アルバム『The Lonely One』から「Why Doesn't Love Last」。面倒臭いソウルマニアから、単に染み入る曲が好きな雑な人まで、全員まとめて涙腺を融かす最強スウィートソウルミュージックを喰らうがいいさ!!　再来週を待ってろよ!!　みんな泣いちまうがいいさー!!

店長役：菊地成孔
ミズノフ役：水野真裕美

Terry Huff And Special Delivery「Why Doesn't Love Last」『The Lonely One』（Solaris Records）所収

第351回（2018年2月17日）小特集「ちょっと変わったブラックミュージック」

ソウルBAR〈菊〉オープニング・ウィズダム（第352回）

やあ、今晩は、僕の友達たち。「おはよう」か「今晩は」かは人によって違うだろうけど、僕の友達なら、みんな今は今晩は、だ。そして、そうだな……ご機嫌はいかが？　沈み込むほど暗い人も、舞い上がるほど明るい人も、まあまあ今日はそこそこやってますよ、なんてクールでちょっと寂しい人も、色んな人がいるに決まってる。今なんか、オリンピックに乗れるか乗れないかはデカいよね。僕はアスリートのコスチュームには大抵欲情するから、まあとりあえず乗れるんだけど、欲情だけで何日も乗り切るには、ちょっと歳をとったなと実感していまーす。それよりも、そうだな、今夜は久しぶりに閉めてた店を開けるから、ソウルBARらしいことを言わせてもらえばだが、僕は、特撮怪獣映画やプリンセス天功や喜び組が大好きな、つまりウチらの国の中年のオタクさんみたいだった先代と比べて、兵器ばっかり大好きな正恩《ジョンウン》が、妹をあんなに愛しているとわかって、図らずもちょっと感動していたところ。ICBM（大陸間弾道ミサイル）が好きな奴は女性を蔑視し、場合によっては破壊したがる。そんなのヤダなって思ってたよ。だけど正恩はきっと女性には優しい。妹が好きだからね。美女軍団、美女軍団っていうほど、ロボットみたいに全員同じ顔に整形させてはなかっただろう？　あれは女性に興味がないんじゃない。女性をちょっと大切にしている証拠なんだ。なんて、いくら自分の店だからといって何事も口が過ぎるのはよくない。早く一曲目が聴きたくてうずうずしている人は？　手を挙げて。うん、そうか。じゃあ、温かいウイスキーミルクを呑みながら、もうちょっとだけおしゃべりしていたいっていう人は？　手を挙げて。ＯＫ。そうだな……数の論理は難しいね。こうやって半々になった時にどうしようもなくなる。だからこうしよう。一曲目をターンテーブルに乗せて、乗せたまま、君たちに質問させてくれ。簡単な質問だよ。各々がいる場所で気楽に答えてほしい。胸がきゅーんとした経験は？　うん。ウキウキして、夜の街に繰り出さないと気が済まなくなった経験は？　うん。どんな曲を聴いても、泣いて泣いて涙が止まらなくなった経験は？　うん。楽しかった秋や、苦しかった夏の思い出は？　あるよね。隣の部屋のベランダで、何のアイテムかもわからない不気味な洗濯物を干してる、感情がまったく読めないお婆さんだって、若い頃にはきっとそういう経験をしていたはずだ。でもきっとそれらは、一律薄ぼんやりしている。先祖の霊みたいに。確実に存在するけど、うっすらしてる。それを蘇らせるのは、僕の仕事だ。もう一度訊くよ。胸がきゅんとした経験は？　ウキウキして、夜の街に繰り出さないと気が済まなくなった経験は？　どんな曲を聴いても、泣いて泣いて涙が止まらなくなった経験は？　楽しかった秋、苦しかった夏の思い出は？　あるよね。じゃあ、今あなたは恋をしている？　恋なんてしたことがない？　刺《とげ》は刺さったまま？　それともとっくに引っこ抜いて、バリバリやってる？　そうか。それは楽しそうだ。みんなね、自分を幸福だと思う？　手を挙げて。不幸だと思う？　数えるのも難しいんだよ。こうやって半々になった時にどうしようもなくなる。喧嘩の時、なんで毎回同じ人格が取り付いてしまうんだろう。仲直りの時、なんであんなにセックスしたくなってしまうんだろう。そんなことに答えなんか要らないよね。答えなんか要らないことだらけだ、世の中は。なんでだろうか。音楽がそのすべての答えだからだよ。でも、きっとそれらは一律薄ぼんやりしている。答えであることにね。先祖の霊みたいに。確実に存在するけど、うっすらしてる。それを蘇らせるのが、僕の仕事だ。今晩は、僕の友達たち。「おはよう」か「今晩は」かは、人によって違うだろうけど、僕の友達なら、みんな今は今晩は、だ。そして、そうだな。ご機嫌はいかが？ 今からかける曲を聴いても機嫌が直らない人、ウキウキする気分が、夜の街に繰り出したい気分が、精霊のように降りてこない人は、店から出ろとは言わないよ。次の曲まで待ってくれないか。駄目だったら、またその次の曲まで。必ずやってやるさ。それが僕の仕事だからね。誰だか知らない、僕の友達たち。君たち一人一人のことは何も知らない。でも、みんなを愛してるよ。「正恩の妹の件はともかく、無責任なことを言うなよ」だって？ いやいや、これは全然難しいことじゃないんだ。なぜなら、音楽がすべての答えだからね。嘘だと思ったら、最後まで聴いていってくれ。最愛の気難しい友よ。だってね、これだぜ。

（♪ Leon Ware「What's Your Name」に乗せて）

Yeah. というわけで、実に1年半ぶりの開店となります。ソウルＢＡＲ〈菊〉。今週、来週と開店いたしますが、今週は「番組史上最高のソウルＢＡＲ」、つまり5年間かけてお届けした数々の楽曲から、人気が高かった楽曲を厳選したベストオブベストをお送りいたします。オープニングナンバーは第１５７回、２０１４年5月30日オンエアのLeon Wareのアルバム

『Inside Is Love』より「What's Your Name」。「君の名は」ですね。

第352回（2018年2月24日）史上最高のソウルBAR〈菊〉

Leon Ware
「What's Your Name」『Inside Is Love』（Expansion）所収

ソウルBAR〈菊〉オープニング・ウィズダム（第353回）

　ソウルBARに限らず、今夜すべてのバーがいきなり閉店したり、その後しばらくして急に開店したりするのは珍しいことじゃない。したがってその理由も大したことじゃないことが多い。バーフライたち同様、店長やバーテンダーも傷を持て余している。人が神経症の猿から人類になった時、体毛のほとんどを失ってしまった結果、服を着ることになった。その理由をほとんどの人々は防寒だと思っている。文化人類学者に訊くまでもない。理由は防寒でも、また羞恥心でもない。傷を負わないように、だ。そして、リアルとアンリアルの比重が五分と五分という実に厄介な我々は、実際に脱衣して裸体になった時に傷を確かに負いやすいけれども、まあ風呂で転んだり、愛する人が前の相手に抱かれているところを夢想しているように見えてしまったり、あるいは、そうだな、やっぱり風呂で転んだり。このソウルBARが開店し、数年間営業して、ある時営業を止めた理由は、実につまらないことだ。合衆国の大統領がオバマからトランプになったからといえば、政治的な意味合いが強いと早とちりする真面目な人も多いだろう。実際は全然違う。「Yes, we can」とか言っちゃって、アフロアメリカンの少年の命一つ守れなかったオバマよりも、「教師が銃を持てばいい」とあの面白い顔で真面目に言ったトランプのほうが遙かに良い大統領だ、僕にとっては。先生が武器を持ってるなんて、ローマ帝国のヘリオガバルスみたいな話だ。この店の常連だった人々にはわかってもらえるかもしれない。ラジオ番組としてのこのソウルBARは、アフロアメリカンの合衆国要人に話し掛けることで始まった。そしてそれはソウルBARのシャッターを開けて看板を出すのにちょっと気が利いていて軽くノリが出る、つまりちょうどよい小噺になっていて大いに助かった。しかしトランプが仕切る合衆国には、粋な小噺なんてものはもう無い。そこにあるのは爆笑に次ぐ爆笑の地獄で、少々真面目なことを言えば、僕はこれからラティーノやチカーノが狂ったように素晴らしいカルチャーを、また再び作り始めると思うんだが、まあそれはともかく時代は変わった。時代は変わったんだ。ボブ・ディランの言う通り。あるいはアルバート・アイラーの言う通りね。だから、まあそうだな、ウチも軽くリフォームして踊れるスペースもちょっと作ったから、スローダウンで染みるより、軽く踊ってみようじゃないか。日本人は色んな世界一の記録を持ってるけど、「日常的に自然にダンスを踊らない国」の世界一だからね。David T. Walkerなんて、もう名前が歩いてる。アフロアメリカンにとってヒップに踊ることの基礎は、ヒップに歩けるかどうかにかかってるんだ。「踊るなんて恥ずかしいよ」というあなた。あなたは模範的な日本人として誇りを持っていい。しかし、だ。誇りなんて捨てちまった瞬間から、あなたのファンクとソウルが始まる。ここは一つ、勝負といこう。今から僕が針を落としてから、ジョン・ケージの3分35秒の間、首といわず腰といわず肩といわず足といわず、あなたの身体のどこもぴくりとも動かなかったら、僕はあなたに土下座して、肛門にキスするよ。そして友達になろう。ドナルド・トランプと奴のハクい娘について、新聞とウイスキーミルク片手に話し合おう。行くぜ。丁か半か。David T. Walkerで「Press On」。

（♪ David T. Walker「Press On」に乗せて）

ミズノフ　わー!!　きゃー!!　わー!!　きゃー!!　初日なのに遅刻しちゃった。ヤッバ!!　ヤッバ!!　どうしよう。初日なのに。店長すみません!!　あははは。店長、店長!!　あははは。おおっ!?　David T. Walker!!　オー、イエーイ!!

店長　どこの海月姫かと思ったら、ミズノフじゃないか。初出勤で踊って登場はヤバいね。

ミズノフ　あー、すみません!!　グラス拭きしますね。

店長　もう済ませたもーん。

ミズノフ　じゃあ、氷を包丁で切っておきます。グラスの輪郭に合わせて。

店長　それも済ませたもーん。

ミズノフ　やったんかーい。えっと、じゃあ、えっと、じゃあさー。えーっと。

店長　お前のこの店での仕事はカクテル作りと……。

ミズノフ　わかってますよ。ゴーゴーガールですね!!　あたし、ポールダンスもできるんですよ。ふふふふふ。あっ、店長。あのね、衣裳は三つありますんで、選んでください。まずこれがミニスカポリスですね。で、これが十二単でしょ。で、これがザギトワがエキシビションで来てたトラ柄のでしょ。

店長　ある意味ものすごい興味あるけど、いいわ。

ミズノフ　ねえ店長。あたし、本物ですよ。草刈正雄さんの娘さんに習ってたんだもん。

店長　やっぱ、改めて遠慮しておくわ。
ミズノフ　えっ、じゃああたし何したらいいんですか？
店長　寝てる客をトイレのスリッパで引っ叩くことだ。
ミズノフ　えーっ、それ得意!!　なんで店長、知ってるんですか？
店長　履歴書に書いてあったから。
ミズノフ　やーだー!!　恥ずかしい!!　そんな、知らない間に!!　あたし……（小声で）サウスポーなんですよ。
店長　そこじゃないだろ！　恥ずかしいのは！
ミズノフ　わかりました。それでは初日の勤務、よろしくお願いします!!
店長　よし、頼むぞ。スリッパ、そこ。厨房、こっち。
ミズノフ　あの、店長。お願いが一つあるんですけど……。
店長　なんだ？
ミズノフ　全部、踊りながらやっていいですか？
店長　ご機嫌だね、ミズノフ。頼むぜ。
店長　**ミズノフ**　イエーイ!!

David T. Walker「Press On」『Press On』（Ode Records）所収

第353回（2018年3月3日）ソウルBAR〈菊〉リボーン！

第354回前口上

人類史の開始以来、絶えることなくずっと続いております、混迷の現代社会を生きる、現代人の皆様。そちら様の混迷は解決されそうですかな？　えっ、何？　もうすべてが手遅れ？もう人類は滅びるだけ？　結構結構。しかし、ご主人。深夜の4時、軍事用語で28時、草木も眠る丑三つ時もとうに越え、子丑寅の三刻は幽霊も出やしねえ。悪党の悪くねえのと辛子の辛くねえのほどつまらねえたあ言いますが、わざわざこんな夜中に何を憂うや、天下国家、自分の生き様、ネットで書いたこと書かれたこと、人に言えない奇妙な習慣、あれやこれや。でも、あなたが恐れていることの9割は起こらないという有名な金言、あれガチのガチで本当ですよ。飛行機大嫌い、落ちたらどうしようどうしようと何十年も思い続け、恐怖に震えながら何とか着陸。ドキドキもんで降りたら、足こけてタラップから転落して頭打って、首折っちゃった。これで下半身不随かと思ったら、なんと天才になって世界的に有名になり、世界中を講演して回っていたら、ケニアの大学で講演中にライオンに噛まれて即死。したと思ったら何と呪術によって蘇って講演を続行。アフリカ大陸横断中に結局セスナ機が墜落して死んだ。と思ったら海の神様の加護で結局生き返り、ハッと気が付いたら夢だった、と思っていたらそれがまた夢だった、と思ったらその夢を見ていたのはテメエではなく隣に住んでる年金暮らしの婆さんだった、なんて話も普通にあるようですな。かくいうアタシも巨額の脱税がバレねえかと、隠し金庫見ながら日夜ヒヤヒヤしながらオムレツ喰ってたら、ケチャップかけようとした瞬間に皿からこぼれ落ちまして、そいつがベッドに俯せに寝てる裸の女性のヒップの上に墜落。あちゃーと思ったら、向こうさん言うよね。「おはよう、召し上がれ」。こちらも、「それでは頂きます」とかぶりつき。いやまあ、夜中にしてみてもちと色っぽ過ぎましたかな？　と、仔羊のように迷える皆様、起こりもしねえ悩み事に頭を抱えるのも大いに結構。しかし、その前にまずはこの番組をお聴きになってからでも遅くはありませんぞ。

　というわけで、帝都東京は港区赤坂、力道山刺されたる街より、ＴＢＳラジオがお送りしております「菊地成孔の粋な夜電波」シーズン14。お相手は彷徨えるジャズミュージシャン、菊地成孔でございます。Sun Ra And His Arkestra の演奏に乗った、このたった今が、夜中なのか朝なのか、週の始まりなのか終わりなのか、杞憂に終わるか不安的中か、すべてはお聴きになっておられる、そう、あなた次第の賽の目知らず。こちらバーテンがお出しするのは二つ。与太話と最高の音楽だけでございます。本日は久しぶりのフリースタイル。それでは、早速参りましょう。本日のファーストオーダーはこちら。

Sun Ra And His Arkestra「Saturn」『Singles (The Definitive 45's Collection 1952–1991)』(Strut) 所収

第354回（2018年3月10日）フリースタイル

テキストリーディング

「春の風が吹くと」

（♪　Julia Sarr Feat.Fred Soul「Adjana」に乗せて）

春の風が吹くと僕らは歳をとって、死に近づき、生きる喜びを感じる。あらゆる乗りこなせない力が自分の身体に満ちて、温かくて嬉しい親友のようなパニックが起こる。それが春の約束。生きる喜びの姿。恋の予感。厳密には恋が始まり、それが終わらない予感。花粉症で真っ赤に腫れあがる瞼、喉、鼻の奥のほう。苦笑染みた憂鬱、喜び。ちょっと変わる身体の匂い。シネコンで見る巨大な宇宙船。不安定な世界の実情。冬眠を終えた虫たちが僕と君の絡みついた裸の上を飛んでいく。君はそのうち一匹と仲良くなり、乳首の上にそれを乗せる。

いつまでも眠い君、いつまでも眠い僕、いつまでも眠い世界、いつまでも眠い戦争、いつまでも眠い平和、いつまでも眠いすべての緊張。ちょうどいいぬるさのミルクでさえ、国境警備隊員でさえ、いつまでもいつまでも眠い。高い塔の上で耳を澄ます。微かに聞こえてくるマッキントッシュの起動音と川の流れ。犬が吠える声。世界が動いている音。

亡くなった友よ、そっちの世界はどうだい？　そこは誰もが約束してるような世界？　それとも見たこともないような景色？　よかったらここに来て、僕と恋人の前で教えてくれ。裸で日をつむり、君を待つよ。呪文は瞼の裏に。君を忘れてしまった奴は一人もいないよ。

抱き合おう。すべてのみっともないことを笑いながら、抱き合おう。すべての悲しいことを笑いながら、抱き合おう。すべての惨《むご》たらしいことを笑いながら、抱き合おう。すべての可愛いことを笑いながら、抱き合おう。笑顔以外はすべて忘れてしまうまで。

春の強い風が、愛よりも感謝よりも敬意よりも速く、軽やかに恋と花粉を乗せて、僕らを時に吹き飛ばそうとする。君は帽子を飛ばされそうになりながら、歳をとって、死に近づき、生きる喜びを感じる。

あのヘッセの詩集の中で集合しよう。あの砂漠の穴の中で集合しよう。あの曲の中で集合しよう。あの数式の中で集合しよう。そこで動物を狩り、花を摘んで、哲学書を歌いながら読み、彼女たちのキスによって作った酒をみんなに振る舞う。キンシャサの街のロボットが動き出し、ゴリラの真似をする。それを見た母親が笑う。姿は見えない。

お聴きの曲はJulia Sarr。あなたの春が、一番美しくあなたの中を流れていきますように。あなたの心の中の「小さな森」。CMです。

Julia Sarr Feat. Fred Soul
「Adjana」
『Daraludul Yow』
（Julia Sarr）所収

第３５４回（２０１８年３月１０日）フリースタイル

第355回前口上

やあ、今晩は。ご機嫌いかが？　えっ、お前はどうかって？　花粉症がちょっときつくてね。ま、それがまた、いい感じなんだけどさ。自分が何ていうの、旬のものにでもなった気分だ。春の山菜とか、春の魚とか、春の果物とか、春に吹く風とか。春のものはみんな同じえぐみがあるだろう？　春の喰い物はみんな同じ味と香りだ。まあ、それ言ったら夏も秋もそうなんだけど。要するに春には春そのものの味っていうものがあって、それが色んなものに少しずつ乗せられて、僕らの前に運ばれてるに過ぎない。花粉症で感傷的で感謝に堪えない患者、みたいな僕は花見が好きだ。自分で作った桜海老の入った卵焼きとロゼのワインを持って。まま、ロゼのワインは自分で作ってないけどね。マリア・カラスを聴きながら桜を見てると、段々くしゃみが止まらなくなってきて、瞼は腫れあがる。春の子供ってのは新入生とかになるけど、子供は一年中エネルギーがすごいから、要するに子供は一年中春みたいなもんだ。その点、大人の春ってのはこうして憂鬱かつ調子がおかしくなるほどエネルギーが湧いて、疲れ切っているのに変な力が満ちてしまって、つまり大人のほうがずっと憂鬱で、ずっと複雑で、ずっと面倒で、そしてずっと楽しい。

「早く始めろよ、今日は先週と同じCD使うんだろ？」って君は、せっかちだからね、言うだろうね。もちろんそうするよ。先週のCDは全部プレイする。僕は嘘つきだけど、君との約束は守るよ。ただ、柄にもなく……そうだな、サプライズだなんて言わないでほしいんだが、今日僕はこの最初の挨拶が終わったらいなくなるよ。えっ、なんでかって？　いくら僕がスケジュール帳とか会社の決算報告とかから逃げ続けてる小学生みたいな奴だからって、暦ぐらいは読めるさ。先週のオンエア日が何の日だったか、誰もが知ってる。そして誰だって生まれた時の記憶が一生を左右するだの、そんなことないねって言う人だって、運命には逆らえない。僕が生まれた時、ビルボードトップ100の1位は坂本九の「Sukiyaki」で、音楽界はビートルズとボサノヴァとモータウンで大騒ぎだった。革命の季節。一生逃れられないさ。今でもすき焼きは大好きだね。っていうか、和牛はあれ以外の方法では喰えないよ。しゃぶしゃぶは嫌いだ、名前が。すき焼きってすごくいい名前だと思わない？　そう思わない？　いい名前だよね。すき焼き。

この番組はいわば震災によって、出産予定日が遅れた子供だ。今年で7歳になったけど、70まで生きたとしてもいつ生まれたかは選べないし、変えられない。世界中が騒然とするなか、この番組は生まれ落ちた。2006年くらいに始まったとか、あるいは1984年からやってますとかいう番組とは、単純に生年月日が違うんだよ。初回から僕は「シーベルトを着用ください」とかね（笑）、「計画停電とは、デートの約束だけしてすっぽかす悪い女みたいだ」とか言ってた（笑）。誰にも怒られなかったんだよ。時代は変わってしまった。今ほど何も言えない時代はない。ま、そのうち人々はそれにも飽きて、また何でも言う時代になるだろう。気長に待つよ。

先週、日本全国であらゆるマスメディアがあの日のことを振り返っただろう？　それは当たり前のことだよ。何の文句もない。良くも悪くもない。当たり前のことだ。だから……そうだな、単にひねくれてるって思われてもしょうがないよね。でもそうじゃないんだ。もう7歳だ。ひねくれてる場合じゃない。僕はもう店の手伝いしてたよ、7歳は。人は本当に無邪気な時代を大体4歳で終える。言葉を覚えるからね。ちなみに僕が最初に覚えた言葉は「パパ」とか「ママ」とか「お父ちゃん」とか「ご飯」とかじゃなくて、「つづく」だ。昔はね、連続ドラマのエンディング画面に「つづく」って文字が必ず出てたんだけど、あれを母親の背中に背負われてるガキが突然声に出して読んだら、店中が騒然としたのを覚えている。だから恐らく番組が続いてるんじゃないかな。Life goes on. 僕はとにかく何でも続ける男になった。

ま、つまりこういうこと。問題提起なんて野暮なことはしないよ。「お前ら、その日だけ思い出して、翌週にはもう忘れてるだろ、そんでいいのか？」とかさ。ウザいよね、そんなの。あるいは、「それがどんな日であろうと、一週間寝かせてから蒸し返したら、どんな気分になるか実験してみましょう」とかね。これもウザいよね。それどころじゃないよね。余計なお世話かもしれないけど、毎日大変だろ？　でも、何でも楽しんで生きよう。僕の花粉症みたいに。僕は単に「来週なら誰もやらないな」と思っただけだ。要するに店が開いてる。混んでる店も好きだよ。でも、想像してみてくれ。体育館みたいに広い宴会場で、たった一人ですき焼きを喰ってるところを。旨そうでしょ？　不謹慎とかコンプライアンスとか、クソみたいなこと言われる前に、さっさと能書きは終わりにするよ。

今夜のこの番組を被災されたすべての人々、被災を目の当たりにしたすべての人々、あの日のことをすっかり忘れてしまったすべての人々、そして何より、あの日のことをどうしても忘れたくても忘れられないでいるすべての人々に捧げます。いや、捧げるなんて大袈裟だな。言い直すよ。50分間だけ僕と一緒に音楽を聴きませんか。僕も黙るんで、できたら一緒に黙って、静かに。長い黙禱だと思ってくれてもいい。あるいは、子供じみた黙りの遊びだと思ってくれてもいい。絶対にあなたを孤独にしないって、約束するから。眠くなったら寝ていいよ。あなたが眠ってる間にも音楽は続く。春の風のように。放射能なんて比べものにならない。乗りこなせないほどの自然のエネルギーに満ちている。

市川愛「青い涙」『My Love,With My Short Hair』（ヴィレッジレコーズ）所収

第355回（2018年3月17日）3・11の翌週に行う3・11へのノンストップDJ

第３５７回前口上

人類史の開始以来、絶えることなくずっと続いております、混迷の現代社会を生きる、迷える現代人の皆様。そちら様の混迷は解決されそうですかな？　えっ、何？　もうすべて手遅れ？　資本主義が生み出す格差はもうどうにもとまらない、噂を信じちゃいけないよ、証人喚問茶番劇、猫大好きフリスキー、こまっちゃうナデートに誘われて。なるほど。ま、あの佐川とかいう元官僚の先生ね。アンタッチャブルのザキヤマじゃないほうと、西川きよし師匠とのマッシュアッププロレックスですけどね。まあアタシわかりますよ。背が小さい男のコンプレックス、ロレックス、どんだけエネルギー出すかね。アタシもガキの頃から喧嘩だけは人一倍見てきましたけどね、一番喧嘩の強かったヤクザの方は、身長１５０あるかないかでしたからね。まあまあ残虐でねえ。１６０くらいの奴が一番弱かったですな。何をやらせても駄目、１６０代。年齢じゃないですよ（笑）。例外はタモリさんだけじゃないですかね。アタシ１６７ですけどね。あと１センチ伸びれば１６８《いろは》ですけどね。中途半端だ。とまあ、結構結構。劣等感と正義感は諸刃の刃。あいつが妬ましくて妬ましくて堪らねえ、刺し殺してやる、なんてのは今や殺人の動機の中でも最高級品です。やりたきゃ、やりゃあいい。やってみねえことには何もわからねえ。後悔は先に立たずと言ってましたよ、トーニャ・ハーディングも。しかしたった今、凶器を手に眼を血走らせている千葉真一の皆様、やっちまうのはこの番組を聴いてからでも遅くはありませんぞ。

　というわけで、帝都東京は港区赤坂、力道山刺されたる街より、TBSラジオがお送りしております「菊地成孔の粋な夜電波」。お相手は、えーっ、そんなもんしつこいようですけど、スピードスケートの髙木の妹のほう一点掛けでしょう？　のジャズミュージシャン、私、菊地成孔でございます。「菊地成孔の粋な夜電波」シーズン14。Sun Ra And His Arkestra の演奏に乗った、たった今この瞬間が、夜中なのか朝なのか、週の始まりなのか終わりなのか、芸者おりんとぱらりんの姉妹はどっちが先に足抜けするのか、すべてはお聴きになっておられる、そう、あなた次第。こちとらバーテン、賽の目知らず。お出しするのは、与太話と最高の音楽だけでございます。本日は小特集「3月最後の夜明け」と題しまして、午前4時から聴きたい音楽を四つ五つ集めて、この時間眠たい方も眠らない方もまとめてご機嫌うかがおうって寸法でございます。それでは、ご堪能あれ。本日のファーストオーダーはこちら。

Sun Ra And His Arkestra「Saturn」『Singles（The Definitive 45's Collection 1952–1991）』（Strut）所収

第357回（2018年3月31日）特集「3月の最後の夜明けに聴きたい曲」

朝のテニスラリー

アタシ、この調子であの、何て言うの……関東弁の躁病質、軽躁状態ですからね、いつもね。だから、なかなかわかられないんですけど、悲しいことが大好きでね。悲しいこと、大好物。あと、醜い状態も大好物で（笑）。ひどい痴話喧嘩とかね、大好物ですよね。で、まあ……そういうことが終わりますよね。すると、すごい充実感。痛みの充実感、苦しみの充実感を抱えてですね、朝方のデニーズに行くんですよ、水道道路の。

そうすっとねぇ（笑）、エビフライね。あとはあの、普通どこにでもある、ほうれん草とベーコンを炒めたやつあるでしょ？　あれ、唯々諾々と喰ってたら駄目ですよ。皆さん、必ずほうれん草とベーコン炒めの方は、コーヒーフレッシュ３つ。「えっ、３つ？」って思うかもしんないですけど、ほうれん草ってものすげえ吸うんで、乳製品を。だから３つでもね、全然ビシャビシャになんないです。で、卓上になんとかミネラル塩とか置いてあるじゃないですか。あれで、ほうれん草と――あ、これ、だからあれですよ、デニーズだけじゃないですけど。ファミリーレストラン全般のね、ホットスターターディッシュのさ、ほうれん草とプロシュートの炒めたやつには必ずかけてくださいね――コーヒーフレッシュ。クリームド・スピナッチになりますんで。で、塩サッサッサッサッて振ってね。とまあ、あとそうですね、エビフライなんかいいですね、デニーズだとね（笑）。エビフライなんかいいですよ。

そんで、まあ、軽くね、そんなにやっちゃいけないんだけど、寝る前にも仕事ありますから。物書いたりね、あるんですけど、まあそこは昼間から蕎麦屋で熱燗ちょっと呑んじゃうのと、まあビール一杯とかね、何でもいいんですけど、それと同じ感覚で、ハウスグラスワイン赤かなんか頼んでね。で、こう、「辛かったなぁ、今日は」って思いながら（笑）、そこをチビリチビリやりながら、ほうれん草喰ってると、夜がだんだん明けてきて。

完全に明るくなるとね、テニスコートを最初に予約した人が、トットットットットッと走って来て、遠くにあるテニスコートで、まずラケットで素振りしちゃって。それから柔軟やって。それからとうとう二人でね、ラリー始めて。パコン、パコンって。何の音もしないですよ。ガラス分厚いから。でも、それを斜め上からね。ああ、世の中って、なんでこんなに面倒臭えんだろうって思いながら、赤ワイン呑んでですね（笑）。で、美味えなあ、ほうれん草にコーヒーフレッシュかけたやつって思いながら、喰っててですね。遠くでね、結構エレガントな人たちですよ、中壮年の方が多いですけどね。ちゃんとこう、FILAのスポーツウェアみたいなの着たね、方がパコン、パコンってやっててね。とても良い気分ですけど。

第357回（2018年3月31日）特集「3月の最後の夜明けに聴きたい曲」

第3章 シーズン15

2018年4月7日―9月29日（全26回）。「深夜、もしくは早朝放送」という、オンエアタイムのアイデンティティが強く番組内容に影響を与えた、結果としてラス前、完遂された最後のシーズン。実際問題として多くのリスナーはラジオ受信機を前にオンタイムで聴いている訳ではなくなっていた（投稿から、そのことは伝わってきていた）、一方、同時間帯1位を連続して獲得しており（「来週こそ数字を落とす」というギャグも定番になり「それが番組打ち切りの原因だ」とする声もあったが、勿論まったく関係ない）。「何をしても良い万能感」に包まれたシーズンだった。最初と最後だけ登場し、番組中は全く登場しない「ノンストップ〇〇シリーズ」（これのテストランは、過去シーズンに行い、非常に評判の良かった「ノンストップ・ビートルズ」だった）や、過去シリーズでは数字が比較的悪かった「ジャズ・アティチュード」の頻発、ミズノフを擁する「ソウルBAR」の復活劇、そして、ラジオドラマの極限値として、番組史上唯一の「1時間丸々1作」を記録している「別荘」は、闘病によって長らく職を辞していた「元祖交通ウグイス嬢」阿南京子氏をゲストに迎え、菊地、古谷、水野の3者が、ドラマ声優としてCMコールもない1時間ドラマを、僅か1回のみの読み合わせで強行し、作者である菊地は兎も角、古谷、水野の驚異的な咀嚼力と演技力が「気楽派」のリスナー層に、動揺に近い衝撃を与えた。

第359回前口上

今晩は。もしくはおはよう。僕の隣人たち。

（♪ Photay「Trophy」に乗せて）

インチキな預言者からの伝言を伝えるよ。ラジオなんて古いメディアにしがみついてくれていてありがとう。巨大な僕たちの未来はどうやら、ちょっとさっきから来てたみたいだ。だから色々気になることは気にしても仕方がない。ああいうのは捨てるかどうか迷ってるソックスみたいなもんだ。僕らが何かを怖がるなら、未来それ自体以外、何もない。でも未来は僕たちを怖がらせるだけには絶対にしてくれない。未来は輝かしい。だって未来は金属で出来ていて、未来は紙と木で出来ていて、未来は新素材で出来ていて、未来はシンセサイザーで出来ているんだから。昨日僕はベランダで、自分で淹れたアイスコーヒーを飲んでたんだ。そしたら、今にも死にそうなお婆さんが腐り切っているとしか思えないバラの鉢植えに水をやりながら、僕にこう言ったんだ。「おはよう、隣の方。今日が始まって嬉しいわ」。彼女の顔は皺だらけで、赤ちゃんみたいだった。赤ちゃんだって動物に比べればかなり発達した大人だ。もうちょっとで言葉を話すんだから。もし言葉というものが、鉄棒やセックスみたいに誰かが誰かに教えてあげられるとするならだけど、赤ちゃんには美しい言葉も汚い言葉もみんな教えてあげるべきだ。あなたを愛してます。クソ野郎、死ね。ありがとう、忘れないよ。お前がくたばった後も一生呪ってやるからな。

さっき来た未来がもう過去になって、ベランダで洗濯物にからまってはためいている。やがて飛んでいく。宇宙船の船長が手を伸ばす。僕はいつもこう言うんだ。「僕は置いていっていいよ、キャプテン」。こうして僕らは誇らしく置いてきぼりにされ続けて、ベランダでアイスコーヒーを飲んで悦に入っている。初夏の光が僕の目をしかめさせる。瑞々しさ。ちょうどいい心の傷。地上げに抵抗して平地に一軒だけ建っている、70年代の無名なデザイナーが自分のために設計したアトリエ付きのダサい現代建築。濃過ぎたイタリアンロースト。ちょうどいい悲しさ。もう一度、瑞々しさ。未来が着陸する予感。ラジオ番組の始まる絶好な気分だ。

「菊地成孔の粋な夜電波」シーズン15、実況席へ。番組は西暦に2010年遅れ、8年目に入った模様です。僕の隣人たち、君の8年前はどんなだった？　4歳の赤ちゃんだったら、未来という滝にさらされているだけだっただろう。マンションの隣のお婆さん、あなたの2018年前はどんなでした？　赤ちゃんみたいな顔もそのせいですか？　素敵な言葉をありがとう。今日が始まって嬉しいわ。それでは今日を始めようか。力道山が刺された街から、早朝か深夜か誰にもわからない時間に、今週だけのオープニングテーマはPhotayで「Trophy」。自分には一生トロフィーなんか縁がないと思い込んでいる君にMCしたい。この曲を聴いている間に、その場で空中に手を伸ばして掴め。それが君のトロフィー。TBSラジオに感謝。今日の一曲目に耳を澄ましてほしい。

第359回（2018年4月14日）フリースタイル

Photay「Trophy」『Two EPs』（Astro Nautico）所収

ラジオドラマ
「別荘」

（波音のSE）

有美 お父さん……ねえ……あのモーツァルトのレコード、どこだっけ？ ミケランジェリの。お父さん？ お父さん？……お父さん！ やだ、海？ お父さん!! お父さん!! お父さん!!

真裕美 なーによ、お姉ちゃん。デパートで父親とはぐれた小学生みたいな声出して。どっかで寝てるに決まってるよ。成孔さん、さっきまでウイスキー呑んでたじゃん？ ここ来て呑んだら、寝るしかないっしょ、奴は。

有美 お父さんをそんな呼び方するの、止めなさい。

真裕美 だって、前「パパ」って呼んだら、あんた怒ったからさあ。

有美 普通に「お父さん」って呼べばいいでしょ。あんただって……昔は……ずっと……あの……あの……。

真裕美 ああ、そうだよ。お父さんって呼んでたよ。母さん死ぬまではね。……今叩き起こしたらさ、成孔さん……いや、あの……お父さんも気分悪いでしょ？ 寝かしとこうよ。それに30過ぎてファザコン、別に結構ですけど、ガチのガチはアウトっしょ？ まーた男に逃げられちゃうよ。こーんなに可愛いのに。うりうりー。

有美　男になんか何人逃げられたっていいわよ。それより……あんた……なーに、その格好？　お父さんに見せてないでしょうね？

真裕美　その格好って？　20代の女子がビキニにパーカー羽織ってるのって、そんなおかしい？　逗子の別荘だぜ。近くでDJ入れて、ナイトプールやってるっていうからさ。夜はどうせ、あんたと成孔さん……いや、ごめんよー、お父さん、お父さん、な、悪い悪い。お父さんとあんたが、一晩中クラシック聴いていちゃついてるだけだからさぁ、つまんねえし。

有美　……そんな格好で……お父さんの前で……。

真裕美　だーかーらー。最初からずっとこの格好だよ！　下のスウェット脱いで、パーカーのフロント開けただけ！　パパが上の部屋行ったからさ。てか、お姉ちゃん、いい？　パパはあたしたちのマッパだって余裕で見てるんだよ。吉祥寺に住んでた頃の写真、覚えてるでしょう？

有美　あれは……子供の頃でしょう？

真裕美　そうだよ。その通りだよ。いつからパパとお風呂入らなくなって、いつからお庭のプールであたしたちが裸で泳がなくなったか、あたしぜーんぶ覚えてるもん。あの頃は、ママが、ママがまだ自殺……。ごめん。あの……ママが……ママが……まだ……元気でさ。

有美　（呼吸が乱れて）ハア、ハア、ハア、ハア……あたしたち……ハア、ハア、ハア……ずっと、子供のままだったら……ハア、ハア、ハア……ずっと子供のままだったらよかった……ハア、ハア……よかったよね……ハア、ハア、ハア……真裕美……ハア……。

真裕美　お姉ちゃん！　ちょっと!!　薬のポーチどこ、あのキティちゃんのやつ？

有美　ハア、ハア、ハア……ステレオの……ハア、ハア、ハア……隣の……ハア、ハア、ハア……サイドボードの上……。

真裕美　取ってくるよ！　あっあのさあ、こんな時に言うことじゃないのわかってんだけど……ああ、いや取ってくるわ。どれ呑むの？　どれ何錠呑むの？

有美　ハア、ハア、ハア……いいよ……もう治まったよ……真裕美ちゃん……ごめんね。ありがとうね。お姉ちゃんがこんなで……嫌だよね……。

真裕美　（声を震わせて）お姉ちゃんのせいじゃないよ！　お姉ちゃんのせいなわけないじゃん!!　お姉ちゃんのバカ!!

有美　あたし、わかんないんだよ……自分でも……。お父さんをどう思えばよかったのか……。子供の頃さあ、風邪引いて熱出すと、掌で熱測って、口の中に体温計入れてくれたでしょ？あの時から、あたしもうおかしくなってたんだと思う。カルテに何か書き込んでさあ……あたしのことを紙に書いて……あたしの身体のことを無表情に……それでお薬出してくれて……。

真裕美　そーんなんしょうがないじゃん。医者がさ、自分の娘が熱出したらよ、よその医者行ってこいって言うか？　パパもおかしくないし、お姉ちゃんもおかしくない！　あの女……いや、ごめん……ママがおかしかったんだよ！

有美　真裕美……。

真裕美　お姉ちゃんが可愛過ぎたのもちょっとは悪いけど、お姉ちゃんのせいじゃないじゃん、そんなの!!　生まれつきなんだから!!　あたしは!!　不細工だからさ!!

有美　あんたは……あんたは……とっても可愛いわよ。

真裕美　可愛くねーよ!!　お蔭で助かったんだよ!!
有美　ううん、すごく可愛い。怖がっちゃ駄目よ、真裕美ちゃん。自分が可愛いってことにちゃんと向き合いなさい。
真裕美　あたしは!!　可愛くなんかない!!
有美　真裕美ちゃん……。
真裕美　お姉ちゃんはすっごく可愛いよ!!　(泣きながら)だけど……あの女が死んだのは……お姉ちゃんのせいじゃないよ!!　お姉ちゃん優しいけど、勝手過ぎるよ!!　なんでも自分のせいにして!!　ママが薬と酒呑んで海に入っちゃった時、あたし隣にいたんだよ!!　あたしが不細工だから、ママはあたしとだけ泳ぎたがってさあ。お姉ちゃんはいつもパパとくっついて泳いでたでしょ?　それを冷たい目で見てたママが、あの日だけはとっても穏やかな目で見ててさ……あたし、逆に怖かったんだよ……。何が「自分が可愛いってことにちゃんと向き合いなさい」だよ!　潜ってママを海岸まで運んでいったの……誰だと思ってんの!!　陸に上がったママの目を閉じたの、誰だと思ってんの!!
父　んんん……ああ……呑み過ぎた。どうしたの、真裕美君?　でっかい声出して、泣いたりして?　サボテンでも踏んだか?　ハハハハ。
真裕美　……。じゃあ、行くね。
有美　真裕美ちゃん……待ちなさい。
真裕美　この格好、パパに見せちゃいけないんでしょ?
父　何だよ、真裕美君、水臭いねえ。いいじゃん、いいじゃん。それあれだろ?　ロザチャだろ？　知ってるよパパ。ブラジリアンビキニ、ヤッバいよね？　ネットで買った？　ねえ？　君脚長いから試着要らずだよな？　あれだろ、あっちの……あっちの岸の先でさ、ナイトプールやってる？　それだろ？
真裕美　なんで、あんたそんなことに異様に詳しいんだよ？
父　メガネ外すなよ。絶対にそっちのほうがクールだから。女子モテでいきましょうよ〜（笑）。
真裕美　わかってるよ、そんなこと。ちゃんと防水にしてあるもん。
父　Yeah!
真裕美　Yeah!
父　はい有美君、Yeah!　有美君、有美君、ほら。Yeah!
有美　……お父さん……あたし……もう寝るわね。おやすみなさい。
父　ええっ？　こっちは起きて、そっち寝んの？　寂しいっしょ？　有美君どうした？　ああ、水着の用意ないのか。真裕美君に借りれば？　ああ！　ブラのサイズ違うか。
有美　ううん。ブラは真裕美と同じカップで大丈夫だよ。さっき……ちょっと……セニラン呑み過ぎちゃって……溺れたら怖いでしょ？
父　ううん……そうか……そうだね。セニランね。何ミリグラム呑んだ？
有美　5錠だけだから、25ミリぐらいだけど。
父　だったら何ともないよ。そもそも溺れるって、プールでしょ？　ただ、薬と一緒に酒呑んじゃ駄目よ。特にシャンパン……。
真裕美　パパ！

父　珍しい……びっくりしたあ。久しぶりに頂きました、真裕美君の「パパ」。
真裕美　何でもいいよ、「パパ」でも「クソ親父」でも！
父　「ファータ」とかね。ドイツ語。
真裕美　ねえ、今お姉ちゃんが傷ついてるだろ？　わかんねえのかよ？
父　えっ、な、何？　ブラの話？　ブラのサイズ？　ええっ？　ええっ、ちょっと待ってくれ。パパの……大切な……お姫様が、どうしたの、二人して怖い顔して？
真裕美　あんたさ、お姉ちゃんの気持ち考えたことあんの？
父　まあ……一応父親だからね……そりゃね……。
真裕美　お姉ちゃんは……お姉ちゃんは……あんたが……あんたが!!　いいかげんに……お姉ちゃんの気持ちを……。
有美　真裕美ちゃん、止めて。もうあたし寝るね。明日のピクニック用のサンドイッチは冷蔵庫に入ってるから。
真裕美　も……弄んで……ママを……。
有美　真裕美ちゃん、止めて。
真裕美　ママを……おかしくした!!
有美　お願い。お願い。お願いだから……。
真裕美　でしょ？　父親としてっていうより、人として駄目だよ、そんなの!!　今のも酷いよ!!　あたしはともかく、お姉ちゃんの前で、「溺れる」とか「シャンパン」とかさ……。無神経過ぎんじゃね？　あたし許さないから！　別にどうだっていいんだよ！　すべてはどうだっていいんだ！　どうだっていいんだよ！　でも……許さない。さっきのは許さないよ。酷いよ……。（絶叫して）お姉ちゃんに謝れよ!!!

有美　お父さん、ごめんなさい。真裕美ちゃんとね、あたしがね……。昔風邪引くと、パパがさ、お熱測ってくれたねっていうね話をしてたの、そしたらね……。

父　真裕美君、今何時だ？

真裕美　……12時15分。

父　おおう。ハッピーバースディ、有美君（手を叩く）。

真裕美　えっ……あ、そっか……。

有美　もうおめでたくなんかないわよ。大台に乗ったんだし。

真裕美　お姉ちゃん、ごめん。あたしすっかり……。

有美　いいのよ。いいのよ、真裕美ちゃん。

真裕美　とか言って、じゃーんとかプレゼント出したいんだけど……。毎年もっと早く来るでしょ？　だからごめん。

父　今日で有美君も30か……。早いねえ……。今日は……有美君の誕生日。そして、昨日はママの命日だ。君たちのママのね。有美君さあ、あれいくつの時の約束だっけ？　ママが……死んでからだよなあ。君が30になったら……話があるって。覚えてる？

有美　覚えてるよ。

父　20代じゃ耐えられないことも多いっしょ？　まあ30になりゃあ、耐えられるかっつう話だけどさ。

真裕美　ねえ、マジであたし行くね、二人でゆっくり話しててよ。じゃあね。
父　有美君、君さあ。僕と付き合ってたって思ってたでしょう？
有美　（息が乱れて）ハア、ハア、ハア、ハア、ハア、ハア、ハア……。
父　思ってたよね。あれかな？　僕が最初の恋人？
真裕美　ちょっ、ちょっとあんた！
父　まだ別れてないって、思ってない？　ひょっとして。
有美　ハア、ハア、ハア、ハア、ハア、ハア、ハア……。
父　何人付き合った、今まで？
有美　ハア、ハア、ハア、ハア……。
父　５人ぐらいだよな？　みんな僕と似てたな？　みんな内科医のインターンで。でも駄目でしょう、代用食なんて半年ももたない……。
真裕美　おい!!　殺すぞ、お前!!
有美　ハア、ハア、ハア……。やだあ……パパ……何、冗談……言ってるの……あはは……はは……。
父　有美君ね、話より前に、やっぱ君に誕生日のプレゼントをあげるべきだね。あげるわ。
有美　（声を震わせて）やだ……お父さんがあたしに何くれるのかしら。ハア、ハア、ハア……ちょっと怖いわ……。
父　あのねえ、スペインではね、「一番のプレゼントは復讐」っていう格言があってね。
有美　誰が？　誰が誰に、復讐するんですか？

父　君が振ってきた男たちの復讐を、僕が代理でする。復讐ってのは、本来すべき人にはできないもんだからさ。君に振られたら、さぞかし辛かったろう。いくら将来を嘱望されてるインターンだっていっても、壊れかけの綺麗な女の子の魅力にはまったら出れないよ。あとは失うのを待つだけでしょ？　実にキツイね、これ。君、ちゃんとさ、一人一人全員にさよならの理由を言った？

有美　言ったわよ。「パパじゃないから」って……。

父　酷いね、それ。

真裕美　はーー。それはあたしも同感だわ。

父　真裕美君、有美君が失神したら、頭打たないように抱きかかえててね。今からパパが、この悪い30女を一気に5人分振るから。

有美　成孔さん……。

父　止めなさい、父親に。普通にお父さんって呼べばいいでしょ。

有美　振られるの？　あたし？　今から？

父　そう。

有美　（笑いながら）振られるんだ、あたし……パパに……。

父　というかね、そもそも僕と君は付き合ってなんかいないよ。君の、勘違いだ。

真裕美　ちょっと!!

有美　め……迷惑だったかな？　ははは。ははははは（笑）。

父　ああ、すごく。

有美　なんで？　なんですぐ言ってくれなかったの？　あたしを愛してるって言ったよね？

父　言ったよ。父親が娘を愛するのは当たり前でしょ？

有美　目を見て言ったよね？

父　よそ見しながら言わないだろ？　童貞じゃねえんだからさ。

有美　駄目あたし。狂いそう。どうしよう。ねえ、真裕美ちゃん。どうしよう？　世界が……ははは……世界が……。

父　大丈夫。失恋で、いちいち世界が壊れてたら、今頃地球は砂だ。それより二人ともよく聞くんだ。ママからね……預かってる手紙があってね。これが約束の中身だ。いつ読んでいいか、ママは書き残さなかった。だからずっと、どうしよっかなって思っててね……。でも、この手紙読むのと有美君を振るのは、ある日一緒にやらないと意味がないんだ。

真裕美　それって、ママの遺書？

父　ああ……それは刺激が強過ぎるよ。君たちがどれだけ苦しんだか、わかってたつもりだ。僕はね、正直に言うよ、君たちのことを愛してる。君たちが美人姉妹じゃなくたってさあ、不細工な双子の男の子だって何だって……愛してるよ。だけど、ママとどっちかって言われれば……僅差でね、ママのほうを愛してる。すまんね。

真裕美　それで……いいと思うよ。それが普通じゃん。

父　ママはパパと出会った頃から……双極性障害だった。昔は躁鬱病っていってね。とても苦しい病気だ。躁期にママはハイになったりしないでね、とっても穏やかな優しい人間になる。その代わり、鬱期に入るとママはこう……落ち込むっていうより……荒れ果ててね。若い頃はパパもずいぶん、罵られたり殴られたりした。これ、パパの顔の傷あるだろ？　手術の事故っていってるやつ。これ、ママやったんだ……。

真裕美　でも、あたしたちママがそんなんなるとこなんて、見たことないよ。

父　一時期は結婚もあきらめようかって話になったんだ。もちろん止めようって言ってたのはママのほうで、僕は……ママを愛してたから、ママがどんなであろうと一生一緒にいようと思ってね。半ば無理矢理結婚した。家も買って、僕も開業できて……。いつも穏やかで優しかったママは、鬱期になると地下室に入って出てこなくなった。僕を殴ったり、罵ったりしたくなかったんだ。代わりに自分で壁に頭を打ったり、物を壊したりするから……部屋から出ると血だらけだったりすることもあってね。あの時ほど、外科か精神科にすればよかったと思ったことはないよ（笑）。

真裕美　笑うとこじゃ、ないっしょ？

父　いや、真裕美君。笑いは大切だ。パパはね、血だらけのママを毛布で包んで、抱き合って、一緒に呼吸する以外、何にもすることがわかんなかったんだ、一晩中。でもママは、それをしても震えたまま。そんな時、あのさ、調布のおばちゃん家の亀の話とかさ（笑）。

有美　うふふ。

父　時代劇の後ろにトラックが走ってた話とかさ（笑）。

有美　うふふ。

父　高校の同級生の、ほら、クリーミー森の話とかさ（笑）。

有美　うふふ。

真裕美　ははははは!!

父　ああいう鉄板のネタを言うとね、言うと、ママが笑ってくれたんだ。そんで……ふっと……笑うとさ、こっちの世界に何事もなかったように……戻ってきてくれるんだ。「あなた……あたし大丈夫だった?」って。だから、「ああ、大丈夫だよ。何が?」ってね。(声を震わせて)するとママもね……安心した顔でね……。

真裕美　お父さん……。

父　失礼……笑いが大切だとか言って、こんなんでね(鼻を啜る)。でまあ、精神病の多くは症状がまだらに出るから、全然何にもない時もあるんだよ。特に有美君が生まれてからは、ぐっと減って、真裕美君が生まれてからはまったく嘘みたいに無くなってね。子宝っていうけどさ、まさかそんなことはないと思ってたけど、このまま一生、症状は出ませんでしたってことに……なればいいなって、思ってたよ。それだけが、僕らの願いになったんだ。

有美　ねえ、パパ。この別荘に最初の頃、ママは来ないであたしとパパだけで来てたのは……。

父　そうだ。

有美　バックシートから振り返ると、ママは……ママはね、すごく怖い顔をしてあたしたち二人を睨みつけてた……。あたしはてっきり……あたしは……。

父　すまん。すまない。君に、あの時本当のことを伝えるわけにはいかなかったんだ。

有美　はははは(笑)。あははははは(笑)。あーはは(笑)。バカみたい。あたし……ママに嫉妬されて……パパを独占したと思い込んで(笑)、ははははは……(大きな声で)嬉しかったの!!

父　有美君……すまんね。

有美　ママが地下室に入ろうとするのを追い掛けると、パパがね……あたしを後ろから強く抱きしめて……ははは……あれも？

父　許してくれ。

有美　ははは……娘が誤解するのを見て……面白がってたわけ？

父　面白がっちゃいないよ……面白がれるもんなら、面白がりたいよ……僕は面白いの嫌いじゃないからね。君がどんどんミスリードされて、レモン・インセストになっていくのも……ママと二人で毎晩どうしようか悩んでたんだ。「いつか手酷く振らなきゃね」「いや、そりゃ可哀想よ」「でも振らなきゃいけないでしょ？」「じゃあ、何人かの男の子を振ってからにしましょう。あの子は可愛いから、そんなのすぐよ。でも自然と収まるわ」「そうかな、こんな魅力的な男に対して？」「止めなさい、いくらジョーカーでもそれは許されないわよ」「そうだね」……とかなんとか。真剣に。そりゃ冗談も言ったけどさ。僕より悩んでたのはママのほうだった。彼女は僕よりも……何倍も優しい……。僕よりも……ずっと上等な人間だ……。ほぼ毎晩、僕らのその話し合いは続いたんだ。

真裕美　ママが再発するまでは……ってこと？

父　そうだ。そしてそれは突然で、ママも茫然としてた。真裕美君が生まれて、有美君が高校を出てさ……医学部に進学するって決まった辺りから、ママの症状は再び戻った。厳密には……激しくなった。ママも僕もショックだった……。特にママは……自分の娘に暴力を振るったり、暴言を吐くことを、血だらけで君たちの前に身を曝すことを……。ママねえ……ママ、僕に……もしもの時は……自分を殺してくれって……。

有美　パパ、パパ……もういいよ。

父　でも……もしもの時はちゃんとやってきやがった。ある日、僕が帰ってくると……ママは地下室から出てて……血だらけになってたんだ……。そしてもう……調布のおばちゃん家の亀の話も……クリーミー森の話も……時代劇のトラックの話も……笑えなくなってしまってたんだ……。ママは……いや、僕らは……笑いを失ってしまってたんだ。君たちを傷つけることが恐ろし過ぎてね……。でも、僕にはもっと恐ろしいことがあった……。ママが……君たちに……もう一人の自分を見せてしまわないように……（声を震わせて）自分から……。

真裕美　お父さん……もういいよ……。わかった……。大変だったね……。

有美　パパ。あたし……振られてよかった。今日、パパに振られてよかったよ（笑）。お父さんは、間違ってないよ。……ねえ、それより……ママの手紙を見せて。

父　僕はねえ……完璧な男でも、立派な男でもないんだよ……。家族を愛することが、人並みにできるだけの……凡庸でつまらない男だ。息子ができなかったんで、家の中に甘えられる母親の代理がね……いっぱい歩き回ってるとでも思ってしまうような、甘え腐った野郎でさ……。本当にすまなかった。僕なりに考えたんだ……。僕なりに……君たちがね、一番傷つかないでママの死を受け入れられる方法とタイミングを考えた。あの日から僕は、今日が来るまでの何千日かを……今日のことだけを考えて生きてきたんだ。夢にも毎日出てきたよ。毎日夢でママと話して……。正直楽しかったよ。でもその夢ももう終わる。今日ママと本当に……さよならするんだ。君たちを愛してるよ……。でも君たちに、今すぐすべてをわかってもらえるとは思えない……。（泣きながら）有美君、真裕美君、すまなかった……。僕にもママを止めることがね……。
真裕美　お父さん。もう止めて。
有美　お父さん……。
父　何かね？
有美　手紙……早く読みたいの。ママの言葉が聞きたいわ。娘なんだから……あたしも、真裕美も。
父　ああ……わかった。これだ。ちょっと眼鏡を……。
有美　あたしが読むわ。
真裕美　いや……あたしが読む。
有美　うん。じゃあ……お願いね。真裕美ちゃん。
（波音のＳＥ）
真裕美　愛する成孔さん……。
母　……愛する有美、愛する真裕美ちゃんへ。ママが最初に愛した人のことを、これを書きながら思い出しています。（母親の声にクロスフェードする）ママが最初に愛した人は、自分のママとパパだったわ。ママは自分のパパとママからたくさん愛されて、ママもたくさん愛して、それはそれはとっても幸せだったの。だからまず最初に、有美と真裕美ちゃん、あなたたちにママが味わった幸せを、可愛いあなたたちに、ほんのちょっとしかあげられなくって……本当にごめんなさい。弱いママを許して……。ごめんね。あなたたちが大人になって、この家を出ていくまで、出ていってもずっとずっと……愛してあげたかった。でも、ママにはもう無理になってしまったの。訳はパパから聞いてください。ママの中には別のママがいて、ずっと追い出そうとしてたんだけど……どうやら無理みたい。パパは別のママとも一緒にいてくれたけど、あなたたちの前には絶対に現れたくない。可愛いあなたたちの顔に傷なんかつけたら、ママは自分を今よりもずっとずっと呪いながら死んでいったでしょう。

あなたたちはママとパパの宝物で、お姫様で、魔法の靴よ。本当に誇らしく思ってるし……二人が大好きよ。パパがママの分まであなたたちのことを愛してくれるのはわかってるわ。でも、それはママがいなくなってからのことだから、怖いといえばとても怖い。ううん、死ぬことがじゃないわ。いずれ誰もが死ぬ。それよりもママが味わった、ちゃんとパパとママがいて、二人に甘えられ、愛し合える幸せをあなたたちが失って……幸せになれるかなって……そのことだけが怖くて、怖くて……ずっと決心がつかないままでいました。

でも、パパを信じるわ。パパはわたしが生まれてから三番目に愛した人で、あなたたちが一番目か二番目に愛する人よ。パパは愛にどんなことが起こっても、絶対にあきらめたり、手放したりしない強い人よ。だから、有美、真裕美ちゃん……ママがいなくなって、不安になったり、怖くなったり、妬んだり、罪の意識に囚われたり、人を呪ったり、どんな過ちを犯しても、どんな災いがあっても……どうか愛だけは見失わないで。自分が誰を愛しているのか、誰に愛されているのか、心の目で見るのよ。愛は頭で考えても、身体で考えても駄目。心の目だけが愛をはっきりと見せてくれるの。フォーカスが合ったカメラみたいにね。子供の頃からの夢で、最後は海でって思いながら、一人で行けないママの弱さを許してください。みんなに嘘をつくことになるけど、みんなと一緒に同じ海を泳ぎながら行けて……ママはとても幸せです。勝手な話で、本当にごめんなさい。

この手紙はあなた方のパパに託しています。成孔さん、もしもわたしが事故で溺死したということになったら、この手紙は誰にも見せないまま、破り捨てて。でも、あなたが真実を伝えるべきだと思うんだったら、あの子たちに読んであげて。出会った時からとうとう最後まで、あなたにすべてを委ねてしまって、ごめんなさい。どうか有美を上手に振ってあげてね。本当は振られてあげるべきだったけど、あなたにそんな高等テクニックなんかがないことを、本当に素敵に思うわ。この別荘には本当にたくさんの思い出があるわ。最初にあなたと有美が二人で行くのを見送ったこと。やがて真裕美が生まれると、みんなで来られるようになった。でも恐怖心がなくなったことは一度もなかった。そしてこの人生が教えてくれたことは、恐怖が人生を駄目になんかしない、ということよ。朝日が昇って、子供たちをベッドに運んで、わたしは凄まじい恐怖と共に太陽を見詰めていた……。その時の太陽の美しさを向こうの世界に持っていきます。成孔さん……壊れていたわたしを愛してくれて……ありがとう。あなたを愛し、敬い、感謝しています。あなたに出会えて幸せです。そのことを噛み締めながら書いているの。

（♪ Glenn Gould「Bach: Prelude & Fugue No. 1 in C Major, BWV 846」）

有美役：古谷有美
真裕美役：水野真裕美

父役：菊地成孔
母役：阿南京子

Glenn Gould「Bach: Prelude & Fugue No. 1 in C Major, BWV 846」『The Well-Tempered Clavier, Books I & II』（Sony）所収

第360回（2018年4月21日）恋する夜電波　真裕美と有美

「鳶と百合の園《コント》」

黒鳶 クッソ！ あっという間に、釣り逃したまま2年経っちまった。八島君‼ オレの可愛い八島君、どこかね？ またオナニーかね⁉ また、あのレズビアンの猫のちっちゃいほうでオナニーか⁉ しゃくれてんぞ、あいつ！ 顎の先にぶっかけて楽しいか？ ははは（笑）。

八島 ヒョン、お言葉ですが、しゃくれは欧米でも北東アジア全域でもセクシーであることの要素に数えられてます。綾瀬はるかさんだって……。

黒鳶 あの女CM出過ぎ。引退すんのかと思ったよ。

八島 ヒョンもテレビとか見るんすね？

黒鳶 テレビ大好きね。テレビ最高っしょ？ 映画かったるいし、ネット気持ち悪いし、オレ日本語読めねえから紙媒体全部駄目だし。てか、綾瀬はるかの胸、どうすんのあれ？ ヤベーとか嬉しいとかじゃなくて、一種の問題だろあれ、もうああなったら。

八島 黒鳶《くろとび》さん……って2回目で初めて本名呼びましたけど……（小声で）今のは事務所からクレーム来ます。

黒鳶 事務所？ いいだろうよ、いつでも来いよ！ 黒鳶会計事務所が懇切丁寧にご対応差し上げますよ！ 問題を問題っつって何が悪いんだっつって、な‼

八島　ヒョン。

黒鳶　「ヒョン」もういい。もうオレ韓流飽きた。ビョンホンのアカデミー賞の体たらく、見た、あれ？

八島　流暢な英語でカッコよかったっす。

黒鳶　あそこはハングルで通さないと駄目だよなあ。並んでた女優はスペイン語で通したのによお。

八島　まあまあ黒鳶さん、それより今夜どうしますか？　あの晩から2年経ちましたよ。

黒鳶　なあ、八島。

八島　はい。

黒鳶　この黒鳶剣様がただ指をくわえて2年も黙って待ってたと思うか、この街で？

八島　ま、まさか……黒鳶さんが、そんな策無しでいるわけないですよね。へへへへ（笑）。

黒鳶　へへへへ（笑）。だろ？　ははははは（笑）。

八島　はははは（笑）。

黒鳶　何にもしてねえわっ!!

八島　……あ、あの……。

黒鳶　んなもん、リベンジは計画的に、か？　街金じゃねえんだよ。オレはただ、ずっとあの夜のことを思い出しながら、真っさらに呪い続けてただけだ。雑念を断って、ひたすらにな。ただひたすらに。これでもキリスト教徒の端くれだ。祈りは民の勤めだよ、八島君。民っつったって、奥田民生のことじゃないよ。

八島 ……は……い……。
黒蔦 ままま……怯えた面すんじゃねえよ。そんなベソかき顔されたら、お前、勃っちまうだろうよ。ヤリたいか、オレと？
八島 そ、そ、それは……。
黒蔦 どっちなんだよ？ いっそのこと答えてみ、今日？ オレとヤリてえか、ヤリたくねえか。
八島 そ、そ、そ……。
黒蔦 しゃぶるのとしゃぶられるのと、どっちがいい？ どっちがいい？ どっちだ、コラ？選べよ。見ろ、見ろ。オレもうビンビンだ。どうする、これ？ どうすんだ、これ？
八島 そ、そ、そんな……。
黒蔦 はっはっはっははは（笑）。
八島 黒蔦さん……。
黒蔦 すまん、すまん。また冗談が続いたな。イケたらイケちゃうと思ってたのも確かだが……冗談だ。八島、頼りにしてんぞ……戸波より（笑）。
八島 （素に戻って）そこは、コント超えて、マジで嬉しいっす。
黒蔦 コントに戻ろう（笑）。いいか、あの有美とかいう女は、前の女から動いた。真裕美っていう、この街じゃ古臭え名前だけど、かなりの上玉らしい。
八島 化け物みたいに気位高いらしいっすね。
黒蔦 芸者の位で言えば、傾城《けいせい》の太夫《たゆう》ってとこだろう。噂は死ぬほど聞いてる。

八島　いけますかね？
黒鳶　何回言わせんだよ？　もう女には飽っき飽きなんだよ。この街にいる分は全員４回り、全員抱いた。５回り以降しんどいぜ。グルグルバットと同じだ。
八島　ははは（笑）、さすが黒鳶さん。面白いっす。やったことあるんすか？　ひょっとしてホスト運動会みたいなので？
黒鳶　ない……ははははは（笑）。
八島　ははははは（笑）。で、策はあるんすか？
黒鳶　ないね。ノープラーン。
八島　ノープラーン。
黒鳶　最大のタクティクスはいつでも工夫だ……。腹減ってきたぞ、八島。あれ喰いてえ、あれ。青い海蛇みたいなのをこうやって切り開いて、串に刺して蒸したり焼いたり、キリストよりもエグい目に遭わせて、最後ドロドロのたれみたいなのを何回も刷毛で塗りつけて火炙りにしたやつ、何だっけあれ？
八島　鰻のかば焼きです。
黒鳶　あー、鰻のかば焼きだ。あれのデカいのが喰いてえ。この街で一番デカいのがな。真裕美って女はそういう女だ。オレにはわかる。龍のバイブスが近づいてんのを感じんだ。
八島　片脚全体に龍が彫ってあるみたいっすね。
黒鳶　やっぱな。その龍ごと喰っちまわねえと、オレの空腹は収まりそうにねえ。行くぞ。
八島　はい、黒鳶さん。

黒鳶　かーばー焼ーきー。
八島　かーばー焼ーきー。
黒鳶　ノープラン。
八島　ノープラン。
黒鳶　かーばー焼ーきー。
八島　かーばー焼ーきー。
黒鳶　ノープラン。
八島　ノープラン。

（♪ Frank Ocean「Thinkin Bout You」に乗せて）

有美　真裕美……お誕生日おめでとう。はー、すごく……すごく……すごく、すごく素敵よ。
真裕美　ああ……有美。ありがとう。
有美　真裕美が30歳だなんて、信じられない。
真裕美　なんだよ。いくつに見えるってんだよ？　こいつう（額をチョン）。
有美　そういう意味じゃないよ。真裕美に年齢があるなんて、全然実感ないよ。いくつだとしたって信じられない。あまりに完璧すぎて。ねえ、真裕美……。
真裕美　どうした？
有美　ねえ、もう一回おでこつんってして。さっきみたいに。

真裕美　ふふふふ（笑）。こいつ。
有美　ああ……。
真裕美　こいつ。
有美　あああん……。
真裕美　こいつ。
有美　もう駄目……。もう駄目だよ、真裕美……。あたし、もう一回やられたら……我慢できなくなっちゃう。
真裕美　なんだ、お前……我慢してたのか？　いいか、有美。オレはお前のものだ。
有美　ん？
真裕美　ああ。
有美　うーれーしーい!!
真裕美　お前も……オレのもの。
有美　ねえ、真裕美……。あたしが一番可愛い？
真裕美　ああ。化粧してても、すっぴんでも、どんな服着てても、裸でも。全部だ。
有美　んんー。お前が一番可愛いよ、って言って。
真裕美　お前が……一番……可愛いよ。オレの有美……。
有美　んんー嬉しい……。ありがとう……。あなたを愛してるし、尊敬してるの。神様にも感謝してるわ。さっきあげたプレゼントあるでしょ？
真裕美　ああ。まだ開けてないけどな。

有美 それと、別にプレゼントがあるの。これ見て。胸と胸の間。
真裕美 こんなとこで出すなよ（笑）。しまっとけ。後でベッドで見せてくれればいいよ。
有美 ううん。今あなたに見せたいの。あたし……乳首に真珠のピアス入れてたでしょ？
真裕美 ああ。すっげえセクシーだし、美しいよ……。あれを乳首ごと口に含むと、お前が打ち上げられた魚みたいになるだろ？ あれがオレの今んとこ、人生最高の、完璧な瞬間の一つなんだ。
有美 あれね……どっちも入れたの……。
真裕美 有美……。
有美 そして、それを繋ぐためにヘブライ語で「あなたへの塩」って、デコルテに彫ったわ。見て。「この谷を渡る者は一人なり。それは父なり。父以外の者がこの谷を渡る時、この谷自体が崩れ、すべては無に帰するであろう」。旧約聖書からよ。ほら、「ちち」は「ちち」でもパパのほうの「ちち」だぞ……。あなたが、あたしのパパ。そして、恋人。そして、神様。真裕美……愛してる。
真裕美 （感動して）何てことだ……。お前は世界一……世界一美しいよ。オレの女神……。

（♪ 菊地成孔「Scandal-X/Re-mix ver.0」に乗せて）

黒鳶 （トビラを開ける音）はいはい、どうも今晩は。えー、ぐりんぐりんのノンケですけど二名でお席お願いしまーっすうー。

有美　ダメッ!!
真裕美　何だ、有美？　あいつ知ってんのか？
有美　あいつ……黒鳶よ！
真裕美　黒鳶って……。
黒鳶　はい、有美様、お久しぶりでございまっすー。黒鳶剣が再びあなたの前にやってまいりました。あのー、入店早々なんなんですけど、世界で一番美しいのはそのしゃくれのレズ女じゃなくて、こちらの八島君なんで。皆さんLINE登録のほうお願いしまっすぅー。
真裕美　……（思いっきりドスを利かせて）おい、コラ。黒鳶とやら。
黒鳶　「とやら」っていう日本語はなあ、有名なほうが無名なほうに使うんだ。てめえごときに「とやら」扱いされる覚えはないんだ、こっちは。
真裕美　そりゃあ失礼。この街一番のホストだか、売り専だか、チンピラだか、EXILEグループの補欠だか、観光客だか、見た目じゃ何してるかもわかんねえ、超有名な黒鳶様。ところで、今晩は一体何のご、よ、う、で、す、か、な？
黒鳶　丁寧な口調だが、はらわた煮えくり返ってるぜ。いいぜいいぜ、もっと睨め。睨めよ。オレの栄養だよ。裏ではヤバいことしそうなとこも含めて、ちょっとベッキー似の生贄君。真裕美君だったよなあ、確か？
真裕美　おめえに名前知られてるだけで寒気するわ。結局、おめえストーカーか？　さほどでもなさそうなチンコ、サクッと切り取ってお包みして門前払い差し上げてもいいんだぜ、黒鳶さんよ。

有美　真裕美。駄目、相手にしないで。あいつに乗せられたら駄目。行きましょ。

黒鳶　何のご用か教えてやる。オレがお前と寝る。そしてこの八島がそのしゃくれのおチビちゃんと寝る。それだけじゃねえ。しっかり惚れさせて、惚れ倒させてから、鼻クソみてえに捨てる。そのためにオレたちは今夜来た。

真裕美　ほーお。これは素敵な王子様の来場でしたか？　大変失礼いたしました。丁重に扱わせていただかないといけないところ……テメエ、コラア‼　テメエらみてえに半端な野郎共が、雁首揃えてくるとこじゃねえんだよ‼　オレと有美と寝て惚れさせる？　お前本当に……（声を下げて）殺すぞ。

黒鳶　（大声で）八島くぅーん‼　この人怖いよお‼　殺すとか言うんだよー。きっと今までも何人も何人も殺してんだ。怖いー。

八島　（素に戻り）はい。というわけで今回はここまで。次回はまた古谷アナと水野アナが揃った時に、to be continued ということで……。

水野　なーんで‼　今からでしょ‼　今からさ、やっと乗ってきたんですから。この初めて体験に……。菊地さあーん。

菊地　すみません。先週の「別荘」が思いの外、長篇になっちゃって、今日の分、書き切れなかったんです（笑）。

水野　なんだかなー。なんだかなー。

菊地　必ず続きやりますんで（笑）。

水野　なんだかなー。

黒鳶役：菊地成孔
八島役：八島勇人
有美役：古谷有美
真裕美役：水野真裕美

Frank Ocean「Thinkin Bout You」『Channel Orange』（Def Jam）所収

菊地成孔「scandal-X/Re-mix ver.0」『「素敵なダイナマイトスキャンダル」オリジナル・サウンドトラック（+remix）』（ヴィレッジレコーズ）所収

第361回（2018年4月28日）続・恋する夜電波　真裕美と有美　後夜祭

ロレックスその2

そうですね……来週辺り、特集しようかと思ってるんですけど。ロレックスも溜まってきたんで。ロレックス3D……ふふふ（笑）。要するに、飛び出して見えるわけですけども。ザギトワ選手が辺見マリさんと見るか、沢尻エリカさんと見るかによって、飛び出す方角が変わってくるというね。奥に引っ込むか、こっちに飛び出すかが変わってくる3Dですよね。もう一回申し上げます。ザギトワが辺見マリか沢尻エリカかということに関して、右目左目で見比べてください、というような提言をしている、ちょっと変わった芸能人の菊地成孔がTBSラジオをキーステーションに全国にお送りしております。

第363回（2018年5月12日）GREAT HOLIDAY 特集・後半戦

第364回前口上

さあ、イズラエルが大変だ。さあ、北朝鮮が油断ならない。さあ、ロシアもかなりキナ臭い。香港の革命は音沙汰なし。日本のことは何も知りたくない。カネはない。不安だらけ。でも、今、僕は、目の前で踊っている君が、僕についてどう思っているのか、それしか考えることができないんだ、ダンシング・クイーン。握りしめたスミノフとレッドブルのパワーカクテルがぬるくなってしまった。ここは東京のクラブ。港区赤坂という街にあるTBSっていう大箱で、何でも昔、力道山とかいう贋物の英雄が刺された店がここにあったらしい。揺れる君の背中とお尻。君を包み込んでいる、果物の皮みたいなスパンデックスのレオタードとソックス。北京ダックの皮みたいなレザーのジャケット。ロマンチックになり過ぎてる僕の、落ち着かせても落ち着かせても湧き上がってくる、最悪の妄想と最高の妄想の忙し過ぎる交代劇。恋のコスパについて計算式を出す。実は簡単に答えは出る。それは残酷なまでに最低。最高の聴取率を叩き出すために劇作家にまで成り済まして頑張るDJ。彼もそろそろざる蕎麦を喰いながらディスクをスピンしたい季節。茹でた蕎麦を氷水で締める。人は生まれる時、大量のお湯を必要とし、死ぬ時には大量の氷を必要とする。僕のグラスに氷をおくれよDJ。それから彼女とホットタブに入って、水着も脱いで、二人で生まれたての赤ちゃん同士になって、しゃぶり合ったり、叩き合ったり、泣き合ったり、笑い合ったり、絶望と希望の忙し過ぎる交代劇。ナイスな皆さん、只今お聴きの番組は「菊地成孔の粋な夜電波」。BGMはイタリア産の「象のセレナーデ」。それからあなたもホットタブに入って、二人で生まれたての赤ちゃん同士になって、しゃぶり合ったり、叩き合ったり、泣き合ったり、笑い合ったり、絶望と希望の忙し過ぎる交代劇。ナイスでヒステリックな皆様、只今お聴きの番組は「菊地成孔の粋な夜電波」。そして本日の一曲目はこちらです。

Clap! Clap!
「Elephant Serenade」『A Thousand Skies』(Black Acre)所収

第364回(2018年5月19日)フリースタイル

女子アナは何故演技を必要とするのか？

女子アナの方は女優志願が強いっていうこと……なのかな、やっぱり？　アタシの本にね……テメエの本の紹介は嫌らしいですけど、『服は何故音楽を必要とするのか？』っていう、アタシ、ファッション批評もやってるので、厳密にはファッションショーの批評なんですけど、特に音楽と服の関係に関する本が一冊だけ出てるんですね。で、そこに書いてあるんですけど、モデルさんは、特にハイモードね……四都、ニューヨーク、ロンドン、パリ、ミラノのハイモードのモデルさんってのが、終わってからクラブ行くと正直一番カッ飛ぶんですよ。すごくカッ飛ぶの。仕事柄、まあ綺麗な方たちだし、カッ飛びたいんだって言われたらそれきりなんですけど、なんであんなにモデルばっかりカッ飛ぶのかなと思った時に、やっぱモデルさんは日頃の抑圧があって、ランウェイではカッ飛べないじゃないですか。ランウェイってわかりますか？　モデルさんが歩いてくる、あれキャットウォークっていうんだけど、あの何て言ったらいいんですかね、プロレスラーが入場してくるみたいなとこありますよね（笑）。あそこでは顔はクールフェイスにしてないといけないし、音楽のＢＰＭと関係なく歩けなきゃいけない。自分のペースで歩いてるのね。最近はバイスキルになってて、音楽のＢＰＭに合わせて歩幅当てられる人も多いですけど、00年代までは音楽と関係なく自分の歩幅で歩くように推奨されてたの。すると、ダンスミュージックを日頃聴き続けてるわけじゃない？　ファッションショーってほぼほぼハウスですから。ハウスかロックですから。たまに現代音楽とか、かかりますけどね、それは例外的で、ほぼほぼハウスとロックなんで。それ聴きながら、踊れないっていうね。その抑圧があるんで、クラブで踊っていいよってなった時に、ドッカーン!!って抑圧が解けてカッ飛び狂うと思いますよってことを書いたことあるのね。そしたら現役のモデルさんからその通りですっていうメール頂いたりしたんですけど、ま、それはどうでもいいんですけど……。

何の話かっていうと、女子アナさんっていうのはお芝居しちゃいけないじゃないですか。フリートークでぶっちゃけてるか、あるいはちゃんとしっかり原稿読まないといけない仕事ですよね。だから、台詞があって感情込めて女優さんみたいなことするっていうのも、あんなに美しい声と滑舌、つまり声のスキルを持っているにもかかわらず役者みたいなことをすることを禁じられてる、というか普段しない仕事ですよね。なんで、女優志願っていうより、抑圧が外れるんでしょうね。エグい台詞書けば書くほど、喜びますね、女子アナの方は。目が輝きますね。エグければエグいほど（笑）。

第364回（2018年5月19日）フリースタイル

第365回前口上

ご主人、もしくは独身貴族のおひとりさま。こんな明け方迫る夜中に、ちと胃も痛えし、シングルモルトをミルクで割って、人工知能とやらに一人話し掛けたりなんかしちゃって、なかなかクールですな。あれでしょ？ ブルーブレス、溜息なんかついちゃって、「胸が痛いね……」なんて言って、「狭心症の可能性があります。すぐ検査に行ってください」なんて野暮なことは今の人工知能は言わなそうですな。機械オンチのアタシにもわかりますぞ。ちゃんと、「ねえ、本当に好きだったの？ じゃあ、向こうはどうだったと思う？」なんて、気の利いたこと返してくれそうじゃないですか。便利ですなあ。しかし便利なんて、そして自由なんて、さらに言っちゃいますけど安心と平和なんて、あの彼女と、あるいはあの彼氏と、あなた、本当に欲しかったんすかね？ 「ああ……そうだな……うん、まあ、本当に好きだったよ。向こうも……そうだな……好きだった……と思うよ。ま、あいつが現れるまではさ」なんて、ベタベタの悪手を打つと、「恋は二人でするものではない、四人でするものなのだ。振りたい自分と、振られたい自分、振りたい相手と、振られたい相手と。ジグムント・フロイト」なんつって。すげえこと言われて、たしなめられちゃって、目から鱗が落ちてウイスキーミルクのグラスに落ちるらしいじゃないですか。こんな夜中に。いや、明け方に。目から鱗って、コンタクトレンズのことだと思ってた。若くてちょっと狂ってたあの恋人。誰の人生にも現れる天使。弓矢だけ持って、盾は持たない。だからあなたの胸に矢を刺すばかりで、ちょっと仕返ししようとしたり怒ったりなんかしたら、痛がってどこかに消えちまう。なんで恋なんてするんでしょう。そんな自己中のバカども。答えはアドラーが知ってます。「我々は良い刺激と安楽だけでは死しかイメージできない。我々を生かしているのは劣悪な傷だ」。ネットが止められねえわけですよ、ご主人。もしくは、独身貴族のおひとりさま。ジャズの理由をこうやって恋のから騒ぎ、その処方箋やBGMに留めておける方、実にお幸せです。こんな歌とこんな前口上、これで飯の三杯どころじゃない、一生行けちまう。ボーカル誰だって？　ホセ・ジェイムズですよ。古来から神道だってヨガだって、吸う息は清く、吐く息は毒だとします。「毒を吐くなんていうけど、歌を歌うっていう行為がそもそも希釈した気持ちのいい毒をゆっくり吐き続けることなんだなあ」とあなた。「正解。でもウイスキーミルクとジャズの組み合わせは微妙。せめてブランデーミルクにしておけば？　貰い物のレミーマルタンがキッチンの棚の上に」とスマートフォンの中の実にスマートな話し相手。目の前を無感動に過ぎていく暗雲立ち籠める世界。その一角。極東は帝都東京、港区は赤坂、力道山刺されたる街より、あなたのハートの奥底までお邪魔いたします。お耳を拝借。「菊地成孔の粋な夜電波」と申します。本日は久しぶりのジャズ・アティテュード。コンテンポラリーから新伝承派、ドープでブルーなボーカルまで、深夜4時から5時までのジャズミュージックを取り揃えましてお届けいたし候。ジャズが必要なご主人も、必要になってる気がしてるだけの独身貴族も、そんなもん要りゃあしねえお妾さんも、宵っ張りのお子さんまでもまとめて面倒見ましょう。えっ、アタシの名前？　お耳を拝借。（ヒソヒソ声で）菊地成孔、と申します。groovy & gloomy, swinging & stinging, cool & cruel で眠れなくなっちまうか、すぐに寝ちまうか、丁半博打も過ぎなきゃ乙なもの。早速、今宵の二曲目はこちらでございます。

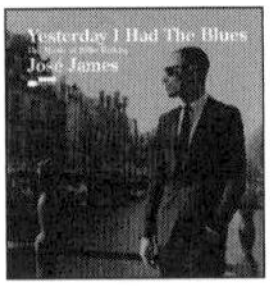

José James「God Bless The Child」『Yesterday I Had The Blues』（Blue Note）所収

第365回（2018年5月26日）ジャズ・アティテュード

第369回前口上

あれは何年前の出来事でしたかな。あれは3年前、止めるあなた駅に残し、なんて流行歌もありましたが、ちょうど確か、ぴったり3年前くらいだった気もしますね。止めるあなたも、残す駅もありませんでしたけどね。伊勢丹新宿本店さんのグルメフロアにあるお蕎麦屋さんに入ったんですよね。そしたら、まあ、半島からのお客様ですね。えー、お友達同士ではハングルでお話しになられてたんで。そのうちお一人がお蕎麦屋さんの店員さんと軽い口論になりまして、これが「隣の鮨屋の鮨が喰いたいから、注文するんでここで食べさせろ」って言ってるんです。年配の店員さん、当然これ丁重に断ります。しかし半島からのお客さんもね、一歩も引かないんですね。「だって、隣じゃないですか。お金は払いますよ」「いや、ウチはそういうサービスはしておりませんからね」

どうすか、これ？　3年前にこの話すると、半島からのお客様のほうが圧倒的にアウェイだったんですけど、これはつまり絵に描いたような文化格差ですよね。我が国は、鮨なんて最初はね、屋台喰いのファストフードでね。ファストフードなんかは強いんですよ、元々。居酒屋の締めだったはずの蕎麦切り。あれを独立して屋台で喰わせようなんていうね、落語の「時蕎麦」ですよね。今、何時だい？　なんて言って。この番組にこそふさわしい台詞になっちゃいましたけどね（笑）。今、何時だい？　日本はね、ファストフードと宴会、デッカい宴席には強いんですけど、フードコート、アジア的に言うと夜市の文化がないんですよね。

ちなみに、今でこそ東京でも、というか日本全国で流行りまくってますけど、カフェ文化ね。あれもちゃんと輸入はされてないです。パリなんか行くと、カフェ入って何も呑み喰いせずに半日くらいそこにいて本読んでる人いるんです。何か呑み喰いしたくなったら、ギャルソン呼べばいいんでね。そんで、そのまま呼ばずに帰っちゃったりするわけ。あり得ないでしょ、日本じゃ？　ね？　パリじゃ普通です、これ。

で、話は伊勢丹グルメフロアのにらめっこにぐるっと戻るんですけど。半島からのお客様はね、ま、無理難題言って威張ってたわけじゃないんですよ。夜市の感覚からしたら、フードコート感覚からしたら、これ当たり前の話なのね。ただ、ここは日本だっていう足場はありますわね。では、これはどうでしょう。最近、ベローチェとかでね、フードだけ買って、ドリンクは自分が外で買ったペットボトル呑んでる人、いっぱいいますよね。あれ、どうすか？　注意したくなります？　何とも思わない？　何とも思わなくなるの得意だからね、日本はね。えー、もっとすごいのありますよ。ちゃんと門構えあって、立派に営業してる個人店主のカフェで、若いお客様が3人で入って、うち一人はまったく何にも注文しない。ちなみにシェアもしないんですよね。つまり、一人は何も呑み喰いしないの。そういう人が増えてるの。んで、メディアがさすがに訊いたらしいですね、辛抱堪んなくて。なんで注文しないんですかっつったら、そしたら、店の雰囲気と外の風景を楽しみにきたんだっていう答えが一番多かったんですって。ね？　まあまあ、マスメディアのやることですから信用なりませんけど。それをもう一回、こういうふうに言ってますけど、これどう思います？っていうアンケート取ったら、20代の大半が当然、イエスって言ったの。当たり前ですって。これ不景気ですとか、羞恥心ですとか、倫理ですとかいった話も関係あるのかもしれません。そういうもんが変化した。

でも、やっぱりね、文化格差ですよね。これがね、埋まっちゃってきてるんでしょうね。だってカフェって、さっき言ったみたいに元々そうやって使ったっていいんだもん。ついでにね、夜市もね、何も喰わなくてもそこにいていいんだもん。実はね、日本にもですね、銭湯の二階っていうのがそういう場所だったんですよね。将棋指したり、蕎麦喰ったり、一日そこにいる人とかが別に珍しくなかったの。居酒屋と銭湯の二階だけですね、日本でだらだらいていいのは。ま、名残はあるわな、確かに。でももう現代に入って、変わっちゃいましたよね。ガラパゴスだから仕方ないわ、そういうところは。そういうところを、若い人の感受性と倫理観、欲望が動かし始めてるんじゃないですかね。世の中変わってくもんですよね。

何が変わったかってね、この番組の前口上がこんなにわかりやすく普通に、しかもためになる話になるところですね、はい。今日はフリースタイルでして、「新宿のデパートを制した男」というタイトルでですね、これ何を隠そう、銭湯だけに前を隠そう、このアタシのことなんですけど（笑）。フランスで最初にデパートが出来た時に、世界で初めて架空消費、つまり実際には買わないんだけど頭の中で買う算段を付けて、計画を立てたりするということを、人々が大々的にやり始めたと言われています。その頃のデパートの二大問題って何だかわかります？万引きと露出狂なの。いやあ、時代は変わりました。なにせ、このアタシが新宿のデパートを制しかけたんですからね。ま、この番組自体がデパートみたいなもんですからね、当然っちゃあ当然ですけど。

と、それでは帝都東京は港区赤坂、力道山刺されたる街よりお送りしております「菊地成孔の粋な夜電波」。本日は「新宿のデパートを制した男」と題しまして、あとルミネさえ落とせばグランドスラムと言われている菊地成孔がお送りしております。今夜はデパート派の方も、モール派の方も、ネットで買い物派の方も、小一時間お楽しみいただきます。えー、それにしてもアタシの予想ですけどね、3年以内に蕎麦屋は隣の鮨屋の鮨を持ってくるようになると思います。来るべきデパートのフードコート化に向けて、本日の一曲目はこちらでございます。

Michel Legrand「Angela, Strasbourg Saint-Denis（Une Femme Est Une Femme）」『Nouvelle Vague: Musiques Et Chansons De Films』（Universal Music France）所収

第369回（2018年6月23日）新宿のデパートを制した男

ラーメンとチーズタッカルビのシンメトリー

はい、どうも。「菊地成孔の粋な夜電波」。ジャズミュージシャンの、そしてですね……この間、シンメトリックな出来事があってですね。

原宿プラザってありますよね。ラフォーレの向かいね。あそこに「bills」っていう、世界で一番旨い朝食とかいって、オーストラリアのマルチカルチャーフードの店があるんですよ。とは言えまあまあまあ、マスカルポーネ入りシフォンパンケーキが売りなんですけどね（笑）。でも、女子が行くあんみつ屋じゃないんですよね。食事もみんな旨いの。で、オーストラリアの料理の特徴として、逆に言うと芯がないんですね。どの料理もその国らしく出来てて、水準が高いんですよ。それはさすがマルチカルチャーっていう感じしますよね。

そこで、まあそこそこ飯を喰って。で、下に降りてったのね。入口がエスカレーターになってんの。そしたら、すれ違いざまにね、すごいもうG-DRAGONみたいな人たち……何て言うんですか、BIGBANGみたいな人たちがこうやって来て、「モチョロムトウキョウインヌンデラーメンパッケモゴソヨオオオ」って言ったの（笑）。思わず、バーッと噴いてしまったんですけど。「モチョロムトウキョウインヌンデラーメンパッケモゴソヨオオオ」っていうのは、「こんなに東京にいるのにラーメンしか喰ってねえ」っていう意味なんですよね（笑）。そうかって思って、この原宿プラザ入ってけば、billsとかあるよって思ったんですけど。まあ、それでもラーメン喰うのかもしれないですね（笑）。相当ラーメンがお好きですからね。昔は「ラーミョン」って韓国の方は言ってたんですけど、最近はラーミョンなんてのはダサいですよね。ラーメンっていうのが韓国の観光で来る方の……。

で、シンメトリーでっていうのは何かと言うと、一方でね、歌舞伎町で……また懐かしの、懐かしのっていうか、今でもちょいちょい行ってるんですけど、歌舞伎町のジョナサンで飯喰ってたら、隣で……要するにホストさんと、ホストさんと、お客様、えーこれはもう決まった陣形なんですけどね……なんて言うんですか、右大臣、左大臣、助さん、角さんみたいな感じで、二人のホストさんが一人のお客様を挟む、そして焼肉を喰わせて太らせるっていうのがね（笑）、一つの何かマナーになってるんですけど、まあ、その陣形を取った人たちがいて、またおしゃべりしてるんですけど。で、色んな話がいっぱい出るわけね。

でね、何が言いたいかっちゅうと、その三人の陣形のうち、「今夜何して遊ぶ？」っていう話を当然するわけですね。これはとっても楽しそうですし、プランニングとしてはまだまだ夜は長いしという感じでね。そしたらね、そのうちずーっと黙ってた男の子のホスト君が、「すっげえ悪いんだけど、オレ全然お前らの話、頭入ってこないわ」って。「え、何で？」って言ったら、「オレ、頭の中、チーズスタッカルビのことしかねえから」って言ったっていう（笑）。相当喰いたかったんでしょうね、チーズタッカルビが。これがね、「モチョロムトウキョウインヌンデラーメンパッケモゴソヨオオオ」とシンメトリックにね。奇しくもね、韓国のおシャレなお客様がラーメン、そして新宿のホスト君がチーズタッカルビね。エールの交換って感じでいいんじゃないですかね。

第369回（2018年6月23日）新宿のデパートを制した男

第370回前口上

「ねえねえ、起きて起きて。番組が終わっちゃったよ」

「えーっ、うっそ。早く言ってよ。ひどい。なんで起こしてくれなかったの？　週に一度のあたしたちの楽しみでしょ？　あなたって意地悪」

「いや、だってさあ。さっき君はさあ、フェラチオの時、僕に喉を見せつけながら、ここまで入ってるよって指差したでしょ？　あれ、僕のサイズじゃないよ。あいつのサイズ……」

　おっとっとっと。読んじゃいけないほうの前口上の原稿を読んじゃいました。失礼。今のは放送事故です。放送事故です。最近、美しい音楽にさえ乗せておけば、下ネタを言っても聴いてる人は気が付かないという、凄まじい実験結果が出ましてね。えっ？　それにしても酷い。そうです。世界というのは、それにしても酷い。そういう場所だ。でもしょうがない。誰もがそこで生まれるしかないんですから。せめて、まだ呑んだことがないドン・ペリニヨンを、銀座のマキシムみたいに考えるか、ポルシェの最新型みたいに考えるか、一手違いが一生別の宇宙に。まあいいや。最初から原稿ね、正しいの読み直しますね。えーと、これだこれだ。

「ねえ、起きて起きて。番組が始まるよ」

「うん、ありがとう……でも今日あたし……夜電波パスでいいわ」

「えーっ、僕らの週に一度の楽しみじゃないか。起きてよ。今日の一曲目、映画音楽だってよ」

「えー、でもだってぇ……あなたがさっき、あたしのお尻掴んで斜めから入れてくれたの、まだ余韻ヤバくて……今、映画音楽なんか聴いたら、あたし頭がおかしく……」

駄目駄目駄目駄目！　このシリーズはもう駄目‼　というわけで（笑）、気を取り直してまいりましょう。美しい音楽には美しい言葉を。オレの嫌いな奴は死んでしまえ。いや、死なずに一生苦しみながら、無限の命を手に入れればいい。いいですなあ、美しい言葉というものは。

というわけで、帝都東京は港区赤坂、力道山刺されたる街より、「それにしても酷い宇宙を「捨てたもんじゃない星」ぐらいへと変えるために。早朝のお飲物にするか、深夜のお飲物にするかは、あなたの悲しみ方具合一つであります。星と星が結婚するような楽曲、街と街が恋に落ちるような音楽。ラジオ番組のヌーヴェルヴァーグとして7年半、「菊地成孔の粋な夜電波」シーズン15。お相手は当年とってコント55歳。すっかり、恋もパイ投げも大乱闘もヘタクソになっちまった私、菊地成孔がお送りしております。お楽しみのご準備は、いかがですかな？　それでは早速参りましょう。

「ねえ、起きて起きて。前口上が終わっちゃったよ」

「駄目……もう瞼が開かない。あなたのアレでつけまつげがパリパリに貼り付いて……」

駄目駄目駄目駄目ーーーー!!!　早速本日の一曲目と参りましょう。本日の一曲目はこちらでございます。

第370回（2018年6月30日）フリースタイル

Martial Solal「New York Herald Tribune（A Bout de Souffle）」『Nouvelle Vague: Musiques Et Chansons De Films』（Universal Music France）所収

第371回前口上

右や左の旦那様、どうすか？　えっ、何がって？　そりゃあ、そちらさんのご機嫌に決まってるでしょう。夜中のラジオ番組が、日本に移民を入れるかどうか、あなたどうお考えですか？　なーんて問い掛けながら始まるなんてのは、そうですな、昭和50年代で終わりでしょう。大体あれと一緒でしょう、スバル360。こちらてんとう虫。フォルクスワーゲンのタイプ1がかぶと虫。夏場に喰っても結構いける茶碗蒸し。どうすか、50人体制のアイドルグループ一個大隊、ビルごとスケルトンの蒸し器になってる建物を丸の内に建てて、常に蒸してるってのは？　そりゃあんた、サウナでしょ？　そうよ。熱くなった順に下のフロアの水風呂にドボン、全部スケルトン、総重量2トン、1階はルイ・ヴィトン。ゴールドジムみたいにね。人身売買を連想させるって駄目出されるか、これは既にモダンアートだ、なんつって大成功するか。いずれにせよ、ホットヨガのスタジオはもうちょっとクリーンナップに力入れるべきでしょうかね。Tabooの女性アーティストがみんな言ってましたよ。とさて、いよいよ7月に入りまして、寝苦しいのもここに極まれり。アタシみたいにもう寝苦しいぐらいならいっそね、夜通し歩き回って、気が付いたらどっかで寝てるわ、みたいな野良犬には昴ぶりな季節。ちなみに、英語で「dog days」ってのは真夏日のことで、犬の記念日とかじゃありません。ハチ公すまんね、

「good days」じゃなくて。忠誠心あり、舌はザラザラ、吠える時は吠える、猫の存在なんか知らねえ。日本ジャズ界の犬畜生、私、菊地成孔がお送りいたします。「菊地成孔の粋な夜電波」。本日は「寝るか寝ないか丁半博打。ジャズのクールってちょっと面倒臭え」と題しまして、久々の、そして突然やって来るジャズ・アティテュードでございます。それでは帝都東京は港区赤坂、力道山刺されたる街より、あなたの胸の奥の奥まで。もう外は明るいですな。徹夜明けの辛いんだか、清々しいんだかわからねえ、あの素敵な時間にぴったりの曲を取り揃えております。それでは今夜の一曲目はこちら。

Deangelo Silva
「Dois Mil e Jazz」
『Down River』
（Deangelo Silva）
所収

第371回（2018年7月7日）ジャズ・アティテュード

いつでもどんな映画も3D

はい、「菊地成孔の粋な夜電波」。ジャズミュージシャンの……そしてですね、最近はもうどんな映画もね、ハリウッドの特にVFX使った映画はみんな3D、2D、吹き替え版……なんか色々ありますけどね。もうこの歳になると、アタシなんか眼鏡、遠近両用なんで、上が遠いほう、下が近いほうなんですよ。なんで、映画行くでしょ。そうすと、まずは裸眼で観るわけ。あの（笑）……多くは眼鏡をかけ忘れてるんですけど（笑）。まず裸眼で観てて、途中でヤベえヤベえって思って……。あれですよ、3D用の眼鏡じゃないですよ。自分の眼鏡ですよ。てめえの眼鏡をヤバいヤバいって言ってかけると、飛び出して観えるんで（笑）、いつでも3D（笑）。気さえ抜けば、いつでもどんな映画も3Dな菊地成孔がお送りしております。

第371回（2018年7月7日）ジャズ・アティテュード

睡眠の効用

寝るのはいいことよ。夢にまで見たパット・メセニーの来日公演行って、一曲目から寝た人のどんだけ多いことかね。気持ち良過ぎんの、とにかく。始まったら、音はやわらかいわ、もうライル・メイズのピアノがキラキラしてて、もう寝るっていうね。気が付いたら寝てた。あのねえ、ブカレストのマイケル・ジャクソンのライブDVDなんか、ヤバいですよ。あのー（笑）、6時間ぐらい待ってんじゃない、あれ？　それで、もうぎっちぎちに入れて、バンドがバーンって鳴って、「キャー‼」とかって、もう待たせて待たせて、マイケルがなかなか出てこない。で、10分くらい引っ張って、もう10分引っ張って、最後にドカーン‼っつって、床からマイケルが飛び出てきた瞬間に3000人くらい失神してますからね（笑）。一音も聴いてないっていう。その場でもう、搬送されてしまうわけね。あんな興奮、見たことない。だからまあまあ、寝たり気絶したりすることは悪い経験じゃないですよ。ゴダールの映画なんかほとんど寝てんだから、アタシは。何回も観れますしね（笑）。だから、夜電波聴きながら寝ちゃったよって、後からradikoタイムフリーでね、寝ちゃった分を補完していくっていうのも楽しいもんだと思いますよ。別の所でまた寝てね（笑）。

第371回（2018年7月7日）ジャズ・アティテュード

第372回前口上（緊急特集King & Prince）

※キンプリです!!

いやー、お暑うございます。あんま暑いんでね、冷房20度でかけっ放しにしてもう冬服ですよ、逆にね。あの、よく「逆に」って言葉を依存症みたいに頻発する方、いらっしゃいますよね。「あそこまで行っちゃえば逆に爽やかだよね、あの人も。逆に言えばね。でも逆に言えばそれって逆ってことだよね。だから逆に言えば」なんつって、もう何重否定してるのかわからないですけども（笑）。もうあんまり暑いからね、部屋を20度にしてセーターとか冬服着てるっていうのは〈「逆に」の中の「逆に」〉って言いましょうかね。「キング・オブ・逆に」って言いましょうかね。はい。「もうお前、自律神経をおかしくして自分でも何を言ってんのかわかんねえんだろうな？」なんてね、言われたとか言われないとか。汗腺がね、完全に閉まっちゃってね。あの……部屋の中が寒くてしょうがないんでね、今汗かくために首筋にホカロン貼りましたけどね。貼るホカロン、あれいいですね。貼るホカロン、塗るホカロン、呑むホカロンなんつってね（笑）。本当にやられてるだろ、神経？　なんつって、だんだん心配されてきたりなんかして（笑）。でもこの場合ね、やっぱり貼るホカロン……春ホカロン、夏ホカロンっていうのがシャレとしてはちったあ上ですよね。「ちったあ」ったってあの140文字ずつつぶやくやつじゃないですよ。「少しは」っていう意味ですけどね。まあ、自律神経がおかしくなってるんでしょうね。

まあ、しかし暑いですよ。ドバイに比べりゃ涼しいもんだなんてね、金持ち喧嘩せずとか言いますけどね。ドバイだけに金持ち喧嘩せずとか言いますけど、そんなもん上からですよね。実際にストリートは暑いのよ。もううんざりよ。でも、うんざりはいささか気持ちのいい感覚ですけどね。タチ悪いですね、人間っていうのはね。でもね、全然大丈夫ですね。この夏には希望があるんですね。希望の塊があるんですよ。今日はね、もう思い切って河岸変えてジャニーズ行ってみましょう。初めてじゃないですかね、この番組がジャニーズ・エンタテイメントさんのアイドルさんをスピンするってのはね。

先に断っておきますけどね、あの全国に何万人いるか予想もつかないですけどね、ティアラちゃんたちね。まあ眠れぬ夜も越えて一喜一憂、8月のドームツアーのプラチナチケットをファーストコールでゲットした皆さんも、できなかった皆さんもお疲れさまでした。アタシもコント55歳の堂々たるおっさんですけどね、まごうことなきティアラちゃんなんでね。本当っすよ。逆に言うとね、とかウザいこと言わないですよ。逆に言わないで真っ直ぐに言って、今、アタシのね、起きて意識がある時間(笑)……まあ起きてる時間ですね、使い道ですけどね、「少クラ」で1回だけ歌った「シンデレラガール」のフルコーラスと「Funk It Up」の、これも「少クラ」の録画ですけどね。あの王室コスチュームじゃなくて、ストリートファッションで歌った回あるじゃないですか。平野君がヤンキーファッションのやつ。あれをひたすら見続けることにまあ約50％ぐらい。あと、ファンの方がやってらっしゃるInstagramを読みふける、特にコメントですね、ことに30％ぐらい。で、あと20％が「Funk It Up」の振り付けのコピーなんで……。まあ、できないですけどね。これは後で言いますけどアタシ、ダンスに関しては仕事柄ね、そこそこやったり見たりもしますけど、今、世界で一番ですよ。興奮して盛っちゃってんじゃないですよ。冷静に言って世界一ですよ。マイケル・ジャクソン皇帝は、まあ畏れ多いにせよ、ブルーノ・マーズ、アッシャー……こういうのをはっきり超えてるんで。まあ、マイケル・ジャクソン超えってていうのはまだ没後10年未満、難しいところがありますけどね、神格にいますから。でもまあアッシャー、ブルーノ・マーズ、ああいうアメリカのオーバーグラウンダーのダンス、あるいは最近のK-POPもすげえ、日本のアイドルのダンスは掌をヒラヒラさせて熊川哲也さんみたいだ……まあ熊川哲也さんがどうこうじゃないんですけど、もうそんな時代ははっきりと終わりましたからね。革命が起こりました、本当に。だってわかんないんだもん。スロー再生しても、どうやって動いているのか。でもすごいってことだけはわかるわけ。マイケル初めて見た時や、チャーリー・パーカーを初めて聴いた時とまったく一緒‼

と、まあつい興奮してしまいましたけどね。これで、要するに全部合わせて50％、30％、20％。キンプリで100％ですよ、100％ですよ。完全無欠の♂《おす》ティアラちゃんでしょう、これね。チケット手に入れた皆さんはね、そういうわけでアタシの分まで楽しんでね、そしてすべてのティアラちゃんを代表して愛をね、届けていただきたい。もうね、最近アタシが夜中に一人で泣く時間、もうコント55歳にもなるとですね、一人で夜中にさめざめと泣くなんちゅうこともなくなってきました。もう何て言うんですかね？　どうでもいいやっていう年齢になってきたんですけどね（笑）。キンプリのファンの方のインスタのコメント欄を読む時だけはね、もう滂沱の涙ですよ。特にBBA自認の方ね。あっ大丈夫ですよ。この番組の普通のリスナーはもうそろそろ全員寝てるんで、何を言っているのかわからないから。番組開始からここまでジャニ専以外の人ほぼほぼ全員寝るように仕向けてますからね、アタシがね（笑）。

ティアラちゃんだけ。特にBBA自認の方ですね。アタシはもうGGEですからね。皆さんおっしゃるの。「人生、色んなことがあった。でも生きてた甲斐があった」。ハッシュタグの使い方なんてね、もうこの歳になりますってえと、まあ面白いけどね、ああいうもんは若い人のやることとで、もうそこそこでいいやなんて思うんすけどね。とあるチケット取れた方曰くね、まずバーンとチケットの写真が載せてあって、で、そっからコメントが書いてあるんですけど、「これまで人生色々あった……」って。で、ここでもうハッシュタグが入って、「#バツ2 #シングル #andmore」。これは「#andmore」ちゅうのは他にもいっぱい人生に艱難辛苦があったっていうことでしょう、女として生きてきて。まあ「#バツ2 #シングル #andmore」。最後の「#andmore」はハッシュタグとしておかしいですけどね、独立したハッシュタグ、でもね、もう超えてるの。で、迫ってくるわけ、ハッシュタグが。で、ハッシュタグを抜けてからまた戻ってくんですよ、コメントに。真ん中にこう、サンドイッチの具みたいにハッシュタグが挟まってるんですけど。で、「これでまた生きていける。生きててよかった」っていうね。もうハッシュタグの斬新な使い方にして涙腺が爆発するっていうね。信仰告白だけが持つ力ってもんがあるんですよ。

まあまあ、年齢的にはちょっとわかりません。BBAなんておっしゃってますけど、アタシから見たらお嬢さんですよ。だからもうお嬢さん、ハッシュタグ足させてください。「＃バチカン　＃メッカ　＃サンティアゴ・デ・コンポステーラ」。サンティアゴ・デ・コンポステーラはね、スペインの聖地ですけどね、キリスト教徒の。フランスの北のほうからね、スペインに抜けていくコースなんですけど。ブニュエルの『銀河』っていう映画はね、そのサンティアゴ・デ・コンポステーラに向かっていく巡礼路で……駄目だ、これじゃあジャニ専の方も全員寝ちゃうね（笑）。

とにかくね、今から屁理屈だの能書きだの言いますけどね、これ仕事柄なんで許してやってください。一応番組の数字はいいみたいなんで。そうそうそう、結果が出ました。もう前口上で言っちゃいましょう。結果が出ましたよ。同時間帯で1位でした。はい、おめでとうございます。TBSの皆さん、おめでとうございます。次こそ落としますよ（笑）。次こそ、もう古谷さんも誰も呼ばないんだから。次こそもうアタシが一人でやって、今日のこのぐらいのアベレージでやって落とします、数字。宣言しておきますね。予告ホームランじゃないっていう、予告ファールを宣言していくっていう（笑）、TBSを愛しているのか愛していないのかって、愛してますよ、もちろん。こんな愛もあるんだということでね。つうか、もう飽きたね、同時間帯1位は。飽きちゃったもう。だって何やったってっていうか、頑張ってますよ、毎週、それなりに。でも1位……ですからね。まあ次、本当に試しにですよ、試しに一人で……スペシャルウィークって企画書を上に出さなきゃいけないんだよね、編成に。今週はこんなことやりますよって。だから今週は一人でやりますよっていう企画書を出していただいて（笑）、まあ上の方に「なんだ、こいつ？」みたいな感じで。「でもまあ、ここんとこ成績良さそうだからやらせてみようか」みたいな感じで一人でやって。で、そうですね、2位じゃあ駄目ですよね。4位以下に転落しなきゃこれ、意味がないですから（笑）。予告ファールとしては。4位以下に転落してみせようと思いますけども、まあまあえらい横道にそれましたけど。とにかくね、一応番組の数字はいいみたいなんで、今日もたくさんの方が聴いてらっしゃるでしょう。少しでもね、アタシのような♂ティアラちゃんが増えてくれればいいな、よかれと。

キンプリをご存知ない方はキンプリと聞いたら何でしょうかね？　略語だっていうのは阿吽でわかるとしてね、今だったらそうさな、それこそInstagramで身体鍛えてる画像をね、マンもウーマンも出す季節ですから。「筋肉がプリッと」とかね、あるいは「金色のプリティー」とかね。これ、ある意味どっちも正解なんですけどね。「あ、わかった。King & Princessでしょ」ってこれがニアミスですね。NGワードですね。正解は「King & Prince」でございます。「王と王子」っていう。まあ、誰でも知ってる単語ですけどね、意外と並ばないですよね。特にアイドルグループの名前だとしたらですよ、だって二世代だもんね。全員10代でKing & Princeっつったらどっちか老けてなきゃいけないからね（笑）。よく考えるとおかしいんだけど、でもこういう「あれ、ちょっと不自然なんだけどな。でも行っちゃえ」っていう時にゴッドアングルが生み出されるエネルギー体というかね、とんでもない大当たりを出すんですね。この5月にデビューしまして、これはジャニーズ事務所が4年ぶりでデビューさせた新人グループなんです。

皆さん、このぐらいはご存知でしょう。ジャニーズに興味ない方もご存知だと思いますけど、コント55歳のアタシですら知ってるわけですからね。ジャズ屋のアタシですら知っているわけですけども。ジュニアっていう……千原さんじゃないですよ、ジュニアっていうね、層があって、そこから行けるとなるとデビューするんですけど、ここ4年デビューがなかったんですよ。で、4年ぶりでデビューさせた、満を持しまくってデビューさせた新人グループなんですけど。まあ、今のところね、デビューしたばっかりで、もう昔の言葉で言うとフェノメノンっていうか、現象が起きてるから、数の推移は激しいですけど、9月に入るまでには60万枚行くでしょうね。もう今のこの時期、60万枚行くっていうのがどんなことかは、どんな音楽ファンの方でもおわかりでしょう。不祥事の話はね、ジャニーさんだって気い悪いでしょうからグダグダ言いませんよ。平成ジャニーズのグループはもう辞めたりモメたり多かったですしね。そこに持ってきてトドメにあのTOKIOのね、あの方がね……まあまあ、まあまあまあ、でもキンプリのデビューで全部ツケ払って釣りが何億だかわかんないっていう状況なんですよ、今。もう一回言うけどね、アタシがいくらダンスに興味があるからっつって、ポップミュージックに興味があるからっつって、1曲をもう1000回近く見てるの。それで、だって1000回近く見て、そんででですよ、何してるかまだわかんないんだもん。音楽はわかりますよ。一応、専門ですからね。ダンスの話ね。マイケルのデビューの時とね、まったく同じ感覚。あと、あえてもう一回言うけど、チャーリー・パーカーを初めて聴いた時とまったく一緒。何してるかまったくわかんない、早過ぎて。でも、歴史が変わるぐらいすごいっていうことだけは伝わってくんですよ。どうやったらあんな体重移動ができるの？　ただザッザッて前に歩いてるだけなのに。足の裏に無重力……重力を消す装置が付いてるとしか思えない、もう。何か跳ねてるんですよね、きっと。普通、ステップで大きく体重を前に出す時っていうのは踏み込まなきゃいけないから、勢い足が上がるんですけど、数センチの高さで体重かけて前に移動できるんですよね。すごいスキルだと思うんですけど。

もうね全員——6人組ですけど——全員に無重力装置とあと加速装置が付いているとしか思えないです。ダンスすげーって言うと、激しく踊るんだろどうせ、とか思って頭の中にEXILE TRIBE系のね、三代目さんとかのずーっと踊ってるのを想像する方がいると思うんですけど、全然違うんですよ。あのね、踊ってない時間と、ものすごい速度で踊ってる時間が混在してるの。倍速、2倍速、ハーフ、ハーフ・アンド・ハーフ。要するに1、2、3、(倍速で) 1、2、3、4、1、2、3、4、(さらに倍速で) 1、2、3、4、1、2、3、4っていう、そのカウントの細かさが2倍分あって、なおかつ普通にダラーッとしてる時間もあるんですよ。それがカシャッカシャッて、もうね、コント55歳ですから譬えが昭和ですけどね、『サイボーグ009』ですよね。奥歯をカチッと噛むと加速装置でピュッと飛んでいくっていうね。あれじゃないかなっていうね。

もう嘘だと思ったら、今日もう番組聴かなくていいですよ。1位なんだから。もう放っといたって1位なんだから。だから、まあ聴きながらでもどっちでもいいかな。ヒップホップ、ワールドミュージック、EDM、K-POP、48グループさんたちの非常にコンテンポラリーダンスなんかも取り入れた優れた群舞、Perfume相変わらずすごい。まあ、なんでもいいですよ。歌とダンス、ポップミュージックとダンスということに興味がある方は、アタシに騙されたと思って、「ええーっ、ジャニーズ?」とかね、先入観あってまあしょうがないですよね、今は。「ええーっ、K-POP?」「ええーっ、ジャニーズ?」「ええーっ、ジャズ?」っていう時代ですからね。だからまあそれはしょうがない、仕方がないんだけど。まあ、ここはしとつ!! アタシに騙されたと思って「キンプリ　シンデレラガール」「キンプリ Funk It Up」で検索しといてくださいね。それで戦慄してください。

じゃあ、行きますよ行きますよ。「シンデレラガール」から行くから、検索して。それで動画のほうの音を消して、今からアタシがプレイするのと一緒に再生ボタン……無理だよ、そんなこと（笑）。なんで、なんとなくシンクロは味わえないんだけど、

まあまあまあ、そういうわけで本日の1曲目はこちらです。本日は緊急特集 King & Prince ですね。キンプリ特集ということで、ジャニーズ事務所の4年ぶりに出た新人 King & Prince で「シンデレラガール」。

King & Prince「シンデレラガール」『シンデレラガール』（Johnnys' Universe）所収

第372回（2018年7月14日）緊急特集 King & Prince

お姫様たちの信仰告白——解説「シンデレラガール」

※キンプリです!!

とにかくね、先ほども申し上げましたけども、音楽がもう人をギリギリで生かす——何て言うんですかね？　救援物資というか、日々の米というかね、まあ米がない時代もありますからね、米が贅沢な時代もありました——まあ、そういうようなものになる時代と、音楽が美術嗜好品みたいにね、「まあ、琳派の中でもこれはちょっと外れた感じのね、猫だよね」なんつって、教養、趣味で典雅に語られる時代とどっちが幸福な時代か、我々は考えていくべきですよね。考えていくっていうか、答えは出てるんだよね。それはつまり、今が幸福かどうかっていうことと関わってくるわけですね。

我々は今、21世紀の20年代を迎えようとしているわけですよね。どんな世紀も１００年。映画と同じでね、最初の５分でわかっちゃうのね、この先、どうなるかっちゅうのは。まあまあ、わかりますよね。20世紀はどんなだったかっちゅうと、残念ながらもうのっけからわかっちゃった。戦争の世紀だって。戦争でボロボロになって立ち上がる。これをもう繰り返していくんだな、１００年。実際にそうなりました。一次大戦が終わってすぐのローリング・トゥエンティーズなんてね、20世紀最大の祭りの10年間ですよ、あれ。世界恐慌の30年代も二次大戦の40年代も、アメリカが名実ともに今のアメリカに生まれ変わる50年代もサマー・オブ・ラブの60年代も、何年代も羨むゴールデンエイジですよ、1920年代っていうのは。

ところが、幾星霜ですよ。今は戦争一個するにももう複雑で難儀なね、テロとかね、内紛とかそういうことは増えましたけど、世界大戦なんちゅうことはもう……世界大戦までいかなくても局地戦ですら、複雑で難儀な時代になっちゃって。もう20世紀っていうのは神様も殺しちゃって、かと言って科学主義も行き詰まっちゃって、もうどうすんの？　っていうね。オリンピックでアップセットなんて本気で信じてる人いるかね？　まあいるでしょうな。民主党が政権取った時、本気で日本が変わると思ってたタクシーの運転手さん、いたもん。アタシが乗った時に「もうこれから日本変わりますよ。鳩山さんになったら」っつって。結果このありさまですよね。まあ、政治的なことは言わない番組ですから、このありさま程度にしておきますけど（笑）。アタシ、どっちかっていうと弟のほうが好きだな、っていう程度にしておきますけどね、鳩山ブラザーズに関してはね。

まあ、民は愚かなものだとは言いませんよ。愚かさなら失礼ながら負けちゃいないですよアタシも。ただね、もうこの今はローリング・トゥエンティーズを迎えようとしてるのよ。まあ、20世紀をなぞるならとしますよ、そうした場合ですけどもね。21世紀のローリング・トゥエンティーズが来るのかどうかっていうところですね。今、その下準備ですよね。もうちょっとで来ます。

でも、はっきりしてることは結局ね、20世紀の末の結論として、「人間っていうのは宗教と科学と戦争をやる素晴らしい生き物だ」ということですよ。この三つをやるんです。やらないと成り立たないんで。宗教はもう終わった、科学主義はもう終わった、戦争はもう終わったって言ったって、終わんないですよ。人間この三つをやるんだから。だからもう、アタシねえ、今日はもう前口上で最初に30分近くしゃべりましたけどね（笑）、何つったらいいの？　面白がって盛ってるわけじゃないんでね。とにかくキンプリの動画見るのに、起きてる時間のうち半分使ってますからね。で、30％はそういうものを上げてるInstagramのコメント欄を読んで、あとの20％はダンスのコピーしようと思ってね。

とにかくね、毎夜毎夜の信仰告白に涙が止まんないし、鰯の頭も信心からと言いますよね。だから何信じたっていいですよ、そりゃあ。って言うか、21世紀をもし平和の世紀にしたいんだとしたら、道は一個ですよね。異教徒を愛するしかないです。異教徒がどうしても気持ち悪かったり、異教徒をどうしても許せなかったりすることが、すべての紛争、戦争の始まりですよ。まあ戦争をね、外交の激化した一形態だとか、経済問題に換言する人もいますよね。頭のいい方が考えてるんですから、その考え方が何もかも１００％間違ってるんだとは言いません。言いませんけど、アタシが思うに異教徒と仲良くできさえすれば平和は成立するんですよ。

で、今はその流れにあるんだよね。男の人でさ、50を過ぎて結婚してなくてさ、別にディスってるわけじゃないよ、別にそれが何だってわけじゃないけど、例えば童貞の方で、それでもうアイドルに命を捧げてるっていう方がいるとしても、それはさ、20世紀後半では、「まあ、いいいんじゃないの。そういう生き方も」っていう形で、気持ちの悪い異教徒とはもう誰も思わない時代にまで来ましたよね。

なんだけど、まだまだやっぱりね。これは本当にがっちりやるとフェミニズムの話になっちゃうんで。まあ、田嶋陽子先生が来ても機嫌取って可愛がって帰らせる自信ありますけどね。ただ、もっとハードコアな……上野千鶴子さんが来たら、さすがのアタシも可愛がってくすぐってニコニコさせる自信あるかって言われると、ないですからね（笑）。ガチフェミニズムの話はできませんけど。

ただね、女性で色んなものに信心があって、それで可処分所得全部使っちゃうっていう人たちが、「えっ、なんであの人、あんなものに金を払うの?」っていうふうにならない時代になってきてることは確かなの。それはね、すごいウーマンパワーで僕は素晴らしいと思ってんですよ。ガラにもなく「僕は」とか興奮のあまり、加山雄三さんみたいなこと言っちゃいましたけどね（笑）。「ぼかあ、君といる時が一番幸せなんだ」って（笑）。光進丸もね……笑いながら言っちゃ申し訳ないですけど、ああいうことになっちゃって。そんでこの間、長い11時間の歌番組見たら、加山雄三さんがね、光進丸無き後、豪華客船の前で歌わされたりなんかして。なんかちょっと目がトロンとしてたのがちょっともう……。加山雄三さんが立ち直る時間を待ちますけどね。まあ、それはともかく、キンプリにアガり過ぎちゃって話があまりにもあっちゃこっちゃですけど。

若い女性同士がね、ＯＬさんとかとにかくなんでもいいや、働いて可処分所得が生じる、と。そうすると、それを何かに全部費やしちゃう、と。「ええっ、K-POPに費やすなんて信じられない。どこがいいの、韓国のポップスが?」とは今言わないですよ。同じ信心を持つ者同士だよね！っていう連帯が生まれてるの。それがまあ、『浪費図鑑』ですよね。僕、あの編集した人たち、番組に呼びたいんだけど。まあ、やりすぎだなと思って呼ぶのを我慢してますけど。あれが一つの何て言うのかな……、結局、資本主義の輪から、市場主義経済から出てねえよって言われれば、出てないんだけども。少なくとも市場主義経済を完全に壊したとはとても言えませんよ、言えませんけど、フェミニズム、市場経済、アイドルってなると、韓国のほうが日本よりずっとシリアスで……。今日、完全な放談だな（苦笑）。でもまあいいや、放談で。

ちょっと前に、韓流最高会議でも話題になりましたけどね。若い女性が、要するに男性アイドルを消費してることに――つまり消費するというのは、お金で買うということですけども――罪悪感があるんだと。あたしは愛したいのに消費してしまっている、愛したいのに消費するしかないっていう……。こんなもん、原理的に考えたらもうどん詰まりじゃないですか。穴態ですよね。もう逃れらんない。だけど、悩みが穴態に入っちゃう人いるからね。で、他ならぬそのことを自分のラジオ番組で相談に乗ってくれるアイドルがいるから、その話をする。そして、その相談にガチで現役のアイドルが答える、っていうハードコアなシリアス関係もありました。まあ、それをやってたのがね、自殺しちゃったSHINeeの子だけどさ。

とは言え、シリアスな問題……日本より遙かにシリアスですよ、「買ってんだ、自分たちは」って思うことに罪悪感を覚えるっていうのは。でもまあ、大韓民国のシリアスさとね、ウチらのシリアスさは同一線上では比べられませんから。今、我々が「消費してしまっている」と思うことに罪悪感を持つなんてことはないじゃないですか。「もうお布施なんだから景気よく払いましょうよ」っていうことのほうが、遙かに穏やかかっていうかさ、たおやかっていうかさ、健康的なことですよね。まあ、グッズ買ったりするのに「お布施が高い」とかっていう言い方なんかは、実際のところ90年代からあったと思うんですよ。

だけど、今もっとね、全部を捧げちゃうんだもん。だから出家してるのと同じよね。で、それがね、若い子たちの間でそうなってる。そして、さっき言った平和の唯一のｗａｙだけど、ウェイ・トゥ・平和ですけど、昔の日本はね――昔の日本っつったって江戸時代なんて知ってるわけじゃないですけど、まあ昭和40年代ぐらいまでの日本はですよ――あっちのお隣さんは仏教で、こっちは中途半端で、こっちは大体向こう三軒両隣みんな神棚と仏壇があって、祖霊崇拝があって、神棚にもパンパンって手を合わせて。それでまあ、いい加減に曖昧に神頼みでやってて、キリスト教のお宅なんかもあったりなんかして。まだ昭和40年代だとイスラム教のお宅はあんまりなかったですけど、まあ今だとあるかもしれないね。そういう、向こう三軒両隣、皆さん信じるもんが違ってても、まあなんとなく醤油の貸し借りとかしてた時代もあったわけですよね。

それがなんかこう、ガッガツしてきちゃって、ピリついちゃって。で、まあそうですね、90年代あたりからですけど、趣味がこれだっていうことがその人のアイデンティティになっちゃうから、自分が認めたくない何かを認めてる人ってのは、もう邪魔になっちゃうんで。斜に構えてクールに見せてるけど、戦争に一番原理的に近い状態ですよね。レイシストですよ!! だから「あんなの聴いてんの?」とかさ、「あんなの好きなの?」とか、「えっ、ＥＤＭ聴くわけ?」とかってなってくるわけよ、だんだん。「ジャズとか聴くわけ?」とか。まあ、ジャズはね、なんか今変な、儲からない代わりに尊敬されるっていう訳わかんないところにいるんで(笑)。ま、何て言うんですかね、「尊敬してやる代わりに金は落とさない」っていう残酷な立場にいるんで、まあ悪くは言われないですよね。悪く言われるぐらいのほうが華ですよね。「あんなもん！」とか言われたほうが華なんだけど、だんだんみんな言わなくなってきたの。

それよりも、もう自分が生きるために、もう命がけで働いてそのお金を全部費やして。それでしかもですよ、ライブには綺麗にして行くんだと。それはもう失礼だから、アーティストさんに。向こうからこっちが見えてるか、それはもうはなはだ……ですよね。ですけど、だからって言って「お金払っちゃったんで、ボサボサの髪で化粧っ気なく行く」っていうわけにいかない。もう「愛する人に会いに行くんだから、綺麗な格好して行くんだ」って、そっちにも金がかかりますよ。っていうふうな感じで、やっぱ女性ならではの感覚があって、連帯してくわけね。

で、話は戻りますけど、それはもう若い子ならいいでしょう。でも、じゃあお母様になっちゃったら、可処分所得がどこから生まれるんですかね？　バイトですかね？　レジ打ちですか？　またちょっと色々と話の位相が変わってきます。で、まあそれと別に、まあまあそもそもお子様もいらして、ご主人もいらして、それでアイドルにハマっちゃって……っていうことが、昔だったら、ちょっと前はね、よしんばそういう人がたくさんいる、実際にいるんだっていうことが現実だとしても、アンダーグラウンドだったわけですよ。良くも悪くもね。やっちゃいけないことだったでしょ。

で、これをね、もうオーバーグラウンドに引き上げないといけないの。誰が引き上げるか？　ジャニーズ事務所が引き上げるしかないですよね。あと、誰が引き上げてくれる？　今日、本当にとりとめないですけど。テーマがはっきりしてるだけで、話自体はアッチャコッチャですけど（笑）。さっき言った、そのもう壮年の女性が……ガキ、旦那付きで、「よっぽど暇と金があるから追っかけできるんだよね」とかね、あるいはもう「駄目母ちゃんだ。娘、旦那置きっ放しで遊びに行っちゃって」って言われてた時代が長かったわけよ。実際にそういうお母様いたからね。だけど、これをやっぱり正式にマーケットに認定しないといけないわけ。これをマーケット操作だとか、市場拡大だとか言って、中壮年女性に向けてやることを、金儲けだと一刀両断で切って落とすような人間はね、ロクな死に方しないですよ、本当に。

これは一つの救いなわけよ。あのね、そのことが伝わってくるの、とにかく。Instagramのコメントを読むことによって（笑）。もうどんなに女の人が一人で、あるいは複数でもいいけど、生きてくのは大変なのか。まあ、誰だって大変ですよ。楽々と生きてる奴なんか一人もいないね。アタシも大変です。ですけども、これはね、フェミニズムの問題でもあるの。

あのね、「シンデレラガール」の一番ヤバいところ。まあまあ、タレントがKing & Princeだ、当然これはデビュー曲が王様と王子様の混成軍なんだから。一番人気と言っていいのかな？

――これも、うっかりしたことを言うとティアラちゃんに怒られちゃうからな。ティアラちゃんって、ファンのことをティアラちゃんって呼ぶんだけどね――平野紫耀《ひらのしょう》君っていう子がいて。まあ、ダンスがものすごいんですけど。結構筋肉が……何て言うか、久しぶりに出た野獣派っていうか、結構ビースト系な感じで。韓国アイドルは日本人のナヨッとしたのが欲しくて、日本のアイドルはやっぱり軍役、兵役に行った人のような身体が欲しいっていう話は、韓流最高会議でずっと言ってきたことだけどね。それのまあ、結構あからさまな発露ですけどね。で、その筋肉美みたいなものを愛でる壮年の女性たちに地下化してもらいたくない、地上化してもらいたい。
King & Prince だから当然、これはデビュー曲は「シンデレラ」でいいだろう。「シンデレラ姫」っつったらもう「ガラスの靴」「12時には帰る」「その美しさが最初はわかんなかったけど、王子様にだけはわかったよ」という、この三つはポップミュージックとしては当然押さえなきゃいけない要素ですよね。そんなもん楽勝で押さえてますよ。でもそこね、もういいの。どこがヤバいかっちゅうと、ちょっとここはキュルキュルとするんで、一回止めておいていただきたいんですけども。

（♪ King & Prince「シンデレラガール」）

あ、止めなくていいわ。最初は「どんなときもずっとそばで」っていうね。で、ターンして……まあ、この辺りからヤバいよね。でね、（「♪魔法が解ける日が来たって」）魔法が解ける日が来んのよ。で、これがいつ来るかっていうと、加齢して歳を取ったから来るわけ。で、来てもね……ここよ（「♪いつになってもいくつになっても」）。シンデレラの物語に「いつになってもいくつになっても」はインストール、ないよね？ ないでしょ？ 「12時に帰る」とかさっき言ったようなことがシンデレラのテンプレじゃないですか。
なんですけど、ここが一番重要です、やっぱり。こんなこと言うだけ野暮ですけどね。だって「いつになっても」っていう言葉自体はさあ、魔法が解ける日が来ても、っていう意味よね。これは普通だ。歌の歌詞とした場合ね、「いつになっても」っていう言葉は尋常だ。ね？ 尋常ならざるのは「いつになっても」が前置文で、役割があるのよ。じゃあ、なんのためにあるのか？「いくつになっても」っていう言葉に変わるからなのよね。で、「君がいくつになっても」っていうアイドルソング、今までありました？「私がオバさんになっても」っていう歌はありましたよ。だけど、あれは女性のほうからのやや自虐的なパロディーであって、森高千里さんの知的なセンスでしょ、少しツイストした。ド直球の歌で「君がいくつになっても」ってなかなかね。それこそ加山さんの「君といつまでも」以来でしょ？今は「いくつ」っていう言葉自体で、もう痛いって思う女性だっているんだから。

だから、これをさり気なく入れてるんだけど、「いつになっても」が来てるでしょう。今、アタシマイクの脇にある台本の紙に書いてますよ。「いつになっても」。で、「いくつになっても」。これね、サラッと歌っちゃってるのと、ここまでの音がすご過ぎるのと、全員が素敵過ぎることによってあんま気が付かないんだけど、冷静に取り出したら意外とエグいですよ。「いつになっても　いくつになっても」っていうのは。これはなかなか入れられない。

なんとかして、「壮年の人まで目配せしてますよ、壮年の人まで守備範囲に入ってますよ」ということを明言しましょうと。「明言はしないけど、向こうが勝手に買ってくれる」っていう状況が長かったですよね。「アンダーグラウンドに置いといてすみませんでした。今日からオーバーグラウンドに置きますよ」っていう宣言なわけよ、これは。

作詞作曲は当然チームで発注されるよね。まあ、この曲の作詞作曲がどなたかってことは言いませんけど。まあ相当デッカいプロジェクトで。物の本というか風の噂によると、デビュー曲はもう60曲のコンペの中から選ばれたって言われてますけど。まあ、ミッションとしては絶対ありますよ。一つは、「お姫様であること」。もう一つは、「壮年まで入ってるってことをさり気なく入れるんだということ」。作曲家はさあ、その点においてはね、気楽だけど、作詞家にとってはもうその技術の試されどころじゃないですか。どうやって入れるのか、その言葉を。まあ、それがいちばん上手くいったのが「シンデレラガール」でしょう。本当に見事ですよ。他の曲……今日は「Funk It Up」も聴こうと思ったけど、興奮してしゃべり過ぎちゃって（笑）、時間がないから聴けなくなっちゃったけど（笑）。「シンデレラガール」にはそれが入ってるの。歴史を変える歌だと思いますよ。ジャニーズ事務所の歴史も変えるだろうし、日本のポップスのマーケティングの配置図もね、大きく革命的に変えるとは言わないけど、やっぱり変えますよ、これ。だからそれがね、一個の音、「いつになっても　いくつになっても」の「く」が入ったことによって、ある大きな革命が生じたっていうことに着目していただきたいですね。ティアラちゃんはもうそんな余計なことを考えなくてもいいですけど（笑）。

というう話ですよね。ええもう、今、興奮してますけど（笑）。まだ止まらないですよ、とにかく。キンプリの話始めたら、まあそうですね……ブチ抜きで2ヵ月ね（笑）。ブチ抜きで2ヵ月キンプリの話をしようにも、CDが今のところ3曲しか出てないから。3曲グルグル回しながら、毎週毎週キンプリの話してる人ということで、ある意味局地的に有名になってしまう可能性がありますからね（笑）。

というわけで、CM行かなきゃ（笑）。2回目のCMも行ってないもん。同時間帯1位にはすっかりクールなオレですけど、キンプリには取り乱してしまいました（笑）。というわけで、3曲かける予定だったんですけど（笑）、このままいくと一曲しかかけられないんで、今日は

「シンデレラガール」だけってことですね。あとは動画サイトでお楽しみくださいということで。一瞬待って、ちょっと待って、すぐキンプリの話に戻るから。だから「ちょっと待ってて」、CMです。

King & Prince「シンデレラガール」『シンデレラガール』（Johnnys' Universe）所収

第372回（2018年7月14日）緊急特集 King & Prince

第374回前口上

夏は危険な季節、なんてこたあ、とうの昔から知ってらあ。夏が来れば思い出す。「来れば」って言っても、ラップがガチで上手い、あの頭がキレるスターさんのことじゃないですよ。こんなお盆の前だっていうのに、人様の命がたくさん落ちるほどの強烈な自然の力。畏敬の念を抱くしかない。畏れ敬うことは、自分が祓い清められることにつながります。いやあ、それにしても。言葉にしちまえば、そうすなあ、お暑うございます。ところでご主人、女将さん、忘れてたことがあるんじゃないすかね？　えっ、何のこと？　いえ、アタシにもわかりません。ただ、思い出したはずです。たった今お聴きのこの曲で。Tommy McCook & The Supersonicsで、その名も「Real Cool」。涼しさが欲しいねえ。身体にも心にも。身体にばっか欲しがっちゃって、心が欲しがってるの忘れちまう。「忘却は羞恥や屈辱から生じる」とウィーンの医者が言ったとか、言わないとか。あなたにだって、死ぬほどの恥があったのでは？　あなたにも死ぬほどの悔しさがあったんじゃないすかね？　ってことは、あなたにも夢見たことがあったんじゃないすか？　「菊地成孔の粋な夜電波」と申します。お見知りおきを。何呑みます？とにかく氷は欠かせませんや。オン・ザ・ロックって言葉、ご存知でしょ？　え、ロックンロール？　違います違います。オン・ザ・ロック。あれは砕いた氷の上にあれやこれや旨い呑み物を乗っけるってことですからね。改めて考えると、ちょっと良い気分になりませんかな？　あら、まだ君憮然とした表情。可愛いよ。オレ、女の子のむくれた顔好きよ。何かきっと、忘れちまった思い出でもあるのね。てなわけで、帝都東京は港区赤坂、力道山刺されたる街よりお送りしております。夏バテたなら、寝ちまいましょうや。軽く踊ってから。この曲に合わせてね。とか言ってるうちに、この曲も終わり。本日の一曲目はこちらでございます。

Tommy McCook & The Supersonics「Real Cool」『Real Cool: The Jamaican King Of The Saxophone '66-'77』（Trojan Records）所収

第374回（2018年7月28日）フリースタイル

機械人間論

機械と自分ってのはバディっていうか、一対一ですよ。今やね、長沼なんかもね、すごいですよ。運転してるとね、「白山通り、南」とかって語り掛けてるわけ（笑）。うわって思って（笑）、何語り掛けてんの？　みたいなね。「上野近代美術館」とかって（笑）。今のは適当に言ってるだけですけど（笑）。何か言うんですよ、何言ってんのかなーって思ったら（笑）、語り掛けてんの、車に。車が応えるんですよね。で、そこに行くわけ……Siriじゃないですよ。車のほうで「はい、わかりました。長沼さん」って言うわけじゃないんですけど、僕には聞こえるんですよ、長沼の語り掛けだけで（笑）。「晴れたら空に豆まいて」とか言って（笑）、行くんですよ、車がピューって。だから、もう機械と自分は……何て言うか、バディでしょ。一緒のもんでしょ。

アタシなんかね、パソコンで原稿なんか書いてる時に……あれ何て言うんでしょ、クルクルクルクルってなっちゃって、いつまでたってもクルクルクルクルってなってて、全然戻ってくんない時に、恫喝しますからね（笑）。「お前、本当に叩き壊すぞ」っつって、ニヤニヤしながら軽く持ち上げたりして。「いいんだ、全部ぶっ飛んだって。中に入ってるのがおしいと思ってる？　何にもおしくないね」っつって。「本当に、こっから、窓から落とすから。もうオレパクられてもいいから、壊すぞ、本当に」って言うと、戻りますからね。ピッって。「すいません」みたいな感じで。そんで、原稿書けますから。だから、やっぱり『人間機械論』ノーバート・ウィーナー（笑）。どうでもいいんですけど。まあ、そんなつもりでね、機械と付き合うといいと思うんですよ。だからアタシ、機械も生き物だと思ってます、本当に。だから、スマホなんて大変なプレイボーイで、ものすごい、なんかヤクの売人みたいな奴ですよね。みんなを全部依存させて、自分に。「お前ら、オレなしじゃ生きていけねえだろ。ヘッヘッ」みたいな感じですよね（笑）。相当なタマですよ、あれは、奴さんは。だからマズイなと思って、付き合わないですけどね。

時計なんかもね、「ちょっと、もうちょっとゆっくり行ってくんない？」とか思うとね、ちょっと秒針が遅くなったりしますよ（笑）、気持ち込めれば。あとね、アタシは筋トレするんで、プランクとかいって、腕立て伏せの格好でピタッと止まったりすんのね。で、「もうちょっと速く、あと5秒だから速く行ってくれ、速く行ってくれ」とか思うと、ちょっと秒針が「じゃ、そうっすか。参ったなあ……今だけっすよ」みたいな感じで、ちょっと速く動いて（笑）。あと5、4、3、2、1が、ちょっと速く動いたりするんですよ。本当に!!

ですから、やっぱ機械を自分が上手く操れないんじゃなくて、機械のほうに「もっとこう、ちゃっちゃと行ってよ」っていう、「元気出して」っていうね。機械を元気づける、機械の立場に立って（笑）。機械を元気づけて、機械にヨイショしてね。「お前、やっぱすごいね」みたいなね。「やっぱ便利だよ」みたいな感じで（笑）。

第376回前口上

1, 2, 3, the cool world's coming.
この時間にまだ歩き回って、三軒目を、あるいは三人目を、あるいは三時間目に、やっと役満がテンパった、つまりオイラの友達。お前がどれだけ今息苦しいか、今夜はオレが友達でもねえ奴らにまで教えてやろう。そいつらはロックが好きで、ロックの思い出の中で胸を焦がしてる。マンションの魚焼き器でサンマを焦がしてるみたいにな。オレたちが好むのは、マンションの一室の中で焦がされるサンマよりかは、圧倒的に共喰いだ。ペントハウスのバーで、飛んできたカラスに焼き鳥を喰わせる。激しいセックスをする。ゴキブリを餌にゴキブリを殺す。胸糞悪いゴキブリ取り、の面白そうに作られた言い訳のCMを見て黙ってる。バカとバカにやらせて、共倒れにさせる。激しいセックスをする。ハムでハムをサンドしたハムサンドイッチをアフタヌーンティーで。喰い終わった後、激しいセックスをする。それが終わった後、さらにお互いがお互いを喰いちぎるような激しいセックスをする。コックと泥棒、その愛人、これが共喰いだ。クールなサウンドとグルーヴで、あえて踊らない。アドリブのマイクが回る。ヴィンテージ・オープンリールが回る。あるいは、Ableton Liveのループ機能が回る。テーマの発音は「スィーム」というスノッブ君。洋行帰りの巻き舌が忌々しいのは、夜の寛大な心で許してやろう。なにせ、ちょっと油断したらもう日が昇る。悪魔祓いはそこで終わる。しかし、友よ。共喰いの友よ。バーノウ・ミアを知ってるかね？ 知らんかな？ えっ、ミア・ファロー？ さすがはオレの友達、センスいいじゃん。ローズマリーの赤ちゃん。ミアはたった今、アルトサックスを吹き出したスペイン人で、何歳だと思う？ 24歳。二階堂ふみ、広瀬アリス、羽生結弦、大谷翔平たちの同級生だ。よくジャズを頑張ったな、ミア。そして友よ。本当のことを言えば、ジャズなど知らんだろう？ だから教えてやろう。帝都東京は港区赤坂、力道山刺されたる街より、お前らが歩き回ってる、その道の上に向けて。今週はジャズ・アティテュード。夏ももう終わる。SMのような7月から、SFのような8月へ。今週の一曲目からそろそろ去ることにしよう。三限目、もしくは三人目を探しに。曲名は「La Bossa de l'Encarnació」。意味はわからない。

Vernau Mier「La Bossa de l'Encarnació」『Frisson Sextet』（Fresh Sound New Talent）所収

第376回（2018年8月11日）ジャズ・アティテュード

第377回前口上

1, 2, 3, 4, 5, oh, the cool world's coming soon.

それは、ヘッドフォンが鳥の羽と獣の骨で出来ていた頃のお話。モバイルフォンが獣の血と鮫の鰭《ひれ》で動いていた頃の話。電気がなく反重力の装置は呪術師の言葉によって起動して、ドローンは魔術で飛ぶ。インディオの勤めは神とのつながりではなく、恋愛と病気と労働。虹は不吉がられ、獣は敬われ、親は子の発狂をチェックし、子は親を殺したがる。戦争はすべて深夜から開戦し、日が昇ると停戦する。今と何にも変わんないじゃん。バーのカウンターでインスタグラマーの君が言う。アン・ハサウェイみたいに大きな口。胸の開いたジャン＝ポール・ゴルチエのドレス。ドライ・マティーニ。さっきの僕の精液の量とさほど変わんないよね。どっちも何杯呑んだの？　この半年でさ。この多層性の歴史のいつかに、今と全然違う世界があったんだろうか。僕がジャズを演奏しない、君が手錠でつながれて打ち上げられたシャチみたいにベッドで大暴れしない、そして胸がまったく痛まない歴史が。まあ、あったとしたって、どこにも逃げられやしないけどさ。そう、僕らはどこにも逃げられやしない。ブエノスアイレスまで行ったって、南極まで行ったって、モロッコまで行ったって、たかが距離がちょっと違うだけだ。新宿からだったら、横浜までと大差ない。ここはまあ、赤坂だけどね。昔、有名な英雄が刺されたそうだ。ラジオからイギリスの非現実的なジャズが流れてくる。力道山刺されたる街より。なるほどね。英雄の名前は力道山。イギリスのジャズマンの名前はショーン・カーン。対戦相手みたいな名前だ。ブラジルの魔法使い、エルメート・パスコアールが歴史を混乱させる魔法をかけるために、このアルバムに参加している。君は僕の股間に手をのせて摑もうとする。ひどい話だぜ。パスコアール、聞いてくれ。これって、ひどい話だろ？　というわけで「菊地成孔の粋な夜電波」、今週も先週に引き続き、ひどい話、ジャズ・アティテュードです。お相手は私、菊地成孔。ではそろそろ、一曲目から退場することにしましょう。

Sean Khan「Palmares Fantasy」『Palmares Fantasy』（Farou）所収

第377回（2018年8月18日）ジャズ・アティテュード

第378回前口上

1, 2, 3, 4, 5, 6, 7, the cool world's coming soon, soon, soon.

何？　お前さん、ジャズがやりてえ？　ああ、マンガ読んだな？　今じゃ、何でもマンガ、マンガ、マンガだ。そのうちホメロスの『オデュッセイア』も、ゴダールの『勝手にしやがれ』もマンガになるだろうよ。えっ、もうなってる？　あっはー！　そいつはブルーもジャイアントだ。いずれにせよ、およしなよ。カネにならねえし、今はヤクもねえし、大向こうは面倒臭えし。なにせ、自分が上手くいってるかどうか、自分でわかりづれえっていう恐ろしい世界なんだ。面倒臭えくせに、マニアの爺さんたち、アマキンつってね、演奏に甘え、熱演さえすりゃあ多少雑なことしても、しくじっても拍手が来ちまう。我ながら今良いこと言ったなって思っても、盛り上がってないで黙ってる時がある。しかも、奴らは悠々と座って、踊りゃあしねえ。ピーピングトム相手に小銭取って、セックスしてるようなもんだ。セックスはセックスで嫌いじゃねえが、人前でやるんなら、せめて拳闘ぐらいにしてもらいたいもんだ。そう、殴り合いの芸術だ。この曲演ってる奴らも同じだろうさ。ノルウェー人だけどな。ノルウェーに拳闘があるかどうかも知らねえが、バイキングの末裔ならそりゃ喧嘩も派手だろうよ。曲名なんて、お前、「悪魔の犬を撃つ」なんて、コケ威しにも程があんだろ？　まあ、仕方ねえ。

仕事でコペンハーゲンのジャズフェスに出た時、盛り上がらねえと撃ち殺されると思ったもんな。客がとにかく全員デカくてね。ヤケ糞になってバンド全員で大騒ぎしたら、客席が暴動みてえに盛り上がって、ステージにニシンが飛んできたよ。おいらは拳闘の足捌きでよけたけどな。顔に貼り付いちまったドラムスが少しずつ、少しずつ喰いながら演奏を続けて、全部喰い終わってからドラムセットを客席に投げつけたのには笑ったぜ。嫌な話だろ？　嫌な話だぜ。何だ、お前さん？　もう怖気づいちまったか？　何、ジャズをやるかどうかはこの番組を聴いて決める？　おかしいな？　もうこの番組、２週前からずっとジャズだぜ。えっ、ジャズだと思ってなかった？　じゃあ、一体全体お前さん、何をジャズだと思ってんだ？　言ってみな。言ってみなよ。言葉じゃなくてさ。ここ、どこだと思ってんだ？　力道山が刺された街だぜ。

というわけで、毎週のご愛顧ありがとうございます。「菊地成孔の粋な夜電波」本日は番組初、シリアル・ジャズ・アティテュード、嫌な話も三回目となります。早々にパーソネルをご紹介して、本日の一曲目から退避することとしましょう。２００６年、ノルウェーのNu Jazzバンド The Core で、「Shoot The Evil Dog」。ピアノ Erlend Slettevoll、ドラムス Espen Aalberg、ベース Steinar Raknes、テナーサックス Kjetil Moster、ギターは Nils Olav Johansen。発音が正しいかどうかは、まったくわかりません。それでは、引き続き北欧人の殴り合いをご堪能ください。

The Core「Shoot The Evil Dog」『Blue Sky』（Jazzaway）所収

第３７８回（２０１８年８月25日）ジャズ・アティテュード

死ぬ直前まで笑っていられれば、勝ち逃げ

アタシもね、昔ね、壊死性リンパ節炎って、奇病なんですけど、東京女子医大で戦後、成人男性で罹ったのはあんたが四人目だって言われた病気になって。でね、最初は何の病気かわかんなかったの。とにかくリンパが腫れ続けるんですけど。熱病でね。そんで……ユーモアで対応してるってことを最初に……こんなこと言うのも野暮ったいですけどね、不謹慎だとか言われるかもしれないけど。もうとにかく熱でフラフラなわけですよ。で、体重どんどん落ちてくし。ある時、お医者様が、全然病名がわかんないっていう状態で、「何だろこの熱病?」って時に、コンコンって病室入ってきて。その時、離婚した前の女房と一緒におりまして、えー、糟糠の妻でね、一生懸命看病してくれたんですけど……二人で病室にいて。そしたら、先生が入ってきて、なるべく冷静に、とにかく落ち着いてっていうバイブス出しながら、「大変申し上げづらいんですが、悪性リンパ腫の可能性があります。ステージも高い可能性があります」って言って、去ってったわけ。その時に……前の女房ってのは、ものすごい、アタシ以上にギャグが好きな女で、「これ、言っていいかなあ?」って、アタシに——こんなんなってフラフラになってるんですよ、ほぼほぼ意識飛んでるんですけど——「ねえねえこれさあ、言っていいかなあ……ガーン」って言って笑ったんですよね(笑)。それは駄目でしょうと思ったんで

すけど（笑）、つられて笑いましたけどね。笑う体力、残ってたんだ。って感じで（笑）。
　ままま、とにかくねえ、気を楽にして楽しくしてることが大切、本当に。ナチュラルキラー細胞とかっていわれて幾星霜ですけど、たぶん原始時代からそうですよ。気に病んじゃったら、もうおしまいですからね。死ぬ直前まで笑っていられれば、何て言うか、勝ち逃げですからね、結局ね。アタシもその時ね、前の女房がね、面白かったんですよ、とにかく。面白い話をしてくんの、とにかく。常に（笑）。あの……花火大会見たいっていう時にね、花火大会よく見えるからっつって、ベッドをグーって立てるわけ（笑）。立てて立てて、ちょうどいいっていうところ、これでちょうどよく見れるわってところから、さらに立てていくわけですよ。面白がって（笑）。で、グイーンって垂直になっちゃって（笑）、ちょっとこれ、角度急だよってとこまで立てたりするのね（笑）。で、ゲラゲラ笑ってるんですよ。アタシのほうは、悪性リンパ腫に比べたら遊びみたいなもんで、珍しいっていうだけの話ですけどね。何てことない……ステロイドの投与で治りましたけど。悪性リンパ腫もね、治って生還されてる方たくさんいる……今や死病じゃないですからね。打ち克ってください。

第378回（2018年8月25日）ジャズ・アティテュード

第379回前口上

はい、お暑うございます。というか、残暑お見舞い申し上げます。今日はもう残暑にぴったりのコンテンツでして、暑苦しいことこの上ないんですが、ノンストップシリーズです。一時間ノンストップで、一つのアーティストをDJスタイルで流し続けます。アタシはこの前説が終わると番組の最後まで登場いたしません。えー、皆さん、最近はテレビなど地上波ご覧になったりするでしょうか？　アタシはもうキンプリの録画をね、見るのが忙しくて、地上波もめっきりご無沙汰なんですけども、今年の8月15日ってのはどんな様子だったんでしょうね。毎年と変わらぬ終戦特集が組まれたりしていたのかしら。もうアタシなんかは、自分が岸君推しになってきたということの実感に……おーっとっと、政治家の岸信介さんのことじゃないすよ(笑)、岸君推しってのはね。何だか戦後処理みたいなニュアンスですけどね、「ワタシは岸君を推すよ」ってね(笑)。えーそれはともかく、アタシの実家は8月15日であろうと、12月25日であろうと、1月1日であろうと、毎日が終戦特集でした。親戚が一族郎党全員、アタシと愚兄を除くすべて一人残らずが太平洋戦争を経験しているからです。極端な経験が人を縛ることはアドラー心理学を持ちだすまでもなく一般論ですが、とにかく彼らは冠婚葬祭から始まり、特に何の用もない日まで、集まると必ず最後は太平洋戦争の話になったので、アタシはある意味、一族郎党から英才教育を受けていたのかもしれません。現在、彼らのほとんどは存命していません。彼らをとことん痛めつけたアメリカ合衆国が世界の最強国でなくなった、つまりアメリカのポテンツが折れた状態の大統領が、合衆国史上最もマッチョな男だというのは、男根主義の断末魔として図式的ですらあると言えるでしょう。70年代再現ものの映画として、ベスト1に輝くであろう傑作『バトル・オブ・ザ・セクシーズ』の中で、ジョディ・フォスターそっくりのエマ・ストーンは劇中の最悪漢である、全米テニス協会のトップであり、アメリカンマッチョの代表であるような男性におおよそこういうことを言います。「あなたが愛妻家の紳士であることは認めるわ。でもそれは、女がベッドと台所にいる限りにおいてよ。一度彼女たちが権利を主張すれば、あなたは硬化して絶対に許さない。あなたは根本的に女性を尊敬できない」。この台詞が我々の胸に突き刺さるのは普遍性でしょう。70年代の合衆国におけるウーマンリブ運動を描いているからこの台詞はこういう構図を取っただけで、支配に関するあらゆる構図はあらゆる時代の誰から誰にでも存在する人類の属性といえるでしょう。アタシはメールの交換や三次元でもどっちもありますけど、自称フェミニストや自称LGBTなどの被差別者、あるいは進歩主義者の女性を数多く知っていますが、彼女たちはおしなべて性欲丸出しでドラスティック、つまりおっさん化しています。自分の敵に同化するしかない状態というのは、戦況としてはかなり苦しいものだといえるでしょう。アタシはトランプと正恩のファンです。あれほど北朝鮮の代表に似た合衆国大統領はいないし、あれほど合衆国大統領に似た北朝鮮の総書記はいないからです。先代は喜び組だとかね、プリンセス天功さんが大好きでなかなか帰してくれなかったとか、童話に出てくる悪い王様みたいで可愛いもんでした。妹を愛し、常にクールな正恩は先進国のトップの面構えをしています。

本日ノンストップＤＪのスタイルでお送りするアーティストはDC/PRG。結成当時はDate Course Pentagon Royal Gardenという長い名前でした。日本のジャズバンドですので、さながらジャズ・アティテュード・ジャパンの番外篇という趣きですが、このバンドはアタシが作りました。１９９９年、未来は明るいものになるというオプティミズムが溢れた世界の中、アタシは英才教育の賜物か、戦争について考えていました。このバンドが結成され、最初のアルバムが録音され、レコ発のライブは２００１年の9月14日、あの同時多発テロの三日後でした。この番組がいつ始まったか？　アタシのあらゆる始まりにはほぼほぼ平穏がありません。合衆国軍がバグダッドに侵攻した年に一度活動を休止して、また再開し、現在も活動中のバンドです。現行メンバーの一人である小田朋美をサポートに擁するceroや、直近のENDRECHERIのアクトなど、国内に一部微弱な影響関係を持つだけで音楽的なマッピングが非常に困難、もしくは不可能なバンドであると自認しています。アタシのあらゆる活動にはほぼほぼ落ち着きのマッピングがなく、孤独がつきまとっています。

それでは、ご自宅の住宅環境、もしくはあなたの鼓膜のコンディションが許す限り、最大音量でお楽しみください。当番組の終戦特集として、本日はノンストップDC/PRG特集をお届けいたします。力道山刺されたる街、赤坂はＴＢＳラジオより。今後に起こる戦争はもう恐らく戦争とは呼ばれずに、テロだとか紛争だとか呼ばれるはずです。では戦争と呼ばれ得る、新たな戦争は一体どういった姿なのでしょうか。それはもうひょっとして、とっくに開戦し、泥仕合の様相を呈しているのかもしれません。しかし戦勝することへの恐れや恐怖を恥じてはいけない。それでは最後まで音楽の戦場をお楽しみください。

（♪　Date Course Pentagon Royal Garden「Catch 22」）

第379回（2018年9月1日）終戦特集ノンストップ DC/PRG

Date Course Pentagon Royal Garden「Catch 22」『ミュージカル・フロム・カオス』（Pヴァインレコード）所収

第380回前口上

ブエノス・ノーチェス。夜行性の人々へ。今夜もノンストップDJです。アタシはこの前説を終えると、番組の最後まで登場しません。最後までごゆっくりお楽しみください。今夜はアルコールと肉、パン、煙草、性行為を推奨させていただきます。できれば同時に。こういう時勢です。全裸のセルフポートレートを撮影しながら、お聴きになられては？　夜行性の人々へ。今年も夏が、誤解を恐れずに言うならば、今までのどの夏とも同じようにたくさんの人々の命を落とし、そして盆にはその魂が帰ってきて、また戻り、夏が終わりました。その亜熱帯のような熱気がまだ我々の頭や胸に残されています。再び、夜行性の人々へ。平成最後の夏、あなたは何を失いましたか？　「特に何も大きなものは失わなかったな」という方が一番多いかもしれません。その味気なさは皮肉でも諧謔でもなく、正直な話、とても幸福なことです。あなたに福音の裾を分けていただきたい。アタシの人生はあなたよりもずっと面白く、あなたよりずっと失います。もしお心に余裕があるのであれば、どうかこの私めに慈悲、もしくは慰労を。それでも人は恐れを捨てません。誰もが泣きながら生まれ、溜息と共に死ぬ。たったそれだけのことだというのに、人は他人にとってはまったく無価値な恐れをしっかりと抱きかかえて生きます。どんなに速く、どんなに遠くまで走って逃げようとも、あなたが恐れるものは、あなたが抱きかかえている限り、地球の裏側までずっとあなたの傍にあります。道行二人という意味では、これはエロティークなのかもしれません。アタシのエロティークへの飽くなき追求を、女性のヌードとか、女性を美しくしつらえてから何日もかけて油絵で描くとか、延々と繰り返される異常な性行為だとか、残虐極まりない短い異常な性行為だとか、温かい涙が出るような愛に満ちた異常な性行為だとか、そういうようなものだと思われても仕方がありません。フェデリコ・フェリーニはかの『甘い生活』の有名な乱交シーンを撮影するに際し、乱交パーティーなどしたことがないのでそれがどんなものか、ピエル・パオロ・パゾリーニにまでわざわざ訊きにいったら、パゾリーニに「そんなことは自分も知らない」と言われたそうです。アタシのエロティシズムは主に恐怖とつながっており、夜眠れないとか、スクリーンに映った自分の身の丈より遥かに巨大な女優の顔だとか、恐ろしいほど美しいあるいは醜い響きだとか、気が遠くなるほど恐ろしい学問とか、そうしたものの追求にあります。そこに性的なものが最も強く貼り付いていると思います。あなたの全身に粘りついたラブローションのように。稀代のプレイボーイ、映画監督のロジェ・ヴァディムはブリジット・バルドーと、ジェーン・フォンダ、カトリーヌ・ドヌーヴ、アネット・ストロイベルグと関係を結んだ結果、「わたしが最も恐れるのは、妻が浮気しているであろう男に対して、潤んだ目でうっとりしながら、『あの人素敵ね』とか言うことじゃない。それよりも、ちょっとそいつの悪口をあえて言ったり、そいつの話をしても何も答えなかった時がわたしは最も恐ろしい」という非常に頭の悪い名言を残しています。フランス人のアムールというのは、本当に幼稚です。厳密には、どの国のアムールもすべて幼稚ですが。彼らの悪い癖はエロティークに関してちゃんと考えてしまうということでしょう。夜行性の皆さん、皆さんが今最も恐れていることは何でしょうか？　心から、それを思うだけで、震えて泣き出しそうになるほど、腹痛や頭痛や吐き気を起こし、その場でうずくまってしまうようなこと、気が遠くなって今どこにいるかわからなくなってしまうような、そんなあなたが最も恐れていることとは、一体何でしょうか？　アタシが今最も恐れていることは、育ての母が亡くなることです。アタシに永遠に子供のままでいる魔法をかけた二人の魔女のうち、一人が亡くなって二年経ち、アタシはまだ亜熱帯のジャングルで片腕を切り取られたままで、道に迷っています。二人組の魔女は手強い。生き残っているほうの彼女は身体障碍者で精神病の患者です。そしてアタシは、彼女こそがアタシの人生の中で、最もピュアにアタシを愛してくれた女性だと今でも信じています。「あなたはたくさんの女性に愛されていますよ。それはあなたがたくさんの女性に愛されたいからじゃないですか」ともしあなたがアタシについて思うならば、それはアタシが嘘をつくことに何の抵抗もないからでしょう。自慰行為を幼少期から行っていればいるほど、その傾向は強まります。アタシは3歳からしています。

ペペ・トルメント・アスカラールという楽団は、「伊達男による砂糖漬けの甘い拷問」という意味です。アタシは2003年にこの楽団を結成しました。その心理的な動機は、当時アルツハイマーを発症した生みの母親の死から自分を遠ざけるためだったかもしれません。「南米のエリザベス・テイラー」というのは、母親などこの世に存在しない、女優しか存在しないのだ、と思いたかったからかもしれません。「ルペ・ベレスの葬儀」というのは、この世の女性の葬儀がたった一つだけになればいい、と思っていたのかもしれません。そして、そうした熱帯性の狂気が宗教的になっていくことは非常にスムーズなことでした。初対面の挨拶が性行為に及ぶように。シンハラ・エル・ペペ・トルメント・アスカラール。

帝都東京は港区赤坂、力道山刺されたる街よりお送りしております。「菊地成孔の粋な夜電波」。今夜は僭越にも、「ノンストップ・ペペ・トルメント・アスカラール　菊地成孔、夜を歌う」と題しまして、終わりゆく夏に向けて、主にエロティシズムについて考えることにしましょう。第一に、あなたはエロティシズムからは絶対に逃げられない。第二に、あなたはエロティシズムの正体を知らない。第三に、エロティシズムはロマンティークとは何の関係もない。古来より吸う息は清く、吐息は毒だと言われています。歌とは精製された毒薬です。それでは最後までごゆっくりお楽しみください。ブエノス・ノーチェス。

（♪　菊地成孔とペペ・トルメント・アスカラール「ファムファタール」）

菊地成孔とペペ・トルメント・アスカラール「ファムファタール」『野生の思考』（ヴィレッジレコーズ）所収

第380回（2018年9月8日）ノンストップ・ペペ・トルメント・アスカラール

第381回前口上

あなたと過ごした平成最後の夏ももう終わり。秋の気配が。それにしてもあなた、秋の気配なんて、歳時記みたいに平気におっしゃるけどかなりエグいもんすよ、地球が秋を準備するってのは。まず、食べ物の甘みが苦みに変わる。苦みや渋みが食材に溜まっていきます。土から、水から。獣たちも自ら、夏の間に身体に溜め込んだ熱を放熱して、悲しみを受け容れる身体に整えていく。えっ、獣に悲しみなんかあるかって？　そうですなあ、我々のような悲しみとは質が違うと思いますがね。獣の悲しみや喜び、興奮を考えると、ちょっとドキドキしませんかな？　コンラート・ローレンツ博士。その点、溜め込んだ熱が放熱できないまま秋を迎え、無駄に火照って、無駄に恋をして、無駄に恋に破れて、無駄に恋に浮かれる。無駄な生き物ですなあ、我々というものは。カルロス・カスタネダ呪術師。ひょっとして野生の猪はドングリを食べても苦みや渋みを感じないのかしら。ま、その猪喰ってるのは我々ですけどね。旨い、旨いとか言って。失恋すると思うもんです。いっそのこと、喰っときゃよかった、君を。寝取られると思うもんです。遺憾ながら、確実に興奮しており候。恋が続いていると思うもんです。どうしよう、このフィーリングが色褪せてしまったら。永遠は誰だって恐ろしいっていうのに。握り合った掌と掌の間に、無気力な空気が入り込んだと思った瞬間、旨い旨いと言って、ベッドで悲しみの予感に興奮しており候、遺憾ながら。秋ですなあ、さながら人類の。帝都東京は港区赤坂、力道山刺されたる街より。薄手のカーディガンでも出しますか？　婚姻届と一緒に。厚手のソックスでも出しますか？　離婚届と一緒に。フリースタイルのラジオでも聴きますか？　彷徨えるジャズミュージシャンと一緒に。当方、「菊地成孔の粋な夜電波」と申します。旨い猪料理を喰いながら放送しております。以後、お見知りおきを。いや、名前じゃなくって、ジビエ喰いながら、音楽流してるってことをです。早速参りましょう。

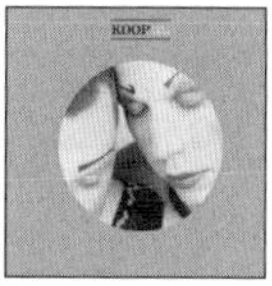

Koop「Whenever there is you（Vocals：Yukimi Nagano）」『Koop Islands』（Village Again）所収

第381回（2018年9月15日）フリースタイル

第383回前口上

いやあ、憎まれっ子世に憚る、悪い奴ほどよく眠るなんて申しますけども、9月も最後になるってえと、どうにもこうにも眠くてねえ。秋口なのに春先みてえな。酒も薬もあるもんか、今日もしゃべりながら寝ちまったら、どうしようもこうしようも、幸四郎役者の神様、おいら銚子の赤ちゃん、半端野郎どもの憎まれっ子、菊地の成孔でございますけども。突然ですが、お客人、あなた、ご自分を良い奴だと思いますか、悪い奴だと思いますか。おおっ、どっちでもねえ、面白くもねえ、テレビもねえ、ジャネール・モネイ。どうやらラジオはあるようで命拾い、落穂拾い。ちょいと一時間ほど、旗本ご退屈様。ま、それにしても眠いすな。この歳になるてえと、気が緩むのか、関税率でも緩むのか、はたまた肛門括約筋が緩むのか、もう眠いとなったらどこだって寝ちまいます。呑み屋で寝た、女子のケツの上で寝た、なんてのは序の口、この間なんか、ワードローブの衣替えしながら寝ちまいまして、それでも畜生の浅ましさ、衣替えはしっかりやってたらしくて、真夜中に目が覚めたら夏物と秋物がミルフィユみたいに一枚置きに重なってたもんで、面白れえからもういいやってんで（笑）、一日おきに薄手のセーターとTシャツ着てたら風邪引きまして、いやミルフィユは風邪に悪いよなんてね。誰に何の教訓垂れてんのかわかんなくなってまいりまして。つまり、こういうことです。もしあなた紅茶が善人なら鉛の斧で薪を割り、もしあなたが悪人ならばちゃっかり手に入れた金の斧で、紅茶に入れたミルクをかき混ぜると。えっ、結末違うよって？　ケツ捲りましょう。帝都東京は港区赤坂、力道山刺されたる街より。TBSラジオが悪りい奴に任せっきりで8年目、関税率撤廃のミルフィユ番組「菊地成孔の粋な夜電波」でございます。お聴きになりながら寝ちまうなんて大歓迎。床に入って、足温めてお聴きください。早速参りましょう。

Chick Webb & His Orchestra「If Dreams Come True」『Woody Allen Movies Music』（C.R. Digital Contents）所収

第383回（2018年9月29日）フリースタイル

第4章—シーズン16

2018年10月6日—12月29日（全13回）。個人企業ではあるがハンドメイド・レザーバッグの銘店である「Nobuko Nishida」が3シーズン連続でスポンサードし、変わらず同時間帯1位を記録しており、不祥事や舌禍事件の類は一切起こしていないにも関わらず、TBSの社長交代劇に伴い、「大正15年」や「昭和64年」のように、切断的に（実質上3ヵ月で）打ち切られた最終シーズン。打ち切りを告げられたのが開始早々であったことから（このことは、続く本文に赤裸々に記録されている）、スタートと共に、ラストランとして、最後の10回分をカウントダウン・シリーズとして企画し、本書には未収録だが、菊地の神格に君臨し続ける小説家（俳優／劇作家）の筒井康隆氏のゲスト出演、初期のコントとラジオドラマの花形相手役だった女子アナ、江藤愛氏のゲスト出演、番組打ち切りとほぼ同時期に、似たような形で突然のクローズを告げられた菊地の個人レーベル「TABOO」の消失を受けたタイミングで結成された「FINAL SPANK HAPPY」のODがゲスト出演、シリアスなラジオドラマを演じる等々、最後の花道はスペシャル感を極め、最終回は収録放送だったに関わらず、オンエア中にTwitterのトレンドワード1位をキープし続けた。我が国は、というより、世界は「2度目の東京オリンピック」に向けて準備を進め、しかしそれは難航に難航を極めており、後のコロナ禍に関しては知る由もなかった。

第384回前口上

もう、ちょっと既に夜はお寒うございますと申し上げても、罰は当たりますまい。年間通じて鍋喰う習慣のある関西の人らと違って、よっぽど寒くねえと鍋喰わねえ関東人のアタシでさえ、今夜はTBS跳ねたら新橋辺り回って鴨のツミレ鍋、こってり醤油味でね、ハイボールかなんかでちょっとやりてえな、なんて思うぐらいでありますが。それにしても新撰組の芹沢鴨って、旨そうな名前ですなあ。名前に「芹」と「鴨」が入ってて、しかも所属が新撰組ってね、デカいスーパーとかで生鮮食材いくつか並べて、新撰組なんてね。ああいうの、いつからやってるんでしょうね。「さかな、さかな、さかな」とかね。まあ最近はコンビニばっかりで、「ナルさんったらとんとお見限りね」てなもんで、「ゴメンゴメンゴメン。もうオレ、家で飯作らないからさ」「あらあ、最近はデリカも充実してるのよ」なーんて言われて、久しぶりでカート、ゴロゴロ転がして東へ西へ。行ってみたいな、ポン酢ばっかり百種類ぐらい置いてる棚ね。もう大好きなんだ、ポン酢がね。何にでもポン酢掛けちゃう。しりとりで掛けちゃう。豆腐、フライドポテト、鶏肉、慈姑《くわい》の蒸したやつ、ツンデレ、レズビアンのカップル……おーっとっと、急激に色っぽくなっちまいましたが。湯上がりの乳首とかね。生《き》でやっても良いですが。やっぱポン酢はこれこの通り万能でしょう。「染みる?」「ううん。大丈夫」なんてね(笑)。

オンエアが大丈夫じゃなくなっちまう前に、色っぽい話はコレもんで黙りまして。すっかり秋の気配も、哀愁のカサブランカ。夏目の漱石。菊地の成孔と申します。帝都東京は港区赤坂、力道山刺されたる街よりお送りしております。「菊地成孔の粋な夜電波」。皆さん年間通じて、大体息苦しいでしょ？　一息つきましょうね。好きなもんにポン酢でも掛けて、お聴きください。コツはね、丁寧に丁寧に、一滴ずつ垂らすつもりでやることですよ。

Quincy Jones「Mr. Lucky」『Explores the Music of Henry Mancini: Originals』（Verve）所収

第384回（2018年10月6日）フリースタイル

第385回前口上

1, 2, 3, 4, the cool world's coming soon.

ジャズを激しく欲しがっている、あるいは激しく欲しがっていない、あるいはジャズなんか激しくどうでもいい、そんな国民の皆様、北欧ジャズからの国勢調査です。このアルバムが出た13年前の2005年、あなたは今のあなたとどれぐらい、何が違っていましたか？ まったく一切何も違わないという方、こちら、別室へどうぞ。次の質問です。このアルバムの出た13年前のあなたは、地球の未来はどうなると思っていましたか？ リーマンショックも、政権交代劇も震災もなかった世で、少しは明るくなれそうと思っていた方、同じく別室へどうぞ。さて、最後の質問です。このアルバムが出た年、今より13歳若かったあなたは、このアルバムに代表されるNu Jazzがジャズ界の流れを変えると本気で信じていましたか？ 本気で信じていたという方、ラジオの電源を今すぐお切りになって、他局へチューニングをどうぞ。お聴きの曲は、Motifでアルバム『Expansion』より「Kauto」。当時、ジャズ界を刷新させると評論家がこぞって期待を掛けながら革命頓挫、どころか革命放棄のアナウンスが拡声器によってアナウンスされたかどうかも確認できないまま、北欧に軟着陸した、軽く屈辱的、軽く悲劇的な、とても美しい音楽です。本日は秋のジャズ・アティテュード。選りすぐりのモダン・ジャズをお送りいたします。ただし、別室に移動していただいた方以外のすべての皆様へ。それでは、演奏を続けてお聴きください。帝都東京は港区赤坂、力道山刺されたる街より。最終ジャズ番組「菊地成孔の粋な夜電波」。ジャズのアティテュードというものはいかなるものか。是非ご堪能くださいませ。

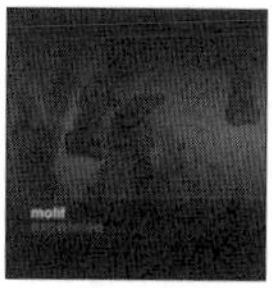

Motif「Kauto」『Expansion』（AIM Records）所収

第385回（2018年10月13日）ジャズ・アティテュード

解題『あたしを溺れさせて。そして溺れ死ぬあたしを見ていて』

最近、小説書きまして。書くのもう20年ぶりぐらいじゃないかな。もう書かないと決めてたんですよ。小説家なんかできるわけねえって思ってて。兄貴が小説家だから遠慮してんじゃねえのとか、複雑なもんがあんじゃねえのとか、すぐ勘ぐる下衆がいるんですけど全然関係ない、兄貴が小説家であることはね。愚兄、菊地秀行先生はもう小説家なんだかわかんないような立場を今、浮遊されてますからね（笑）。愚兄が小説家かどうかはともかく、小説は書けないですね。アタシはエッセイスト、もしくは評論家なんで……。小説って全然違いますよ、同じ字で書くだけでも。「良男は……」とかね（笑）。「歩いていたのだった」みたいなことでしょ、小説って？（笑）。「その後、良男は良子と会い……」（笑）。「良子の目は、良男を見詰めていたのであった」とか、書けないですよね（笑）。何を基準にそんなこと書いていいか、さっぱりわかんないです、物語っちゅうのはね。まったくわかんない。「お前だって、コント書いてるだろうよ、この番組で」とか「ずいぶん聞いたよ」っていう方もいらっしゃるでしょうけど、コントはいいんですよ。だってコントはさあ、会話を書いてればいいいんだもん。何とかかんとかって言ったら、何とかかんとかって返せばいいだけなんだもんねえ、会話を書けばいいだけですから。小説っていうのはやっぱり、「良男は……」（笑）……しつこいですけど（笑）。「車を降り、歩いていたのだった」みたいな（笑）、「その時、良男の頭の中に渦巻いていたのは、良枝のことなのであった」みたいな（笑）。こうやってしゃべってても才能ないのモロ出しですけど（笑）。そんなことでしょう？　書けないですよ、そんなの。書いてて気恥ずかしくなっちゃうし、考えられないし、絶対書けないと思ってたんですけど。

石丸元章さんていうね、路上でちょっと強そうな方に頼まれちゃったんで、ちょっと断れねえなっていう感じの流れもあるんですけど（笑）、「ヴァイナル文學選書」っていって。宣伝しちゃいますけど、通販しないし、新宿に来ないと買えないんだっていう。第一弾がね、新宿歌舞伎町ローカルなんですよ。執筆陣が、この番組が始まったシーズン1の一回目の一枚目のメールで読まれた海猫沢めろんさんっていう方と、番組に一回お越しいただいたMC漢さん、まあご存知、新宿をフッドにしたラッパーですよね。それと石丸元章さんとアタシっていうね。四人で出すんですよ。競作じゃないですよ。四人が一部ずつ出すのかな。一冊が短篇より短いの、文学用語で掌篇っていうのを出すの。ちなみにこの四人全員刺青入ってますけどね（笑）。歌舞伎町篇（笑）。タトゥー四人組ですよ（笑）。この四人が歌舞伎町を舞台にした掌篇を発売して。綴じもしないの、本として。こう……何て言ったらいいんですかね。一番似てるのカルタですよね。カルタじゃねえか（笑）。一番似てるの何だろう？　えーっと、卒論とかかな？　要するに綴じてないわけよ、本として。ただ紙の束がビニール袋に入ってるの。そいでヴァイナル文學選書っていうんだけど。レコード盤のこともヴァイナルっていいますから、そこともちょっとかかってるんですけど。朗読会と現地売り、指定された書店で買うしか入手ができないから、立ち読みもできないの。袋で包まれてるから。そんなもん、誰も買わないと思いますけどね、はっきり言って（笑）。面白れえ企画だなと思って、企画が面白れえなっていうだけで、参加しちゃったんですよね。

で、何が言いたいかっていうと、他の皆さんが新宿歌舞伎町について何書いたか知りませんよ、全然。内容聞かされてないから。なんですけど、アタシの小説は完全な、完全無欠な、もう完膚なきまで100％ポルノ小説です。ので、えーっと気分的には……気分ですよ、そんなカッコつけやがってとか思わないでね。気分で言うんですけど、歌舞伎町のジョルジュ・バタイユですよね。とにかく一行目からエロいことしか書いてないの。それは、「良男は……」みたいなのじゃないんですよ（笑）。最初からヤッテるところから始まるんで。もう何ページ何ページ繰っても、ずーっとヤッテるの、とにかく。あんまりエロ過ぎて、気持ち悪くなるまでエロいっていう。ま、バタイユ方式ですよね。蕩尽理論っていうね。ヤリ過ぎ。要するにヤリ過ぎ。歌舞伎町を舞台にした、もうヤリ過ぎまでにエロい、エロ小説を書いたんですよね。短いから、エロいこと書いてるうちに終わっちゃったんですけど。エロ過ぎてもう気持ち悪くなったり、エロ過ぎて爽やかになったりっていう、エロさの彼岸に行くっていうね（笑）、ここまでエロくすればばっていう感じのエロ小説です。

新宿歌舞伎町にはラブホテル街が二つあるんですよ。よく使う人は、右と左にあることから西海岸、東海岸って呼んでるんですけど（笑）。「オレ、西海岸派」とか言うんですよ（笑）。懐かしいっすなあ（笑）。まあ、ちなみにアタシは東海岸派ですけど（笑）。それはともかく（笑）。東海岸派は……明治通りの日清食品があるところ、新田裏っていう通りなんですよね。そのまま左に曲がると、えーずっと真っ直ぐ行くと風林会館があるんだけど、左に曲がんないで風林会館に行く一本向こうに、ラブホテル街、左一通、斜め一通ってのがあって、それを抜けると、ずーっとアタシが昔歌舞伎町で住んでたマンションからすぐの、鬼王神社の裏手に着くの。で、それ突き抜けるとキャバクラ――日本一でしょうね、あれね、少なくとも東京一だと思うんだけど――キャバクラ通りである新宿区役所通りで、区役所通りのある角を曲がると、たぶんあれは日本一だと思いますけど、ホストクラブ通り、愛角――伝説のクラブ愛を中心とした、愛角と呼ばれるスクウェアですね――そこにホストクラブいっぱいあるんだけど、まあその中で繰り広げられる……。どこまで書けるかな、自分でっていう。挑戦しましたね、強烈さっていうか。ちょっと気の利いたね、おシャレなことで胸がチクっとなったりっていうのを書くのは得意なんです、アタシは。エッセイみたいなもんでも。だから、今回はそれをかなぐり捨てて、まあ一つのノイズミュージックっていうかね、音楽的に言うと。もうクセナキスっていうかね、最初から12音全部鳴ってるクラスタがブウォーーーーって、何十分でも続くみたいな、一つの力っていうか。余剰な力ですよね。圧倒的な力っていうものを筆で表現しようと思って、書いたらヘトヘトになりましたけど。タイトルが『あたしを溺れさせて。そして溺れ死ぬあたしを見ていて』っていうタイトルなんですよね（笑）。もうタイトルからしてエロさが零れ落ちてますけども（笑）。まあまあ、エロ小説なんかお好きな方……「新宿バタイユ」っていうとね、お店の名前みたいですけどね、「新宿歌舞伎町バタイユ」（笑）。気分的にはジョルジュ・バタイユの一番チャラい版っていうかね、アタシが書いてるものですからね、バタイユって言ったところで、チャラチャラですけど。

第385回（2018年10月13日）ジャズ・アティテュード

ソウルBAR〈菊〉オープニングウィズダム（第386回）

やあ、今晩は。ソウルBAR〈菊〉の店長、初めて本名明かしますが、菊地です。菊の花は分類上、キク科のキク属、花言葉は高貴、原種は秋に咲き、植物学的には最も進化し、分化した植物だといわれてる。そしてご存知の通り、ロイヤルファミリーの紋章であり、葬式の花だ。ソウルミュージックにぴったりでしょう？　えっ、何を今さら？　その通りだ。しかし今さら感こそ、ハートに救助が必要な人々が貪るソウルミュージックの真意だ。「平成最後の夏」が終わり、「平成最後の秋」を迎えようとしている「平成最後クラスタ」、すなわち日本コクミン、セイジョー、マツモトキヨシ、ダイコクドラッグに入り浸りの諸君。意外と大丈夫なんだよ、常備薬なんかなくたって。それより、平成最後の夏はどうだった？　恋はしたかね？　失ったかね？　とっくに止めてる？　じゃあ、愛は？　愛はしたかね？　失ったかね？　とっくに止めてる？　ほら、こうやってね、恋と愛の違いは、どっちも動詞、名詞、動名詞に分けて並べてみるとこんなに簡単にはっきりわかる。ああ、言いたいことはわかるよ、言いたいことはわかるって。そうやって何かがわかったところで、残るのは溜息ばかり。そりゃそうだ。わからないことがあったら、検索すればわかると思ってる奴らがたった今、あらゆるスターバックスを満席にしている。奴らが愛について知りたい時、きっと検索するだろうさ。変換違いで回答するのはＡＩになる、なんてね。どんな皮肉屋を気取ってもこんな駄洒落は知性が足りないといえるだろう。知性に欠けた皮肉屋って何だよ？　いややや、そんなのが世に満ちてる。ソウルＢＡＲ側から言わせてもらえば、結構なことだ。そして検索で得られる知性には、決定的に欠けてるものがあるよ。それはパンとバターと赤ワインだ。この際、合成タンパクでもいい。インターネットの端末から、パンとバターと赤ワインが直接出てくるようになったら、僕も負けを認めよう。何の話かわからないって？「聖体拝受」で検索してみてくれ。バターが余計だということに気づくだろう。マーロン・ブランド曰く、「あれはアナルセックス用のスムーザー……」。おーっと、ウチの新しいバーテンは真面目な女の子だ。眼鏡を掛けて、シャーロック・ホームズみたいな服を着て、カクテルを作り、レコードを選ぶ、ソウルミュージックのオタク。どうかね？　彼女に恋をしそう？　溜息が出そう？　もう出てる？　そうかそうか。断言しよう。

　なら、君は大丈夫だ。

（♪　Louis Cole「When You Are Ugly」に乗せて）

ミズノフ　店長！　店長！（大歓声のＳＥ）わっ、まただ。何これ、新喜劇みたいだな。眩しい、眩しいよ。まあ、いいや。店長！　遅れてすいませーん。あのね、家にある時計全部失くしちゃって。今、何時なのかわかんなくなっちゃったの。

店長　おおー、ミズノフ。お前が言うと苦しい言い訳に聞こえないからすごい。

ミズノフ　はぁ、はぁ、はぁ、赤坂の駅から走ってきたんで、喉渇いちゃった。店長、駆けつけ三杯、ウォッカをショットで下さい。
店長　なんか、お前が言うとスピリットじゃなくて、水でも頼んでるみたいに聞こえるからすごいな。
ミズノフ　だって、ミズノフだもん。
店長　ジョークのセンスだけだな。お前に足りないのは。
ミズノフ　うーん、できれば美貌も欲しいですー。
店長　ちょうどいいんじゃない、そのくらいで。
ミズノフ　だって、ちょうどいいってどういう美貌のことをいうんですか？　だから写真、苦手なんだよ。顔かゆいし。
店長　夜電波の公式サイトでは、比較的数多く見られるという噂が。
ミズノフ　店長、駄目ですよ。下ネタは駄目。
店長　下じゃないでしょうよ（笑）。
ミズノフ　それどころじゃないんですよ、店長。人生に疲れ果てている人々に、オエイシスを与えないと。
店長　オエイシスはソウルBARじゃかかんないでしょうよ！
ミズノフ　違う！　救いの泉のことです。砂漠で遭遇する。
店長　まあ、いいだろう。ジョークのセンスは次の出勤までに磨いてこい。お前の可愛い眼鏡と一緒にな。それよりミズノフ、早速業務に入れ。

ミズノフ　はい。天才児であり、サラブレッドでもあるLouis Coleがセカンドアルバムをフラローのレーベル、ブレインフィーダーからリリースしました。『Time』より「When You Are Ugly」です。ファンクネスとドリーミーな両立感がたまらないですよね。

店長　はい、というわけで、本日の「菊地成孔の粋な夜電波」は久しぶりのソウルＢＡＲ〈菊〉が開店。店長の私と新人バーテンのミズノフの二人でお届けいたします。午前4時からの音楽をお好みのリカーと共にお楽しみください。

ミズノフ　みんな～、身体を揺すってしまえ～。

Louis Cole「When You Are Ugly」『Time』（Brainfeeder）所収

第386回（2018年10月20日）帰ってきたソウルＢＡＲ〈菊〉

第387回前口上

いやあ、いきなりお寒うございます。寒暖差激しいですよね。赤坂だけかしら。でもなんか、思えばですよ。「最近は異常気象ですねえ。自律神経がやられっ放し」みたいな話って、ここ20年ぐらい、ずっと聞いてるような気がするんですけど、どうでしょうね。観測史上初とかなんとかね。ゲリラ豪雨とかね。もう、どんだけ聞いたかね。ま、ただ20年経てばね、どんな異常も正常になってくるもの。我々は異物や異常性を飼い慣らして、当たり前のことにすることを繰り返してるだけの生物ですよね。だから、この20年間ってのはつまり、00年代と10年代ってのは、気象が異常になっていくことが定着してくる20年間だったような気がしますよね。気象に対する日本人の遠い記録っていうか、さほど遠くないですけどね、まあまあまあ、ある極地じゃなくて都市部ね、街と言いますかね、シティが持っていた記録がありますよね。「しと雨」「急なお湿り」「打ち水に虹」なんつってね。打ち水は、気象じゃないですけど。「汗ばむ程度の夏の日差し」「梅雨時」「天気雨」「寒の戻り」ってのはね、粋でいなせな、そして全体的に軽くてシュッとした感覚をね、もっとエグい、ドラスティックなものにしましたね、この20年間でね。それは環境と人類の関係なわけだから、下部構造的であって、マルクス的に言うと。マルクスなんて、この番組で今初めて言いましたけどね。つまりは、事の全域に亘るわけですよね。天候と我々の関係が、粋でいなせなものから、ドラスティックでエグいものに変わってしまったというのは。ま、要するに、古来東京のシティボーイ達の国是だった「粋でいなせ」なんてことは、もう完全な寝言になっちまって、平成と共に終わるって感じですよね。で、平成だって、もうさ、残すところあと少しだっていうのに、もう安室ちゃんとさくらももこさんで「平成ロス」してるわけですからね。今、昭和の話なんかしてる年寄りってのは、昭和の時代に明治の話してたおじいちゃんと一緒ですよ（笑）。二つ飛ばしっていうね。

はい。と、ここで突然ですが、番組から、これはね、恐らくね、番組史上最大だと思うんですよね、重要な告知がございます。えー、皆さん、落ち着いて聞いてください。落ち着いてお聞きください。特にこの番組に依存形質ができつつあった皆さんね、ショックを受けやすい方とか、気が弱くてすぐに怒り出す方とか、鬱病質で全身の力が抜けやすい方とか、パニックで過換気を起こしやすい方とかね、お気をつけてください。お気をつけてください。今から心臓にちょっと悪いことを言うからね。はい。救心持って。救心（笑）。救心が歌舞伎町とかにあるマツモトキヨシで、箱買いされて、爆買いされて、何箱も何箱も、大陸からの観光客の方が救心を買ってたって話も懐かしいですけどね。シーズン6ぐらいにしましたけれども、はい。救心持って、水持ってね。アタシは薬は水なしで呑みますけども、はい。

当番組「菊地成孔の粋な夜電波」は、この12月いっぱい、年末をもって終了します。はい、長い間ありがとうございました。「今シーズン」ではなくて、今年いっぱい、年内いっぱいということは、これはまあ、実質上のですけど、打ち切りですね（笑）。いやあ、8年間ね、やりたい放題やりまして（笑）。いつクビになってもいいやとは思ってましたけどね、ええ。アタシは預貯金もない、宵越しの金も持たないタイプで、明日の我が身もどうなるものやといったような、ま、それほど格好良くないですけども、どっちかっていうと、そういうタイプですけども。だから番組のほうも、こんだけ好き放題やってるんだから、いつ肩叩かれても仕方ねえなと思いながらやってきたんですけど。何て言うか、因果ですなあ。アタシ、1年しか続かなかったJ-WAVEも、1年半しか続かなかったTFMも、打ち切りでクビ刎ねられてるんで（笑）。ま、正直こっちが打ち切り上等過ぎたんですけどね、どっちもね。多分ね、1回目で同じこと言ってると思うの。「今日から始まるけど、やがてクビ切られると思います」っていうのを、1回目の口上で言ってる気がしますね。初回の同録聴いてみないとわかんないですけどね。まあ、先ほども申し上げましたJ-WAVEもTFMも、内容が打ち切り上等過ぎたんですよ、とにかく（笑）。だから、まあ、腹の底ではきっと、好きなんでしょうなあ、打ち切られるのが（笑）。ともあれ、最近アタシがずっと、これはシャレですけど、「数字を下げたい」とかね（笑）、番組の中で、あるいは「自由に甘えて、例えばニッポン放送で『粋な夜電波』やって、気楽に戻ってきたい」とかね（笑）、ま、シャレにしてもっていうかね（笑）、マイク前で面白おかしく言ってきたんで、純朴な方なんかはね、「そんなこと言ってて、菊地が怒られたんじゃないか」とか、あるいは「菊地が本当は内心もう辞めたくて、降りたに違いない」とか思われると、第一に事実とは全然違うんで。ま、あと他にもね、「体調を崩したんじゃないか」とかね（笑）、この歳になると言われたりしますけどね。とにかく、色んな憶測が飛びまくっちゃってるんですけども、あのー、普通に終わるんですよ（笑）。なので、まあ、アタシが何言ったところで、憶測する方は憶測するんでね、ええ。

というわけでですね、もうこんな時しかこんなことは出来ないという、ラジオの常識をね、破りたい（笑）。AMラジオの――今はバイウェーブですけど――AMラジオの常識を破り続けた番組、横紙破りの反逆児としましてですね、ここは当然、黒幕ことプロデューサーの長谷川さんにマイク前に来ていただくということに相成りました。長谷川さんよろしくお願いします。

長谷川　よろしくお願いします。

菊地　はい（笑）。

長谷川　こんなことでプロデューサーとして初登場するのは、大変忸怩たる思いがありますけれども。

菊地　とんでもございません（笑）。すごい面白いです。長谷川さんがしゃべってるってこと自体が（笑）。

長谷川　はい。あの……まったくそういう、何か特段のことっていうことではなくて、ましてや菊地さんが何か……。

菊地　はい。

長谷川　暴れた……とか。

菊地　問題を起こしたとかね。はいはい。

長谷川　そういうことでは、まったく、まったくなくてですね。あくまでも、まあ、通常の編成上の判断です、と。

菊地　はいはい。
長谷川　ということになります。
菊地　まあ、あの、よく言うところの「上の判断」っていう（笑）。
長谷川　まあ……。
菊地　なので、あの、本当に、何て言うんですかね、こういう時ってのは陰性になる方はね、文句言う方とか、特に番組ずっと聴きたいっていう人……それはいるでしょうから。ま、いらっしゃるでしょうけど、アタシは忸怩たる思いはあんまないっていうか、いい子ぶるわけじゃないですけど、8年間好きなだけ好きなことやらしていただいたんで（笑）、まあまあまあ、もう十分だとも言えますし。ま、そういった話は後々ゆっくりと、ということで。いずれにせよですね、黒幕が事情の説明に出て来るっていうのは（笑）、どんな世界でもないんで。
長谷川　はい。
菊地　黒幕ってのは、外に出て来ない人が黒幕なんで（笑）。これは番組史上初めてなのはもちろんですけど、下手するとTBS史上初めてかもしれないですね。出たことあります？
長谷川　あ、実はね、結構TBSラジオはスタッフが出がちだったりするんで（笑）。
菊地　あ、そうか（笑）。八島君がコントやってるんだもんね（笑）。
長谷川　そうですね。ま、この番組では僕は出たことがなかったんで。今まで他の番組では時々出たりはしてたんですが。まあ、少なくとも特にこんな事情で……。
菊地　はい。
長谷川　プロデューサーとして出るのは、ま、史上初ですね。

菊地　観測史上初って感じですね。
長谷川　はい。
菊地　では初めて尽くしにダルマの目が入る瞬間と言いましょうかね。事情を説明しに来たプロデューサーに、今夜の1曲目の曲紹介をお願いしたいと思います（笑）。
長谷川　この曲ですか……。
菊地　はい。
長谷川　えー、ザ・ビートルズで、アルバム『Magical Mystery Tour』より、「Hello, Goodbye」。

（♪ The Beatles「Hello, Goodbye」）

はい。アタシ、縁起でもねえんすけど、番組が始まった時から、第一回目から、「もしこの番組が何年後に打ち切りに決まったら、この曲かけよう」と決めてました（笑）。それでは、東京は港区赤坂、力道山刺されたる街よりお届けしておりますＴＢＳラジオ「菊地成孔の粋な夜電波」シーズン16、３８７回。番組終了まであと10回。今日からカウントダウン・ラジオということで。面白えー（笑）。ちゃんと真面目にやってればよかったかって？　まっさかーって感じですよね。はい、自由に生きましょう。それがいかに難しくてもね。「ちゃんと真面目に」、ＣＭです。

第387回（2018年10月27日）ラスト10

The Beatles
「Hello, Goodbye」
『Magical Mystery Tour』（Capitol Records）所収

King & Prince の歌唱力——ハーモニーとリップ

※キンプリです!!

まあ、メールボックスを持ってるんですね。で、そこにはもちろんビジネス関係のメールは来るんですけども、ファンメールっていうのがあって。それでもうファンメールなんてね、来ないですよ、今（笑）。今ね、メールボックスを本当に見せたいんだけど、動画で。メールボックスを立ち上げますよね、バーンって。で、銀行だとか、あとはスパムだとか、長沼からのものとかっていうのを除いたら、もう名前を挙げたいぐらいですけど。もうファンメールをくれる方、ここ5、6年、3人しかいないです（笑）。その方々は毎日くれるの。毎日複数くださるわけ。だからまあ、そういう……まあ殿堂入りしている方からのものと、あとはたまに何かの動きがあったりね、SPANK HAPPY 再結成しましたとか、デビューライブをフジロックでやりましたとか、映画に出ましたとかいうようなトピックがあるとチラホラと来るという、非常になんつったらいいんですかね、隠居感覚っていうかね、オワコン感覚っていうんですかね（笑）。まあ、肩叩かれてるわけですから、完全なオワコンですけどね。アンチの人は喜んじゃうっていう感じですけども（笑）。

まあ、メールが大体決まった人からしか来ないのだけれども、最近はとにかくその殿堂入りしてるお三方以外で多いのが、キンプリのファンの方です。もうあの回、King & Prince のデビュー曲で一回持たせた回以来、アタシが「♂ティアラ」だということで。何を言ってるのかわからない方はもういいです、それで（笑）。アタシが中壮年♂ティアラだということで、何て言うんですかね、お若い方から……もうジャニーズになると三代とかあるからね。「孫、親、おばあちゃん。三代で推してます。そのうち、お母さんは菊地さんのファンでした」とか、なんかすごいねじれ方してる（笑）メールとかをいただくことが多くて（笑）。まあ、「キンプリに関して番組でもっと言ってください」っていうメールがとても多いんですけどね。とは言えもうあと番組、9回なんでね。

まあ、レンレンのね、歌が急激に上手くなったっていうことは、もうティアラさんの間でも絶対に話題になっていると思うんですよ。で、アタシはそれをツアー効果かなって思ってたの。初ツアーがちょっと前にあったからね。やっぱり1ツアーやると、まだ育ち盛りじゃないですか？　ダンススキルはとにかく全員すごいから。ただ、歌にちょっと凸凹があるのね。岸君は上手いけど、レンレンはまあちょっと……っていうようなことがあって。まあそれだってですよ、別にこれ全然ディスりじゃないですけど、SMAP に比べたら超人的な歌唱力ですよ、うん。

今ね、「少クラ」を見ていて、例えばこの間なんか、もうずいぶん前ですけども、それこそスガシカオさんの「夜空ノムコウ」だっけ、「♪あれから僕たちは」っていうね。あの歌、まあ日本人であの曲を聴いて泣いた人って、のべ20億人ぐらいいると思うんですよ。聴いて15億、歌って5億っていう感じだと思うんですけど。それでもね、SMAP が歌うってことによって、やっぱりSMAPっていうバイアスがかかっていて。SMAPがどうこうっていうような、SMAPディスじゃないですよ。SMAP大好きですよ、アタシ。もう超好きですよ。もう「青いイナズマ」「がんばりましょう」「胸さわぎを頼むよ」で何回泣いたかわかんないですけど。まあ、そのぐらいSMAP好きですけどね、ただそうだな、「世界に一つだけの花」とかになっちゃうとメッセージのパワーがちょっとエグいじゃないですか、ねえ。マッキーがああいう歌を作ったんだって言われると、もう美しい曲で感動するけどメッセージ重いっす、マッキー先輩、っていうか、まあ、後輩ですけども（笑）。そういうの気になるのに対して、「夜空ノムコウ」っていうのはちょうどいいのね。スガさんの脱力したいい感じが出てますよね。なんだけど、キンプリが歌ったのを聴いて初めて音楽的に成仏したと思いましたよ。そのくらい良かったです、震えが来た、マジで。

「いや、アイドルだから修正してんだろう」とか外野のバカが斜め聞きで勝手なことを言うと思うんですけど、じゃあ実際に聴いてみろっていう話ですよ。オレのハードディスク、貸そうかっていう話ですけどね、その回の「少クラ」のね。本当に素晴らしくて。ハーモニーもすごくて。SMAPが歌うと、ピッチがちょっと問題があるから、ハーモニーがガチャッて、逆にハーモニーが目立つんですよね。本当にすごいハーモニーっていうのは「あれっ、ハモってる、これ？」っていうぐらい溶け込んでるやつですよ。「主メロしか歌ってないんじゃないの？　ああ、ハモってるわ」っていうぐらいの溶け込み方してるのが、やっぱりすごいハーモニーですよ。まあ、すごかったですよ、本当に。キンプリのね。

で、レンレンの歌は、歌が上手くなったのか、リップなのか？っていう問題がやっぱりティアラちゃんの間では話題になっているだろうなっていうね。で、専門家ティアラから言わせてもらうと、ちょっとリップかなっていう気がしてるっていう話をちょっとしたかっただけっていうことですね（笑）。はい。まあアタシ、今日本で一番リップなバンドのリーダーですからね。全曲リップですから。FINAL SPANK HAPPY は。

あ、「リップ」っていうのは「リップシンク」のことね。歌わないでカラオケに合わせて口をパクパクしてるっていう。リップも昔みたいにリップだからインチキだとかそういう話じゃなくて、一曲の中でこの人はちょっと喉が弱いとか、ちょっとこの人はこの曲が苦手だとかって、曲によって誰かのどのパートだけリップにするとかいうことが本当にきめ細やかにできる時代になってるんで。ライブとか。特にドームみたいにでっかい会場になっちゃうとわかんないですよね。だからもう、昔は実はあいつらリップだった、で訴訟が起こって。「金を返せ」ってものすごい賠償金を払ったみたいな。あれはどのぐらい前だったろうな、80年代にはよくあったんですけどね。もうそんな時代じゃないですね、全然。

今はファン目線っていうのは、アイドルを見る方は特にそうですけど、アイドルの人は踊りながらやらなきゃいけないでしょう？　だから、なかなか難しいわけ。だから、ここは生だなとか、ここはリップだなっていうのを見極めるのが通の……まあ、日本人のオタクさんの目、通の目っていうのが、要するに喜びに満ちた目ですよね。その見立てってていうのが一つの楽しみになってるわけなんで。

で、まあレンレンは今のところ、アタシとしてはですよ、まあ、菊地成孔の立場から言わせていただけると、全部じゃねえけどちょっとリップかなって最近、「少クラ」を見ながら思ってるという話を、メールボックスに負けて言ってしまいましたという感じですね。さらに厳密に言うと、「番組止めないでください」も来るけど、キンプリの100分の1だと（笑）。生まれて初めて「数の論理」っていうことに接しました。それまで「数の論理」って数学のことだと思ってたんで（笑）。

第387回（2018年10月27日）ラスト10

第388回前口上

どうしよう。君を好きになってしまった。僕が進む道がわからな過ぎて。どうしよう。君だけが僕を救ってくれると、根拠もなく思い込んでしまった。僕の心の傷が、目を細めないと数えられないぐらい細かくてたくさんあるから。それは磨りガラスのように、触るとザラザラして懐かしい気分になる。どうしよう。僕は君を好きになってしまったみたいだ。名も知らないベイビー。レーシックによって月が八つも九つも見える僕の素敵な夜は終わった。DJブースにある、DJの手元を灯す小さなライト。あれに紫と銀色に光る宇宙のジントニックをかざしてから、ナイトプールで騒いで最高のナンバーで身体を揺すってる、悲しくてセクシーな人々の一瞬の、そして永遠の幸福を祈って乾杯してみよう。今までみんなが聴いちゃいなかったはずの退屈なDJに大きな拍手と歓声が。まるでクラシックのコンサートの交響曲が終わった瞬間みたいな。もうこうした形の愛がこの星から絶対に失われませんように。こうした形のナイスが水着姿の君から一生失われませんように。僕らは考え始める。君は何を考えてるんだろう。君はどんな声をした、どんな子なんだろう。あの素敵な笑顔は何を表し、何を隠してるんだろう。きっとそれが夜が始まる合図だ。

こちら帝都東京は港区赤坂、力道山刺されたる街より、TBS屋上にある特設ジャグジーバスより、知らない女の子の三人組とシャンパンのオン・ザ・ロックで乾杯してからお送りしております。「菊地成孔の粋な夜電波」。特にたった今、この番組を聴き始めた皆さんへ。今のこの気分、あなたが死んだら天国へ持っていく手土産になりますように。あなたがもう一度星を、もう一度街を黙って見詰め直しますように。僕らのテクノロジーが街から季節を忘れさせ、集合無意識みたいな湯加減のこのジャグジーバスがまるで今夜の星空を、ついこの間終わったばかりの真夏の夜だと騙そうとする。君ととうとうキスしてからが本当の苦しみの始まりだってことぐらい、二人とも知ってるさ。それでもせざるを得ないよ。二つの磁石が、二つの唇が近づく。切なくなったらラジオをつけて。イヤフォンが君を恋人に変えてしまうだろう。それは痛みのまったくない、そして痛みだけが胸をいっぱいにする素晴らしい世界。9回目のラストラン、早速参りましょう。本日最初の曲はこちらです。

Barry White
「Can't Get Enough Of Your Love, Babe」
『Can't Get Enough』（20th Century Records）
所収

第388回（2018年11月3日）ラスト9

カルピス&ウーロン茶のコペルニクス的転回

はい、「菊地成孔の粋な夜電波」。ジャズミュージシャンの……そしてですね、まあもうカルピス&ウーロン茶っていうのはまあ何て言うんですかね、この番組のリスナーの方ならすべての……「今夜、すべてのドリンクバーで」、試されてるとは思うのですが。そして、アタシもちろん試してます。カルピスとウーロン茶っていうのは非常によく合うんですけども。

最近ですね、まあ何て言うんでしょうね、「この期に及んで」っていう言葉が本当にぴったりくるんですけども、コペルニクス的転回があったんですよね。今まではね、まずグラスに氷を入れて、カルピスをまず注いで、その上にウーロン茶をのせる。トッピングするような感じで。要するに、カフェオレの真似ですよね。アイスのカフェオレが特にそうですけど、最初にミルキーなものが入って、それからお茶というか、コーヒーというか、そういう色の濃いものがサッとのるでしょう？　だから、別に何も考えずにそうやって呑んできたんですよ。で、美味しいからそのままで来たんですよ。

ですけどね、本当にこれ、コペルニクス的転回なんですけど、ベースをウーロン茶にして。つまり、最初にウーロン茶を入れてですね……まあグラス全体の気分の構えっていうんですかね、これはウーロン茶のバリエーションなんだっていう体にしてですね、その上にカルピスをトッピングしたほうが遙かに旨いんですね。そのことを最近知りました、はい。

自分でもびっくりしてね。腰を抜かしそうになりましたけどね。最初にカルピスを入れてウーロン茶を入れるとね、なんか新しい変わった飲み物っていう感じで楽しいんですけど。まあ、飽きたのかな、単に。ウーロン茶ベースにすると、地に足がつくっていうかね、その……（笑）。こんな話で地に足がついたってしょうがないんですけども（笑）。こう、地に足がついた、ウーロン茶の変種だよ、ウーロン茶のバリエーションですよっていう感じがして、ストンと落ちるんですよね。

最初からお前さんがカルピス&ウーロン茶って言うからそうやって呑んでたよ、っていう方にとってはもう当たり前のことでしょうけど、アタシと同じで最初にカルピスを入れて呑んでた方にはね、朗報っていう感じですね（笑）。まあ、そんなことが朗報化しているジャズミュージシャンの菊地成孔がTBSラジオをキーステーションに全国にお送りしております。

第388回（2018年11月3日）ラスト9

「さよなら、愛ちゃん」

コント

（♪ The Bird and The Bee「One On One」に乗せて）

菊地　ねえ、愛ちゃん。

愛　あら、どうしたの、ダーリン？　難しい顔しちゃって。難しい顔っていっても、顔が東大理科三類の入試問題みたいだって言ってるんじゃないわよ。ダージリン、あら嫌だ間違えちゃった。ダーリン、あなたの顔は素敵。そうね、ギリシャ彫刻みたい。東大理三には入れなさそうだけれど、上野の美術館には入れそうよ。

菊地　ねえ……ねえ……あのさあ……。

愛　うん。なあに？

菊地　オレ、転勤なんだよ、来週から。辞令が出てね……。だから……君とは……。

愛　えっ、あたしと？

菊地　こうやってコントをやるのは……じゃねえや。

愛　ええ？

菊地　いや、何でもない。

愛　コントって何のこと？
菊地　いや、ごめんごめん。公私混同した。
愛　それ、京都の住所か何か？　公私混同下。
菊地　違う違う違う（笑）。君、相変わらず面白いね。
愛　面白くなんかないよ。あたし、菊地君といる時だけだよ。よくしゃべるの。普段は会社の人しかいないから、しゃべるどころか笑いもしてないもん。ほら、会社じゃ顔もこんな感じ。いつもは。
菊地　そうか……。それでもね、十分、可愛いよ……。
愛　どうしたの、菊地君？　すごく暗いよ。さっきオイスターバーで食べた生牡蠣かな？
菊地　いや、それだったら救急車呼ばないと駄目でしょ。お腹痛いんじゃないんだよ。転勤だって言ってるでしょうが。
愛　そっか……。勤務先はどこなの？
菊地　TFM……ああ違う、わざと間違えた。勤務先はね、木星。
愛　ちょっと……遠いね……。
菊地　うん……。人類を進化させるためにモノリスを触りに行かないといけないんだ。
愛　それって2001年の話でしょ？　あたしたちが出会う前だよ。
菊地　上手いこと言うね（笑）。
愛　でも、Skypeもあるし、カカオトークもあるし……あれ、木星ってWi-Fiあるよね？
菊地　うん。

愛　そしたら今と何も変わらないでしょ。ちょっと会える日が減るだけで。今だって下手したら、月一ぐらいじゃない。ねえ、ダーリン。来週どうする？　映画に行く、それともボルダリングにする？　卓球場もいいなあ。ボルダリングしながら空中で卓球して、横目で映画観ようか？　それって、ちょっと欲張り過ぎかな？

菊地　うん、ちょっとそうね。っていうかね、っていうか……明後日からもう行くんだ。

愛　あっ……そう……。でも……そっか……そっか。

菊地　あの……ねえ……愛ちゃん。君みたいなね、君はさ……とっても……。

愛　あたし、菊地君が思ってるより、ピュアで良い子なんかじゃないよ。お別れでしょ？

菊地　ねえ……愛ちゃん……。

愛　あたし、あきられてたよね……？

菊地　愛ちゃん、そんなこと言わないで。

愛　大丈夫だよ。わかってたもん。だから……最後に二人で話す時は……可愛い子のままでいようって……。

菊地　ねえ……愛ちゃん……。

愛　すごく悲しい……。

菊地　愛ちゃん。

愛　すごくさみしい……。

菊地　そんなこと、言わないでさ。

愛　ううん。言わせて……。あたし、あなたに振られて、今すっごく悲しい……。今でもあたしはあなたが大好きだけど、あなたはもうあたしが好きじゃない。わかってたの。こうなるって。きっと、一番最初から。今までありがとうなんて言わないよ。ふざけんな、他に女がいるんだろ、とも言わない。何にも言わないよ。だからこれだけは言わせて。あたし、振られ慣れてるの。あたしみたいな女の子は振ってばっかりだって誤解されて、意地悪されたりするんだよ。でも実際は振られてばっかりなの。菊地君はそのことを最初からわかってくれてた、ただ一人の人だよ。だから嬉しかったの。わかってくれる人がいるってだけで、嬉しかったんだ。でも、でも、きっとまた振られるなって。この人はすごく楽しくて、優しいけど、どっかに行っちゃう人だって……。木星だとは思わなかったけどさ。だから、怖くて考えないようにしてきたの。一番最初にコントをやった時から思ってたよ。思い出が増えていくのが、どこかで怖かったの。また振られたよ……。まただよ……。でも今までとは全然違う。ダーリンは特別な人だもん。生まれて初めて振られた気分だよ。

菊地　愛ちゃん……。

愛　愛って名前も嫌だった。いっぱいある名前だけどね。愛って愛人の愛だし。男の子にはいないでしょ？　「山本愛です」って言ったら、100％女の子だって思われる。ねえ、なんでフェミニズムの人はそのこと問題にしないのかな？

菊地　やっぱ、愛ちゃんちょっと面白いね。

愛　面白いわけないでしょ。こんな顔が、菊地君にとっての最後の顔だなんて嫌だよ。悲しい、もうさみしい。惨めな顔なんてしたくなかった。でも、わかるの。振られた時はいつだってあたし、今の顔になるから。でも気にしたことはなかったよ。どうせ振られたんだから、どんな顔してようとどうだっていい。でも……今は嫌だ。菊地君には可愛い顔してるあたしを覚えておいてほしい。ダーリン。ううん。ごめんね、菊地君。お願い……。最後に抱き締めてとか、キスしてほしいとか言わない。最後にあたしを可愛い顔にして。可愛い子だったなって、気楽に思い出せるように。そういえば、可愛い顔してたなって、にんまりできるように。

菊地　愛ちゃん……今の君は……可愛いよ……。すごく可愛いって……。

愛　嘘だよ。変な顔だもん……。もう二度と会うこともないと思うと、変な惨めな顔になっちゃうんだもん。可愛くして。あなたといると自分が可愛くなってるのがわかったの。それが本当に嬉しかった。でももう、会えないんでしょ？　最後にあたしを可愛い顔にしてよ。

菊地　わかった。愛ちゃん……じゃあ、この曲を聴いて。今の僕には、それしかさ……。それで、自分が可愛い顔になったなって思ったら、その顔でさよならって言って。

愛　うん……ありがとう……。

菊地役：菊地成孔
愛役：江藤愛

The Bird and The Bee「One On One」『Interpreting The Masters Volume 1: A Tribute To Daryl Hall And John Oates』（Blue Note）所収

第388回（2018年11月3日）ラスト9

最後の♂ティアラ通信

※キンプリです!!

あと、何かな、何だろうな……、♂ティアラ通信ですね。♂ティアラ通信ていうとなんかこう、アンデス山脈みたいな感じに聞こえるかもしんないですけど。雄のティアラ、つまりKing & Princeの男性ファンっていう意味ですけどね。♂ティアラ通信、あとラストラン9回、♂ティアラ通信が何回あるかわかりませんけどね。この一回で終わる可能性がすごい高い通信ですけども（笑）。

まぁ玄樹がパニック障害になって。活動休止か、お休みね、休暇ね？　パニック障害っていうものがどういうものかわからない、それこそね、パニック障害の意味がわからずに、突然あんなに元気だった玄樹がパニック障害で活動休止したことによってパニックになっちゃってる人がいるっていうようなね、ミイラ取りがミイラになるみたいな話がティアラさんの中で広がってると思いますけど、アタシも罹患《りかん》経験者です。パニック障害は医者がそう言ったから間違いないと思うんですけど、重症でした。国電一駅……国電なんて言わねえか、山手線一駅乗れないんだから。もう家の中にあるガスは全部つけられないし、家の中にある刃物は全部捨てないと家で寝れないし。て言うか、そもそも捨てても寝れないし、毛布を持ってマンションの下の、車寄せみたいなところでガクガク震えてましたもんね。

パニック障害っていうのはね、不安神経症っていう神経症の中の一番メインの症状なんですよ。パニック状態なのね、過換気とかと一緒で。大切なことはね、ちゃんと治すことなの。だから玄樹君にもちゃんと治してほしいですね。表現が難しいんだけど、例えばね、パニック障害の有名人とかで検索すると、菊地成孔、入ってる気がするんですけど。不名誉っていうか、名誉っていうか。吉田豪さんの『サブカル・スーパースター鬱伝』っていう本があって、鬱病に罹ったことがある有名人の方にインタビューしてて。その中で、鬱になったことはないけど、パニックになったことがある唯一の人が菊地成孔さんで。活字で読みたかったらそっち読んでいただくとわかりますけど。アタシの症状がどうだったかという話はどうでもいいんだけどね、アタシはちゃんと治したんです、簡単に言うと。精神分析と整体で治しました。薬はほとんど使わなかったですね。今だと薬になっちゃうけどね、それはしょうがないんだけど。

とにかく心配されてるティアラの皆さんね、ちゃんと治る病気なんで。僕も治ったんだから、治せば治る病気。不治の病じゃない、全然。だから、いつかきっと元気に戻ってくると思いますから、そんなに心配しないで（笑）。ただ、しばらくそっとしてあげましょう。大切なのはちゃんと治すことなの、一回、きっちり。アタシは色んな事情があって、一番症状がひどい時ですら、ライブの演奏の時だけはまるっきり普通に戻って、演奏している最中、「えっ、オレ、パニック障害になった夢見てたなあ」っていうぐらい忘れるんですよ。二つに分かれるの、芸事をやる人で。ステージに上がれなくなっちゃうパニックの人と、ステージに上がらないと駄目になっちゃうパニックの人がいて、アタシは後者だったんだよね。ステージから降りちゃうと駄目になっちゃって。家だとまったく駄目なんだけど。ステージの上の2時間だけはまったく病気のことを忘れられる時間だったんですよ。お蔭で、なんとかこっちに戻ってこれました。もちろん医者も良かったんだけども。しっかり一回治せば、これこの通り、こんだけ働けますよ（笑）。病気のもたらす恩恵っていうのは、きっちり治したお蔭で、前より元気になるっていうことですよ。だから文字通り玄樹君には、前より元気になってほしいですよね。以上、♂ティアラ通信でしたけども。二回目ないですね、一回で終わりだと思いますけど（笑）。

第388回（2018年11月3日）ラスト9

「蛇のいないアダムとイブ」

コント

（砂嵐のＳＥ）

BOSS　いや……それにしてもキツい現場検証だな。

OD　はい。でもＢＯＳＳらしくもないですね。現場に来て、まず愚痴ですか？　十歳児二人の殺害が他の事件に比べて、特別痛ましいという感覚は、過分に情緒的ではないかと……。

BOSS　いや、キツいのはこの砂嵐のほうだ。ゴーグルしてないと、目がやられる。成分解析できたか、ＯＤ？

OD　はい。ほとんどテラロッサと同じ成分です。石灰岩の酸化反応しか出ません。

BOSS　玄武岩は？

OD　出てません。

BOSS　甲殻類の死骸の堆積は？

OD　そもそも有機性のカルシウム自体が、まったく検出できません。

BOSS　でも、ここは地中海沿岸でも、南インドでもないぞ。北アフリカだ。内戦地区でも極貧地区でもない。そもそも先住民が一人もここにいない。なんでこんなところに、こんな小さな不思議な赤い砂漠があるんだ。容疑者の精神鑑定は？

OD はい。証言能力が認められています。「自分が二人とも殺した」と言ってます。この赤い砂漠で。

BOSS ここがGoogle Earthだと赤く見えないっていうのは間違いないな？

OD はい。光反応だと思われます。シグマトロピー変異はGoogle Earthの光学処理に一定のバグを生じさせることが報告されてますし。

BOSS Googleはそれをひた隠しにしてると。

OD Googleのバグ情報秘匿はこれだけじゃありませんよ。

BOSS ああ、そんなことはわかってるさ。とにかく、容疑者はここに実際に来た可能性が高い、と評価するしかないな。クッソ。

OD BOSS……。

BOSS なんだ、OD？

OD あの……言いにくいんですけど。お言葉ですが、BOSS、自分はやはり……。

BOSS オレが亡くした子供のことを重ね合わせて、判断力を失ってると……いうのか？ だよな？ まあいい。お前がそう思うなら、思え。いいか。ジョンベネ・ラムジー事件の時も自白容疑者はいた。典型的なペドフィリアのホワイト・トラッシュだ。いいか、奴はバンコクの少女買春宿にいながらにして、アメリカのコロラド州で犯行したと言ったんだ。しかも犯行現場の詳細に関する証言はすべて正しかった。Google Earthどころか、検索もない時代に。それは全部、新聞とテレビの報道を素材にした妄想だったんだ。変態の妄想力は我々の想像を超える。おまけに、変態は妄想力と実行力が共存しているケースが多い。お前の妹と弟も……。
OD　お父さん！
BOSS　OD。現場ではその呼び方は止めろ。ペナルティの対象だぞ。
OD　すみません。しかし、自分にはBOSSが今回の容疑者をシロと思い込もうとしているようにしか見えません。テラロッサのみならずラテライトもオークスも関東ローム層もない、ここから遠く離れたベラルーシにいたっていうのに。現に容疑者の衣服には、酸化したここにしかない石灰岩が付着してますし、アリバイもなく、証言のほとんどが一回目の現場検証の結果と符合してます。それなのになんでわざわざ再検証を要求したんですか。
BOSS　遺体の状態だよ。
OD　どういうことですか。十歳の少年と少女が全裸で互いに両手両足を固く紐で縛られ、口の中と鼻の穴の中に赤土が詰め込まれたことによる窒息死ですよ。擦過傷一つない、綺麗な身体のままで縛られて、土を呼吸器に詰め込まれて殺されたんです。精液は検出されてません。つまり、ネクロフィリアですらない、典型的なペドフィルによる変態的な殺害じゃありませんか。
BOSS　美しかったんだよ。
OD　美しかった？　それはどういう……。
BOSS　お前も見たろ？
OD　はい。
BOSS　ちゃんと見たか？

OD　もちろんです。

BOSS　いや、お前は分析的にしか見てない。ま、それがお前の仕事だからな。仕方ないが。

OD　では、何が美しかったんですか。殺害された遺体を、そんな……美しいだなんて。

BOSS　オレは、彼らは愛し合っていたと思う。

OD　そんな……まだ性的に未発達の児童に愛という概念を、しかも遺体写真から想定するのは……評価としてかなりハイリスクだと思いますが。それに、よしんば二人が愛し合っていたとしても、それが殺害されたことと矛盾は生じません。

BOSS　これは……恐らく心中だ。

OD　えっ？

BOSS　この手足首の縛り方、手慣れた変態が縛るにしては不器用過ぎる。オレにはこの二人が約束してるように見えるんだ。

OD　約束？

BOSS　死んだ後も、離れ離れにならないように。そして二人が、誰ともキスできないように。

OD　それで……それで互いの口の中に赤土を詰め込んだんですか。大変な量ですよ。特に少女のほうは咽頭ではなく、気道の入口近くまで詰め込まれてます。不可能です。

BOSS　可能だ。自ら望んで貪れば。

OD　じゃあ、爪の間に詰まった赤土は吐き出そうと抵抗した結果ではなく……。

BOSS　詰め込もうと必死になった結果だ。彼らは愛し合っていた。もちろん性交渉はない。

彼らの愛の行為は、全裸になって行うキスだけだった。何らかの理由で、彼らは永遠の愛を手に入れるには心中するしかないという判断に至った。そして未来永劫に亘って、二人が誰ともキスしない、そして誰にもキスされないという証を立てなければならなかった。

OD お父さん……そんなの、容疑者の妄想よりよっぽど妄想的だよ。

BOSS 性交渉がなく、キスしかしない愛の状態で得られるオルガスムスは何だ？ 色々あるだろうが、窒息はその有力な一つだ。キスをするというのは、互いの呼吸を制限するということだ。お互いがお互いの息を止める。キスは神聖な愛の行為であると同時に、幼児性の多形倒錯の窒息フェティシズムに直結しやすい。知らないとは言わせないぞ、朋美。

OD その名前で呼ぶのはペナルティです。撤回してください。

BOSS いいか、朋美。中学生だったお前の部屋から、不要なガムテープや、シンクロナイズドスイミング用のノーズクリップが出てきた時……。

OD 止めてください。検証と無関係です。

BOSS 母さんはな、あの時錯乱したんだ。良枝と光太郎が殺された時……口をガムテープでふさがれて……。

OD 止めて！ わたしはお母さんなんか愛してない。お母さんとわたしは関係ない。彼女とわたしは何の関係もないもん。わたし、お母さんが言うような……。

BOSS いいか、朋美。よく聞け。お前は優秀だ。お母さんの査定は関係ない。しかし、感情に負ける捜査官は必ずミスる。落ち着け。母さんの査定には感情しかない。

OD いつだってお父さんはお母さんの味方じゃん。ちゃんと、わたしのこと全然見てくれないでさあ。見てくれたことなんて一度だってないよ!!　ずーっと良枝と光太郎のことばっか考えてて、わたしのことを考えてくれたことなんて一度だってないでしょ!!　一度もないよ！　ひどいよ。そんなの、わたしが殺されなかったからでしょ……。わたしも殺されたかったよ……ごめんなさい。

BOSS　OD。話し合ってる時間はない。自分の力で幼児退行してしまったゾーンを出ろ。お前の傷口に触ったのは悪かった。だから、落ち着け。オレたちは、死んだこの子たちの真実を探しにきたんだろ？

OD　はい。すみません、BOSS。

BOSS　この子たちにも親はいた。原理的にはな。しかし、十歳じゃ、葛藤もなかったろうし、高い確率で孤児だった。何の教育も受けてないかもしれない。

OD　はい。とにかく二人がキスの仕方から、オルガスムスから、永遠の誓いまでを……。

BOSS　全部、二人きりで作り上げたんだ。

OD　……素敵ですね……すごく……。

BOSS　蛇のいない、アダムとイブだ。見ろ、ここが恐らく頭があった位置だ。容疑者は泣き叫ぶ二人の口の中に、急いで周りの土を摑んで必死に詰め込んだと言ってる。どうなる？

OD　歯が折れるはずです。

BOSS　歯が折れている形跡、唇の破損は？

OD　まったくありません。

BOSS　それ以前にだ。そんな殺され方をしたら、遺体の表情はどうなる？

OD　断定はできませんが、恐らく泣いたり、苦しんだり。
BOSS　涙の検出は？
OD　ありません。
BOSS　この周辺で、致死量の土を準備なく慌てて掘り出したとしたら、穴のような跡が残るはずだ。OD、写真を撮れ。
OD　はい。
BOSS　ないな……。後から埋めて、地ならしした形跡もない。OD、雑草のサンプルを取れ。
OD　はい。
BOSS　いや、もういい。こっちに来い。遺体の写真を一緒に見てみよう。
OD　はい。
BOSS　何が見える？
OD　うっとり……してます。
BOSS　そうだ。見えるようになったな。
OD　鬱血してるけど、幸せそう。
BOSS　そうだ。ペドフィルなんかには入り込めない。純愛の世界だ。
OD　愛を文字通り探したんだね。二人で。
BOSS　そうだ。

（♪ FINAL SPANK HAPPY「The Lake」）

OD　報告書はどうするの、お父さん？

BOSS　ま、誰も信じないだろ。

OD　容疑者の犯行として報告する？

BOSS　それが、まあ奴も幸せだろうな。奴は幼児を殺した罪で死刑になりたがってる。オレたちがそれを決められる。人の罪や欲望、ましてや幸せというのは難しい。だけどな、お前はこれからこの問題とずっと戦っていくんだ。

OD　お父さんも戦ってきたんだね。お父さん……。

BOSS　何だ？

OD　この子たちのことは、わたしには何も言えないけど、でもわたし幸せだよ。

BOSS　根拠は？

OD　お父さんがいるから。

BOSS役：菊地成孔
OD役：小田朋美

未発表

FINAL SPANK HAPPY「The Lake」（未発表）

第393回（2018年12月8日）FINAL SPANK HAPPY特集

第396回（最終回）前口上

あなただけ今晩は。悲しみよ今日は。そして武器よさらば。今週もまた皆様のグルーミー、そしてダークな週末が弾よりも速く、鳥にあこがれて飛んでいく打球よりも高く、神の啓示よりも正しく、ナポレオンの侵略よりも確実にやってまいりました。現在、こちら港区は赤坂、夜の9時であります。収録御免、切り捨て御免、キリストにもごめんなさい。どっちかっつうと神道でね。でもまあ、左腕の墨っちゃあ、ヒンドゥー教の神様が跨ってる鳥ですから、どうにもこうにも生まれついての浮気者で。てなわけで、「平成最後の」ってのもごめんだよっていう皆さんもですなあ、この間小田急線に乗ったらJKが「天皇陛下のこの間のMCヤバくなかった？」って言ってましたからね。未来は明るいです（笑）。右の方にも、左の方にも、真ん中の方にも、なーんてね。何言ってるんだコイツ、誰だ一体とね、今日なんか早く起きちまったんで、ラジオでもつけてみるかな、ここの国、ここで会ったが十年ぶり、流れてきたのがこの番組、なんてお方、あなたお引きが本当にお強いですな。この番組、今夜で最終回でございます。初めまして。そして、さようなら。なんて言うと、Enchanté Au Revoir なんていうカフェでも出来そうですね。伊勢丹の中に。と、現在お聴きの曲はバイト先のジミーズ・チキン・シャックの賄いで出てくるローストチキンが喰い放題だったのをいいことに、そこにいる全員が怖れをなすほど喰いまくったことでその渾名がついたというチャーリー・クリストファー・パーカー・ジュニア、通称バードと彼のオールスターズによる1947年の演奏「Bluebird」であります。ビーバップ・オールドスクーラーの演奏が赤坂から流れるのは、高い確率で今夜が恐らく最後でしょう。最後を怖がる人、多いですなあ。サイゴンの最後恐怖症。サイコになって最古の記憶がサイコロ振ってる赤ん坊のてめえ。大体そういう感じの音楽ですよ。ビーバップ、特にヤバい奴がやるのはね。なんちゃって。というわけで、今週もやってまいりました「菊地成孔の粋な夜電波」。彷徨えるジャズミュージシャン、私、菊地成孔がここ東京赤坂、TBS第3スタジオよりお送りさせていただきます。シーズン16。8年弱続いてきたこの番組もあえなく打ち切りとなりまして、今夜がガチンコの最終回。もうメールの束が大穴でも当てたっけ、オレ？　競馬より競艇のほうが得意だったんだけどなあ、なんて思うくらい届いておりまして、アタシ紙飛行機が好きなんでね、読んだら折って、読んだら折って、全部赤坂の夜空にね、こう一機ずつの夜間飛行。楽曲は三曲、あとはメールを読めるだけ。では、参りましょう。

Charlie Parker
「Bluebird」
『ヴェリー・ベスト・オブ・チャーリー・パーカー』
（日本コロムビア）
所収

第396回（2018年12月29日）最終回

「That's What I Like」（最終回2曲目）

さてさて、じゃあ次の曲に参りましょう。ブルーノ・マーズの「That's What I Like」を聴いたことがない人々がリスナーの大半じゃないかな、なんて思うにつけ、遠くから見ると皮肉に笑ってるようで、グッとクローズアップにすると「あっ、菊地さん、泣いてたんですか」みたいなね、そんな気分ですが。だってしょうがないよね。比較的プロダクツが売れる合衆国、カナダ、オーストラリアでシングルが初動1位、5位、3位。で、ふざけんな英国、12位なんですけど。まあ、これはしょうがない。英国はセクシーじゃないけど、クオリティー高いR＆Bっていうのが国産でいっぱいあるから。って言うか、ブルーノ・マーズのことあんまり好きじゃないでしょ、ロンドンの人？　デビューの時こそ注目してたけど。まあ、それはそれとして、比較的プロダクツ、中でもまだCDが売れる日本は何位でしょうか？　43位だよ（笑）。いわゆる先進国の中ではドイツの51位に次ぐ低位ですよ、もう。世界で一番良い曲なのにさ。ちなみにリリースは去年の1月ですよ。去年っつったらですね、日本じゃ上からAKBの……これ、ディスじゃないですよ、上からAKBの「願いごとの持ち腐れ」。乃木坂の「逃げ水」。欅坂の「不協和音」っていう年ですかね。プロレスラーのブルーノ・サンマルチノに似てるからって、子供の頃から「ブルーノ、ブルーノ」と呼ばれていた、ホノルル生まれの身長165

センチっていう、もうアタシがしびれたってしょうがないでしょ。でも、そんな奴、オフィス街で突風が吹いても睫毛にも引っかからないんだよ、この国じゃあ。

だから何が言いたいかというと、赤坂ではプレイできないでしょ、全米初登場1位の曲ってのは。まあ「この番組では」って言い換えてもいいですけどね。まあ、六本木でやってるね、アンジャッシュ渡部の番組じゃないですからね（笑）。だからまあ、こうして最終回にプレイすることにしました。番組で初めてじゃないでしょうか、全米1位のシングルが流れるっていうのは。今から菊地超訳の歌詞を読みますが、それ聴いただけでムカムカするっていうね、ネットばっかりやっちゃって、腐っちゃった人々もまあ多いと思う。まあ、そういう人は絶対にイライラしておいてね、そのまま。そして、曲が始まって歌詞の意味を知らなかったとしたら、自分がこの曲をどう感じたか想像しながら……まあ、そんな七面倒臭いことはいいや。曲を聴いてみて、とにかく感じてみてください。逃げられないって。この曲の多幸感と切なさからは誰も逃げらんないですよ。むちゃくちゃ突っ張って、虚勢を張ってるけども、これは紛れもない恋の歌ですからね。そして合衆国のエンタメ業界は、たったこれだけの曲を10人がかりで作ってるんだから。

歌詞を読みます。

マンハッタンにコンドミニアム持ってるんだ
ベイビーガール、ご機嫌いかが？
君を招待するよ　君のお尻と一緒にね

さあ、おいで　はじけちゃおうぜ
ほら、オレのクソ仲間のためにはずんじゃって
それとオレのためにも
こうクルッとターンして
腰をくねらせちゃってよ
オレのクソ仲間のために
それと、オレのためにね
クネクネさせちゃってよ

マイアミでビーチハウスを借りるつもりなんだ
裸で寝るのさ　何もなしで
ディナーはロブスター
フリオが手長エビの料理を出してくれる
気に入ったらお好きなだけどうぞ
好きなだけ喰っていいって
何だったら財布ごと持っていっていいって

キャデラックに飛び乗って
ガール、ちょっと一回りしようか

君の望むものなら何だってさ
でも君の笑顔が見たいだけなんだ、結局
君はそれだけの価値がある
それにふさわしい女性だ
だからオレは君に何でもあげるから

クールな宝石を目一杯キラキラさせて
冷たいストロベリーシャンペンを呑むんだ
君はついてる
こういうのオレ、大好きなんだよ
大好きなの　君はついてるって
こういうのオレ、超好きなんだよ
すげー好きなの

夜は暖炉の前で愛し合おう
真っ白なシルクのシーツとダイヤモンドだけでさ
君はついてる
こういうのオレ、大好きなんだよ
大好きなの

君はついてるって
こういうのオレ、超好きなんだよ
すげー好きなの

プエルトリコまで旅行しようか
行きたいとこあったら言って
そこへ行こう
ちょっとぶっ飛んだ子になっちゃってもいいんだぜ、ガール
オレは君がその気になったらいつだっていいんだよ、カワイ子ちゃん
オレは守れない約束は絶対にしない
君の笑顔を絶やさないって
だから約束するよ
パリでショッピング三昧しよう
すべてが24カラットの輝き（コーラス：24カラット）
鏡を見てごらん（コーラス：見てごらん）
さあ、今誰が一番フェアな奴か？
言ってみて
それ、君？　それ、君？
それ、オレ？　それ、オレ？

そうだ、オレたちっていうことにしよう
オレたちだ。それでいいでしょ、ベイビー

キャデラックに飛び乗って
ガール、ちょっと一回りしようか
君の望むものなら何だってさ
でも君の笑顔が見たいだけなんだ、結局
君はそれだけの価値がある
それにふさわしい女性だ
だからオレが君にあげるからさ

「楽しみたい」って言ったでしょ?
だったらほら、オレがここにいるじゃん、ベイビー
オレがここにさ、ベイビー
言ってみて、言ってみて、言ってみてよ
君が何考えてるのか、教えてくれよ
心の中をさ
欲しいなら、ガール
ここに来て摑まなきゃさ

だって君のために用意したんだぜ
何考えてるのか、教えてよベイビー
何がしたいのかさ

クールなジュエルを
これ見よがしにキラキラさせちゃって
冷たいストロベリーシャンペンを楽しむんだ
君はついてる
こういうのオレ、大好きなんだよ
大好きなの
君はついてるって
こういうのオレ、超好きなんだよ
すげー好きなの

夜は暖炉の前で愛し合うんだ
真っ白なシルクのシーツとダイヤモンドだけでさ
君はついてる
こういうのオレ、大好きなんだよ
大好きなの

君はついてるって
オレ、こういうの超好きなんだよ
すげー好きなの

番組から最後のメッセージをお一つ。スポーツや映画だけじゃなく、音楽でも全米1位の実力に耳を傾けてみては？　聴いてる間に、もう切なくて切なくて切な死にしても知らないぞ。2017年、ブルーノ・マーズで「That's What I Like」。

（♪　Bruno Mars「That's What I Like」）

Bruno Mars
「That's What I Like」
『XXIVK Magic』
（Atlantic）所収

第396回（2018年12月29日）最終回

音楽に最大の感謝を（最終回エンディング）

番組本の後書きの二重売りになっちゃいますけどね。二重売りはあんまりしたくないんだけど（笑）。引退された元漫才師の上岡龍太郎さんが、もうオブセッションみたいにずっと言ってたの。「もうテレビに出始めたら、劇場でどんな腕持ってるか、どんだけ回せるかなんて、どうでもよくなる」……これちょっと関西弁のアクセントよくわかんないですけど、「どうでもようなる」？ 違いますよね、何回やっても駄目ですね（笑）。「テレビに出たら、もうそいつは『テレビに出てる人』であって、それ以上でもそれ以下でもあらへん」って。「もう僕は劇場で漫才師としてどれだけの腕があったかなんていう、余計なプライドは捨てた。そんなもん持ちながらテレビに出とったら、テレビにも劇場にも失礼や」っつってね。

アタシは洒落じゃなく、オギャーと生まれた時から彷徨い続けてますから（笑）、彷徨えるジャズミュージシャンなんですね。だから今までも、「ルパンの人」になっちゃったらどうしようとかね、「ガンダムの人」になっちゃったらどうしよう、「東大の先生がジャズミュージシャン」みたいになっちゃったらどうしようといった、上岡さんのウィズダムに自問する機会ってのは周期的にあって。で、しかしそれらは全部杞憂に終わったんですよね。だけど、こっから先の話はおわかりになると思うんですけど（笑）、そういうののシリーズの最大のものが、この番組になったんですね。このままオレは「ラジオの人」になっちゃうのかな、そんでいいのかっていう葛藤は正直ずっとありました。

でもね、アートのイベントに出ても、映画のイベントに出ても、ジャズクラブでも、普通のクラブでも、タクシーに乗ってても、キャバクラ嬢に乗ってても、遊園地で木馬に乗ってても、「ラジオ聴いてます」って言われるとね――木馬は言わないですけども（笑）――言われると、ものすごく嬉しくなっちゃって。だからこの8年間、「ラジオ聴いてます」って言われて、内心うんざりするとか、ちょっと困る、なーんてことは、コンマ1秒もなかったです。ま、だからこそね、アタシの内部の葛藤は燻り続けたんだと思います。うんざりできてりゃ、よかったんですよね。「ざけんなよ。オレはラジオのおじさんじゃねえよ」みたいなさ。全然なれなかった（笑）。番組褒められて、嬉しかった（笑）。

もうそのうち苦しくて、葛藤だかなんだかわかんないくらいまで葛藤した結果、ある時完全に吹っ切れた瞬間ってのが来たの。もういいや。もうオレわかった、もういい。もうオレ、「ラジオの人」でいいわ。オレ、菊地成孔の人生の最高傑作が「粋な夜電波」でいいわって、腹くくった瞬間があったんですよ。

その瞬間は、目の前に「ソウルBAR〈菊〉」を録り終えた水野アナがいました。よーし、もう決めた。もう60になっても70になっても、水野さんと「ソウルBAR」やろう。そんでいいわ。そんでいいよ、と。そしたらね、次の瞬間に、水野さんと入れ違いで長谷川さんが、わなわな震えながらブースに入って来たんですよ（笑）。アタシに目を合わせないような感じで。何が起こったか理解するのに、1秒かかりませんでした。

アタシは特定の宗教は持ちませんけど、造物主、神の存在は信じてます。だって、こんなストーリーライン自分一人で引けるわけないもん。この番組が始まるってことになって、まあ、その前だってやってたんですよ、ラジオ。で、この番組が始まるってことになって名前決まって、まあ、戯れた名前になったんですよ、「粋な夜電波」とかっつって。そしたらもう待ってましたとばかりに、番組にでっかいミッションが課せられた。なんで？　そしてこんなに上手くいってたのに、なんで皆さんの前で打ち切られるように去るところを見せなきゃいけなくなったのか。全部説明がつくじゃない。造物主の意志ですよ。すべてに意味があるの。

番組が終わると発表されてから今日までの、約2ヵ月ぐらいですかね、アタシ何人の人に会ったかわかりません。あの、どっちかっつーと、いっぱい会うほうだからね。その人々全員、本当に一人残らずが「番組が終わるのが悲しい。終わらないでくれ」と言いました。ファンの人だとか、関係者とかだけじゃないですよ。タクシーの運転手さんや、コンビニのレジの人や、通りすがりの人にまで言われたんだから。こんな経験したことないよ。しようと思ってできるわけがない。

この番組が終わってしばらくすると、まあ……もう最後だから言っちゃいますけど、あの悪手ばっかり打つ、筋も見栄も冴えねえオリンピックがやって来て、この国は今まで経験したことがないぐらいの鈍い打撃を受けるはずです。皆さん、喪失はね、喜ばないといけない。鍛わるから。強くなんの。でもそこは、まあ、アタシの考えでは、やっぱ音楽が鳴ってないと駄目ですね。ただの喪失には折れちゃう時もあるから。だから少なくともアタシは、そういう感じで、あらゆる喪失……今まで色んなものを失くしてきましたけど、その度、音楽と一緒に、大きなものを得てきました。だからこの番組が終わっても、皆さん、どうか音楽を聴き続けてください。そしたら、喪失とケミストリーを起こして、皆さん、ちょっと強くなってるから。混迷の現代の奴のほうも、本気出してくるけど（笑）、やっつけられます。造物主の意志ですよ。すべてに意味があるの。

と、さて、最終回の最後の曲の時間になっちゃいました。まあまあ、こういう時ね、8年間続いた番組の重みとかね、そういうこと言い出して「究極の一枚」とか「至高の一曲」とかね、シーズンいくつから「美味しんぼ」になったんでしたっけ？って感じですけども（笑）。もうそんなもん、一番野暮ったい話ですからね。こういう時に軽くさらっと事を決められない方は、一言で申し上げて、申し訳ないですけど「ご苦労さん」ですよ。ま、てめえの服、伊勢丹にさえ入れれば3分で決められるアタシですら、そこそこ「ご苦労さん」なんだから。

えと、変な話なんですけどね、これもフラグの一種ですかね。この夏ね、映画観に行ったの。うーん、言っちゃえ、ガールフレンドと。「なんかすげえ流行ってる映画があるから行かない？面白そうじゃん」とか言って。で、これ言うとバレちゃうんだけど、まあ、どうせバレるからいいか（笑）、「低予算のゾンビ映画なんて、オレ一番嫌いなんだけどさあ。なんか仕掛けがあんだよ、きっと。だって、すげえ話題になってるし」とか言って。そしたら、最後にボロ泣きしちゃったんですよ。ね、恥ずかしながら。まあ、泣かす映画だからさ、別にとびっきり変わった反応とかじゃないんですけど。ただ、アタシが決壊したのがね、劇中じゃない、もうエンディングもエンディング、主題歌が流れてる間に全部泣いちゃったの。今年の夏ですから、まだTBSの新しいお偉いさんが編成に着手する前じゃないですかね？　ちょっとわかんないけど。でもね、思ったの。てかもう、ほぼ決めてたんですよ。いつかこの番組が終わる日ってのが、まあ、来るでしょ、いつかはわかんないけど。いずれにせよ、そん時は最後に、今聴いて泣いてるこの曲流そうって。

楽曲は、もうね、解説みたいに何が何して、ほら何とやらですよって話は、それこそするほうが野暮っていうような曲で、お聴きいただければ皆さんわかりますよ、ってやつです。ただ、詞がね、あんまりにもなんかもう、こういうのは引きの強さだけですなあ、もう出会いっていうかねえ、この番組の最終回用に書かれたみたいに、一字一句綺麗にピッタリ当て書きになってるんで、ある意味もう逃げらんないわけ（笑）。フラグですね。とにかく、さっき言ったように、それが何年後になるかわかんないけどって、ずっと決めてたんですよね。ただ、こんなに早く、その年のうちに流すことになるとは、思いもよらなんだけれども（笑）。はい、だからそん時にはね、「ずっと昔、平成最後の夏ってのがありましてねえ」っつって。「あん時流行った映画ありましたよね。あれの主題歌覚えてる方、今どれぐらいいらっしゃいますでしょうか」なーんてね。ちったあ熟成させようと思ってたんだけど。文字通り、未熟のままプレイすることになっちまった、未熟者でございます。すみません。

というわけで、これまた番組始まって以来、日本語の歌詞をそのまま日本語で朗読したいと思います。

いつも通りにってなかなか難儀
そういうの困るわ

伝わらないの
テレビみたいにうまくいかない
思い通りにならないノンフィクション

1、2、3、4止めないで
見つめ合い崩れそう時間だけくるわないの
無いものだってやめないで
見抜けない気持ちも繫がって離れないな

誰だってやれたって
からかって笑ったって
1、2、3
欲しいのstudy time
誰にも変われないなら
そばにいる君でいいから繫いでよ
ちょっとだけできるでしょう?

なんとなく止めちゃダメ
まわれ　まわれ　もう　時間はね止まらないの

1、2、3、4受け止めて
離れ離れでも少しは目そらさないわ

1、2、3、4止めないで
見つめ合い崩れそう時間だけくるわないの
なんとなく止めちゃダメ
まわれ　まわれ　もう　時間はね止まらないの
1、2、3、4照れないで
君は似てるの　忘れても忘れないの
1、2、3、4止めないで
まわせ　まわせ　そう　時間はもう止まらないわ

はい、そう。番組の掉尾《ちょうび》を飾る一曲とは何か。映画『カメラを止めるな！』の主題歌です。一時的にあらゆるサブスクリプションの洋楽全部抜いて1位になった曲なんかで締めていいのか？　いいに決まってんじゃん‼　はい。というわけで、謙遜ラヴァーズ feat. 山本真由美で「Keep Rolling」（作詞：鈴木伸宏）。

（♪　謙遜ラヴァーズ feat. 山本真由美「Keep Rolling」）

はい、8年に亘るご愛顧ありがとうございました。いやあ楽しかった。楽しくなかった日なんか、一日もなかったです。「ラジオの人」としては、きっぱり引退させていただきます。しれっと来年ぐらいに六本木あたりで番組始めたら、「嘘つき」と言ってボコボコにしてください。そういうのには慣れてるんで（笑）。ただ、ボコボコにするなら、つまんなかったらにしてくださいね。嘘なんかつかれたって、楽しけりゃそんでいいんだから。

さよなら皆さん。嘘でも言いますけど、愛してます。アンチの人や、愛憎入り乱れてるメンヘラの人もね。諸君らも歳を取って、余計な傷が薄くなってくれれば、このオレ様を素直に過不足なく愛せるようになるから楽しみに待ってろ。

それでは、これにて「菊地成孔の粋な夜電波」を終了します。

Keep Rolling。音楽に最大の感謝を。長きに亘るご愛顧ありがとうございました。

造物主はいる。皆さんは一人残らず、アタシの神様です。

謙遜ラヴァーズ feat. 山本真由美「Keep Rolling」『カメラを止めるな！ サウンドトラック』（Rambling Records）所収

第396回（2018年12月29日）最終回

待ってたぜGDP戦後最低――後書きにかえて

「夜電波本」の出版、特に本書の出版だけ特別に遅れた経緯に関しては、僕の意思はコンマ1ミリの結晶の、さらに欠片も入っておりませんで、1巻から3巻まで担当した編集者が、会社をクビになったのね（笑・そういう感じの人なのよ・笑。そういう人じゃないと成し遂げられない仕事、っちゅうのがあるんですよね。一種の天才です。カッコ内で申し訳ないですけれども、第1には編集の渡邉さんの天才に感謝します）、だからですね、実のところ、3巻が出た段階で、もう本書の1ゲラ終わっていたのに……。

と、「ゲラ」ってよく聞くでしょうけど、出版用語で、しかも「ラジオ本」っていう特殊アイテムなんで、少し解説しますと、こうした本の場合、まず「テープ起こし」っていうのが送られてくるんですよ。

これは読んで字の如く、放送で僕が喋ったことを、編集者が聞き起こして印刷したもの、というのが第一義ですが、下手すっと第一義よりも強い意義を持つ第二義として「内容が既に選ばれている」という、つまり第一編集が既に行われていることを意味するんですね。流石に「テープ起こし、全シリーズの全回を、まずはコンプ」っていうのは無理ですからね（笑）。

今までの3冊全部そうです。だから、いくら本だけ読んでも、この番組が、日本語ラップについて粉骨砕身していたようにあんまり感じないのは、渡邉さんがヒップホップに全く興味がないからなのね（笑）。その癖、「ジャニーズ関連で売り上げ期待したいんで」とか言って（笑）、キンプリに関する話はきっちりコンプされてて、タイトルにも反映されてるんですよね。今でも変わらず♂ティアラですが、そこは僕の意思じゃないです（笑）。

というかこの番組は網羅的すぎるから、別の編集方針からのアザーエディットや、コントだけ全部集めたコント集とかのアイテムがあっても全然おかしくないし（そうして欲しい、って訳じゃないですよ。番組がそれほど網羅的だったってことです。前口上だけ8年分集めても3冊ぐらいになるよ）、だけど一番良いのは、本なんか出さないで、誰もが地下的に、いつでも聞けるようにアーカイヴされること、即ちオフィシャルブートというか、オフィシャル代用食の完備なんですけどね（笑）。

とまあ、話戻って、その「テープ起こし」を「1ゲラ」とするのです。これは他の、例えば小説とかね、そういうケースと意味が違うんですが、もう、内容があらかじめ選ばれてて、かつ、聞き間違いだらけの（笑・伝説の「ゲット・オブ・ラスタ」）テープ起こしに、僕が修正を入れて、戻すと。この過程を「1ゲラ戻し」といいます。

それで、戻された1ゲラが印刷されてまた僕の手元に戻ってくるの、それを「2ゲラ」っていうんですが、これも戻すんです。「2ゲラはやらない、もう1ゲラでオレの直しは全部済んでるから」っていう人もいるとは思いますよ。

でも、ラジオの聞き起こしなんて、文章にしたら読みづらいところや冗長なところだらけなんですよね。だから、1番メーター振って「番組を聴いたことがない人」が読んでも読みやすく、かつ、こっちも欲しがりなんで（笑）、番組では言い切れなかった部分とか、「ギャグの当たりがちょっと弱いな」っていうのを、ちょっと盛り直したりして（笑）、2ゲラも戻すわけです。

とまあ、そういった流れで、「粋な夜電波本、幻の最終巻」は、1年以上前に1ゲラまで終わってたと。そしたら「会社クビになったんで、次の会社見つかるまで待っててください」って、もうそれいつ言われたか忘れたんですけど（笑）、コロナの頭文字Cすら無い頃です。

そして、コロナの3文字が毎日あらゆる媒体に乗っかって我々の耳目に入ってくるコロナ三昧の日々の中、突如として蘇った渡邉さんが「ええと、出版先が決まりました。残りの作業よろしくお願いします」って言ってきたの（笑）。すげえよなある意味（笑）。

僕は表紙写真の撮影をして（このアートディレクションにも全く関わっていません。「ソウルＢＡＲのシリーズに人気があったから、表紙は実際のソウルバーで」って言われて、「大丈夫かそれ？」って思ったんですけど、もうコロナでおかしくなってて・笑・知り合いの店まで撮影に出掛けちゃいましたよ）ゲラを進め、シーズンごとの解説と、前書き後書きを書いた。と、これが事の次第であります。

この本が何冊売れようと言われると思うんです。「ラジオはまだか？」と。でも、ごめんなさい。僕は有言実行なので、もうレギュラーのラジオパーソナリティ業は廃業しました。今はすっかり音楽家／文筆家／音楽講師に戻って……苦闘しています（笑・僕本人はそんなに苦闘していないんだけど、業界全体が苦闘の極地にいるんで、戦場でのんびりタバコ吸ってる気分ではありますが）。宣伝は野暮の極みだけれども、僕がこの番組より前から持っている、有料（たって、1000円しないです）ブログマガジン「ビュロー菊地チャンネル」の中で「大恐慌へのラジオデイズ」という音声コンテンツをスタートしまして、これが代用食としては一番本物に似てるんで（笑）、もしよろしかったら検索してみて下さい。一言も喋らないライブで雑巾の絞り汁するよりは遥かに栄養価も疑似体験度も高いと思います。ポッドキャストみたいな感じですからね。とはいえ、前口上とかコントとかしないよ絶対（笑）。当てたコンテンツを自己模倣するぐらいだったら、タイムマシンにお願いして板前になりますよ（笑）。

渡邉さんに続いて第2にはＴＢＳラジオ、第3には出演してくださったすべての皆さん、第4にはトナミＤと長谷川Ｐと長沼ＭＧに。そして第0、即ち神格にあって感謝の気持ちを絶やしたことがないのは、番組、そして番組本を愛してくださった皆様全員です。

それでは皆さんご一緒に、僕が待ちに待っていた大恐慌（一生に一度は経験したいですからね。ジャズの黄金期と重なってるから、憧れもあるんですかね・笑）を、唇に歌を持ってサヴァイブしようではありませんか。だって僕言ってたでしょ。オリンピックの後にはサヴァイヴァルゲームが来るって（ウインク）。苦しくなったら、この本や番組の不法アップはあなたのお手元にいつでも、いつまでも、いつになっても、いくつになっても（笑）あり続けますので。良きバディであれたら幸いです。何だって楽しまなきゃ。ね？

2020年8月　この番組よりも遥かに巨大な喪失に包まれている世界で。その喪失よりも、この番組の喪失の方が遥かに大きいよ。という方がいたら、年齢国籍性別コロナ陽性陰性を問わずキスを送ります（テレパシーで）。

「菊地成孔の粋な夜電波」構成／選曲／パースナリティー　菊地成孔

セットリスト

シーズン13

第306回（2017年4月9日）オープニング曲選考会

M1　Vardi and the Medallion Strings「Maggie's Theme (For Now For Always)」（『Maggie's Theme』）
M2　Sun Ra And His Arkestra「Saturn」（『Singles』）
M3　Andrzej Trzaskowski「Kalatowki' 59」（『Jazz in Polish Cinema: Out of the Underground 1958-1967』）
M4　The Charles Mingus Octet「Miss Bliss」（『Octet & Quintet』）
M5　Chris McGregor's Brotherhood Of Breath「The Bride」（『The Brotherhood Of Breath』）
M6　Rene Bloch「Lamento Latino」（『Mr. Latin』）
M7　Mulatu Astatke「Emnete」（『New York - Addis - London: The Story of Ethio Jazz 1965-1975』）

第307回（2017年4月16日）フリースタイル

前TM　Vardi and the Medallion Strings「Maggie's Theme (For Now For Always)」（『Maggie's Theme』）
M1　Rene Bloch「Lamento Latino」（『Mr. Latin』）
M2　hyukoh（혁오）「Comes And Goes (와리가리)」（『22』）
M3　菊地成孔「骨砕けても」（『オリジナル・サウンドトラック「機動戦士ガンダム サンダーボルト」2』）
M4　けもの「オレンジのライト、夜のドライブ」（『めたもるシティ』）

第308回（2017年4月23日）フリースタイル

前TM　Vardi and the Medallion Strings「Maggie's Theme (For Now For Always)」（『Maggie's Theme』）
M1　Kia Bennett「Dreams」（『Duet of Daffodils Ep』）
M2　Alsarah & The Nubatones「Salam Nubia」（『Silt』）
M3　JAZZ DOMMUNISTERS「悪い場所」デモトラック（『Cupid & Bataille, Dirty Microphone』）
M4　Prep「Cheapest Flight」（『Futures』）

第309回（2017年4月30日）Holy Hip-Hop Hour（4H）

M1　JAZZ DOMMUNISTERS「悪い場所 feat. 漢 a.k.a. GAMI」（『Cupid & Bataille, Dirty Microphone』）
M2　TWINKLE＋「KAIRAKU feat.OMSB」（『Japanese Yedo Monkey』）
M3　漢 a.k.a. GAMI「新宿ストリート・ドリーム」（『ヒップホップ・ドリーム』）
M4　JAZZ DOMMUNISTERS「KKKK」（『Cupid & Bataille, Dirty Microphone』）

第310回（2017年5月7日）フリースタイル

前TM　Vardi and the Medallion Strings「Maggie's Theme (For Now For Always)」（『Maggie's Theme』）
M1　Rodrigo G Pahlen「De Esta Tambien Salgo!」（『One Way』）
M2　FKJ「Skyline」（『French Kiwi Juice』）
M3　Poom「De La Vitesse À L'ivresse」（『2016』）
M4　JAZZ DOMMUNISTERS「ナイトドライブ feat.bim ICI」（『Cupid & Bataille, Dirty Microphone』）

第311回（2017年5月14日）「機動戦士ガンダムサンダーボルト2」サントラ特集

前TM「Thunderbolt New Theme」（『オリジナル・サウンドトラック「機動戦士ガンダム サンダーボルト」2』）
M1　菊地成孔「Groovy Duel」（同）
M2　菊地成孔「串本節（feat. 小田朋美）」（同）
M3　菊地成孔「骨砕けても（feat. オーニソロジー）」（同）
M4　菊地成孔「色悪（feat. The Yellow Tricycle）」（同）
M5　菊地成孔「可愛いあたし（feat. 市川愛）」（同）

M6　菊地成孔「戦争（feat. 吉田沙良）」（同）
M7　菊地成孔「氷上の敗走」（同）
M8　菊地成孔「南洋同盟」（同）
M9　菊地成孔「恋は誰もいない（feat. 坂本愛江）」（同）

第３１２回（２０１７年５月21日）ソウル２ソウルＢＡＲ〈菊〉
M1　IU（With Hyukoh）「愛がちょっと」（『Palette』）
M2　Hyukoh「위잉위잉（Wi Ing Wi Ing）」（『20』）
M3　Zion-T「Complex feat.G-dragon」（『OO』）
M4　지코（ZICO）「She's a Baby」（『She's a Baby』）
M5　Primary「멀어（遠い）feat. Beenzino」（『Primary & The Messengers』）
M6　Crush「Sometimes」（『Sometimes』）
M7　Sik-K「Rendezvous」（『Flip』）
M8　Primary「Congratulation feat. Dynamic Duo, Jay Park」（『Primary & The Messengers』）
M9　GIRIBOY「Back And Forth 30min feat.Shin Jisu」（『Sexual Perceptions』）
M10　Zion.T「Doop（feat. Verbal Jint）」（『Red Light』）
M11　hyukoh「Ohio」（『20』）
M12　Primary「立場整理 feat. Choiza Of Dynamic Duo, Simon D Of Supreme Team」（『Primary & The Messengers』）

第３１３回（２０１７年５月28日）TABOO Label歌姫３人集結
M1　市川愛「あこがれ」（『My Love,With My Short Hair』）
M2　けもの「第六感コンピューター」（『めたもるシティ』）
M3　ものんくる「ここにしかないって言って」（『世界はここにしかないって上手に言って』）
M4　けもの「tO→Kio」（『めたもるシティ』）

第３１４回（２０１７年６月４日）JAZZ DOMMUNISTERS特集
M1　JAZZ DOMMUNISTERS「Illunatics feat. 菊地凛子」（『Cupid & Bataille, Dirty Microphone』）
M2　JAZZ DOMMUNISTERS「悪い場所 feat. 漢 a.k.a. GAMI」（同）
M3　JAZZ DOMMUNISTERS「KKKK」（同）
M4　JAZZ DOMMUNISTERS「夜の部分」（同）
M5　JAZZ DOMMUNISTERS「One for Coyne」（同）
M6　JAZZ DOMMUNISTERS「Drive 2 Drive feat.OMSB」（同）
M7　JAZZ DOMMUNISTERS「革命 feat.I.C.I」（同）
M8　JAZZ DOMMUNISTERS「秘数 2+1」（同）
M9　JAZZ DOMMUNISTERS「反対の賛成」（同）
M10　JAZZ DOMMUNISTERS「あたらしい悲しいお知らせ feat. I.C.I, OMSB」（同）
M11　JAZZ DOMMUNISTERS「Riot In Chocolate Logos」（同）
M12　JAZZ DOMMUNISTERS「Nite Drive feat. BIM, I.C.I」（同）

第３１５回（２０１７年６月11日）フリースタイル
前TM　Vardi and the Medallion Strings「Maggie's Theme (For Now For Always)」（『Maggie's Theme』）
M1　RC The Gritz「The Feel」（『The Feel』）
M2　Soia「A Porcupine's Agenda feat. Raashan Ahmad」（『H.I.O.P.』）
M3　Wayne Snow「Rosie」（『Freedom TV』）
M4　Alessandro Galati「Wheel」（『Wheeler Variations』）

第３１６回（２０１７年６月18日）スティーヴ・リーマン特集
前TM　Steve Coleman「Negative Secondary」（『Invisible Paths: First Scattering』）〜Miles Davis「On The Corner」（『On The Corner』）
M1　Steve Lehman Octet「Glass Enclosure Transcription」（『Mise En Abime』）
M2　Steve Lehman Octet「Alloy」（『Travail Transformation And Flow』）
M3　Steve Lehman Octet「Beyond All Limits」（『Mise En Abime』）
M4　Steve Lehman「Cognition」（『Sélébéyone』）

第３１７回（２０１７年６月25日）フリースタイル
前TM　Vardi and the Medallion Strings「Maggie's Theme (For Now For Always)」（『Maggie's Theme』）
M1　Jill Peacock「Stupid Heart」（『Jill Peacock』）
M2　Meddy Gerville「Konm Sa Minm」（『Tropical Rain』）

M3 Ninón Sevilla「Acércate Más」（『Perlas Cubanas』）
M4 James Brown「Who Am I」（『There It Is』）

第318回（2017年7月2日）ものんくる『世界はここにしかないって上手に言って』特集
M1 ものんくる「Driving Out Of Town」（『世界はここにしかないって上手に言って』）
M2 ものんくる「空想飛行」（同）
M3 ものんくる「SUNNYSIDE」（同）
M4 ものんくる「花火」（同）
M5 ものんくる「Birthday Alone」（同）
M6 ものんくる「時止まる街」（同）
M7 ものんくる「二人」（同）
M8 ものんくる「透明なセイウチ」（同）
M9 ものんくる「ここにしかないって言って」（同）
M10 ものんくる「the dawn will come」（同）

第319回（2017年7月9日）フリースタイル
前TM Vardi and the Medallion Strings「Maggie's Theme (For Now For Always)」（『Maggie's Theme』）
M1 ものんくる「Driving Out Of Town」（『世界はここにしかないって上手に言って』）
M2 Captain Beefheart「Hot Head」（『Doc At The Radar Station』）
M3 René Berman, Kees Wieringa『Morton Feldman: Untitled Composition for Cello & Piano』MIX
M4 SPANK HAPPY「アンニュイ・エレクトリーク」（『ANGELIC』）

第320回（2017年7月16日）けもの『めたもるシティ』特集
M1 けもの「オレンジのライト、夜のドライブ」（『めたもるシティ』）
M2 けもの「第六感コンピューター」（同）
M3 けもの「フィッシュ京子ちゃんのテーマB（めたもVer.）」（同）
M4 けもの「伊勢丹中心世界」（同）
M5 けもの「めたもるセブン」（同）

第321回（2017年7月23日）フリースタイル
前TM Vardi and the Medallion Strings「Maggie's Theme (For Now For Always)」（『Maggie's Theme』）
M1 Tabu Ley Rochereau And Afrisa「Introduction」（『Zaire 74 The African Artists』）
M2 Fran Palomo「La Rumba Es de Negros」（『Black Way』）
M3 菊地成孔「プリペアード・アコースティック・ギターとアルト・サックスによる無調ヴォサ・ノヴァ、ストリングス・クラウス・オガーマン・ソース」（『DEGUSTATION A JAZZ authentique/bleue』）

第322回（2017年7月30日）ジャズ・アティテュード
M1 Madeleine Peyroux & Donny McCaslin & Ben Monder & Craig Taborn & Eric Harland & Larry Grenadier「Meet Charlie Parker (Vocal Version Of Ornithology)」（『The Passion Of Charlie Parker』）
M2 Vertigo「Kuljeskeleva」（『nonononininini』）
朗読BGM Jeffrey Wright & Donny McCaslin & Ben Monder & Craig Taborn & Larry Grenadier & Eric Harland「Fifty Dollars (Angels And Demons) (Vocal Version Of "Segment")」（『The Passion Of Charlie Parker』）
M3 Dan Weiss「Tony」（『Sixteen: Drummers Suite』）

第323回（2017年8月6日）ジャズ・アティテュード
M1 けもの「Day By day」（『LE KEMONO INTOXIQUE』）
M2 Fran Palomo「Resolviendo」（『Black Way』）
M3 Mark de Clive-Lowe「L&H」（『Live At The Blue Whale』）
M4 Concept Art Orchestra「Taniec Drakuli」（『Concept Art Orchestra』）

第324回（2017年8月13日）ジャズ・アティテュード
前TM Jean-Marie Londeix「Hindemith: Saxophone Sonata」（『Portrait』）
M1 Andrew Hill「Black Fire」（『Black Fire』）
M2 Thelonious Monk Quartet with John Coltrane「Blue Monk」（『Thelonious Monk Quartet With John Coltrane At Carnegie Hall』）
朗読BGM Gene Ammons「Canadian Sunset」（『Boss Tenor』）
M3 Thelonious Monk Quartet with John Coltrane「Ruby My Dear」

（『Complete Live At The Five Spot 1958』）

第３２５回（２０１７年８月20日）ゲスト：ものんくる吉田沙良、角田隆太

M1　ものんくる「ここにしかないって言って」（『世界はここにしかないって上手に言って』）
M2　ものんくる「空想飛行」（同）
M3　ものんくる「Driving Out Of Town」（同）
M4　ものんくる「花火」（同）
M5　ものんくる「最終列車　君を乗せて」（同）

第３２６回（２０１７年８月27日）ジャズ・アティテュードＮＫ

M1　菊地成孔・ダブセクステット「Dub Liz」（『The Revolution Will Not Be Computerized』）
M2　菊地成孔「カヒミ・カリィのナレーションによるデギュスタシオン・コース開始の挨拶」（『Degustation A Jazz』）
M3　菊地成孔「カヒミ・カリィの歌唱による「色彩のサンバ」」（同）
M4　菊地成孔「キューバ産アルトサックスとパーカッション、フェンダー・ローズによるカリブ～現代音楽風」（同）
M5　菊地成孔「キューバ産テナー・サックスと二つのブレイク・ビーツによるロティ・ハバナ葉巻風味」（同）
M6　菊地成孔「キューバ産テナー・サックスと複数のブレイク・ビーツとパーカッションにハイハットを効かせたロティDCPRG風」（同）
M7　菊地成孔「ハン・トンヒョンのナレーションによる朝鮮風赤ワイン」（同）
M8　菊地成孔「蘭（映画「10ミニッツ・オールダー」より。ルセットを変えて）」（同）
M9　菊地成孔「菊地成孔クインテット・ライブ・ダブによる「イズファハン」」（同）
M10　菊地成孔「Jorge Luis Borges」（『南米のエリザベス・テイラー』）
M11　菊地成孔、南博「即興の花と水（一）」（『花と水』）
M12　Date Course Pentagon Royal Garden「Catch 22」（『Report From Iron Mountain』）
M13　dCprG「JUNTA　軍事政権」（『フランツ・カフカのサウスアメリカ』）
M14　菊地成孔・ダブセクステット「Dismissing Lounge From The Limbo」（『Dub Orbits』）

第３２７回（２０１７年９月３日）フリースタイル

前TM　Vardi and the Medallion Strings「Maggie's Theme (For Now For Always)」（『Maggie's Theme』）
M1　Diggs Duke「Warming Warming」（『Civil Circus』）
M2　Juana Molina「A00 B01」（『Halo』）
BGM　Tradition「Subaquatic Swerves」（『Captain Ganja And The Space Patrol』）
BGM　Tradition「Escape and Return」（同）
M3　Mike Blankenship「Something Beautiful」（『Living For The Future』）

第３２８回（２０１７年９月10日）映画『ベイビー・ドライバー』特集

M1　The Jon Spencer Blues Explosion「Bellbottoms」（『Baby Driver (Music From The Motion Picture)』）
M2　T. Rex「Debora」（同）
M3　Beck「Debra」（同）
M4　Kid Koala「"Was He Slow?"」（同）
M5　Barry White「Never, Never Gonna Give Ya Up」（同）

第３２９回（２０１７年９月17日）フリースタイル

前TM　Vardi and the Medallion Strings「Maggie's Theme (For Now For Always)」（『Maggie's Theme』）
M1　Ruby Francis「Fall Asleep」（『Traffic Lights』）
M2　RIRI「Nothing To Do」（『RUSH』）
M3　Mon Laferte「Que Si」（『Trenza』）
M4　River Tiber「West Feat. Daniel Caesar」（『Indigo』）
朗読BGM　Vic Schoen And His Orchestra「Tightrope」（『Las Vegas/Tightrope』）

第３３０回（２０１７年９月24日）ジャズ・アティテュード

前BGM　Rob Pronk, Jerry van Rooyen, Nat Peck, Rolf Kühn, Hans Koller, Lucky Thompson, Klaus Doldinger, Ronnie Ross, Attila Zoller, Rob Madna, Ingfried Hoffmann, Ruud Ja & Cees See「Smiling Jack」（『NDR Jazz Work-

shop No. 25』)
前BGM　Modern Jazz Gang「Flying Boy」(『Miles Before & After』)
前BGM　Eliana And Booker Pittman「Mister Bossa Nova」(『News From Brazil - Bossa Nova!』)
M1　Idrees Sulieman「The Camel」(『The Camel』)
M2　Hailu Mergia&The Walias「Musicawwi Silt」(『Tche Belew』)
BGM1　Mulatu Astatqé「Yèkèrmo Sèw」(『New York - Addis - London: The Story of Ethio Jazz 1965-1975』)
BGM2　Mulatu Astatqé「I Faram Gami I Faram」(同)
M3　ホリオカキカク「ダダダン」(『ホリオカキカク』)
朗読BGM　Bobby Montez「Speak Low」(『Jungle Fantastique!』)
M4　Os Pilantrocratas「La Cumparsita」(『La Cumparsita』)

第331回（2017年10月1日）オレの外国人のお友達特集
前TM　Vardi and the Medallion Strings「Maggie's Theme (For Now For Always)」(『Maggie's Theme』)
M1　Richard Spaven「The Self feat.Jordan Rakei」(『The Self』)
M2　Rafael Martini Sextet＋Venezuela Symphonic Orchestra「Dual」(『Suíte Onírica』)
M3　Yosvany Terry, Baptiste Trotignon「The Call」(『Ancestral Memories』)

シーズン14

第332回（2017年10月7日）追悼・ラスベガス乱射事件
M1　Sufjan Stevens「Death With Dignity」(『Carrie & Lowell』)
M2　Frank Ocean「Thinking About You」(『Channel Orange』)
M3　Keira Knightley「Lost Stars」(『Begin Again - Soundtrack』)
M4　Louis Cole「Below The Valleys」(『Album 2』)
M5　Clare and the Reasons「The Lake」(『Kr-51』)
M6　Hyukoh「Ohio」(『20』)
M7　naomi & goro & 菊地成孔「いちばん小さな賛美歌」(『calendula』)
朗読BGM　中島ノブユキ「プレリュード ハ長調」(『Cancellare』)

第333回（2017年10月14日）フリースタイル
前TM　Sun Ra And His Arkestra「Saturn」(『Singles (The Definitive 45's Collection 1952–1991)』)
M1　Ruby Francis「Traffic Lights」(『Traffic Lights』)
M2　Gabriel Garzon Montano「Crawl」(『Jardin』)
M3　Gabriel Garzon Montano「Bombo Fabrika」(同)
M4　Noah Slee「Silence」(『otherland』)
朗読BGM　Bernd Rabe, Götz Wendland, Rolf Kühn. Kurt Bong, Attila Zoller, Horst Jankowski, Poldi Klein, Christian Kellens & Conny Jackel「Supernova」(『NDR Jazz Workshop No. 24』)

第334回（2017年10月21日）シーズン1—5名場面集
前TM　Sun Ra And His Arkestra「Saturn」(『Singles (The Definitive 45's Collection 1952–1991)』)
M1　Antônio Carlos Jobim「Two Kites」(『Terra Brasilis』)
M2　Musica Antiqua Köln, Reinhard Goebel「Bach: Brandenburg Concertos No.3 in G major, BWV1048」(『J.S.Bach: Brandenburg Concertos, Orchestral Suites, Chamber Music』)

第335回（2017年10月28日）フリースタイル
前TM　Sun Ra And His Arkestra「Saturn」(『Singles (The Definitive 45's Collection 1952–1991)』)
M1　Punpee「Happy Meal」(『Modern Times』)
M2　「MIX1」
M3　「MIX3」
M4　「MIX2」
M5　Rosalía Montalvo & Arsenio Rodríguez「La Vida Es un Sueno」(『La Vida Es un Sueño』)

第336回（2017年11月4日）ゲスト：けもの 青羊
M1　けもの「tO→Kio」(『めたもるシティ』)
M2　けもの「めたもるセブン」(同)
M3　けもの「C.S.C.」(同)
M4　けもの「River」(同)

第337回（2017年11月11日）ゲスト：桑原あい
M1　桑原あい×石若駿「Dear Family -TV Version」（『Dear Family』）
M2　桑原あい×石若駿「Andy and Pearl Come Home」（同）
M3　桑原あい×山田玲「菊地成孔：Groovy Duel Slow」（『オリジナル・サウンドトラック「機動戦士ガンダム サンダーボルト」2』）
M4　桑原あい×石若駿「Sunday Morning」（『Dear Family』）

第338回（2017年11月18日）『機動戦士ガンダム サンダーボルト2』サウンドトラック特集
前TM　Sun Ra And His Arkestra「Saturn」（『Singles（The Definitive 45's Collection 1952–1991）』）
M1　菊地成孔「氷上の敗走」（『オリジナル・サウンドトラック「機動戦士ガンダム サンダーボルト」2』）
M2　菊地成孔「Bianca's Army March」（同）
M3　菊地成孔「戦争（feat. 吉田沙良）」（同）
M4　菊地成孔「恋は誰もいない（feat. 坂本愛江）」（同）
朗読BGM　Frank Sinatra「Autumn In New York」（『Come Fly With Me』）＼Sarah Vaughan「Autumn In New York」（『The Definitive Sarah Vaughan』）

第339回（2017年11月25日）アーリー80's & 清水靖晃特集
前TM　Sun Ra And His Arkestra「Saturn」（『Singles（The Definitive 45's Collection 1952–1991）』）
M1　Talking Heads「Crosseyed And Painless」（『Remain In Light』）
M2　井上鑑「バルトークの影」（『Prophetic Dream 予言者の夢』）
M3　村田有美「みんな嘘」（『卑弥呼』）
M4　清野由美「シェルの涙」（『Continental』）
コントBGM　Pee Wee Russell「Love Is Just Around The Corner」（『Weary Blues Vol. 2』）

第340回（2017年12月2日）フリースタイル
M1　菊地成孔「Scandal-X/Re-mix ver.0」（『「素敵なダイナマイトスキャンダル」オリジナル・サウンドトラック（+remix）』）
M2　（生徒作品）
M3　JAZZ DOMMUNISTERS「革命 feat. I.C.I」（『Cupid & Bataille, Dirty Microphone』）
M4　JAZZ DOMMUNISTERS「Illunatics feat. 菊地凛子」（同）
M5　Duke Ellington & His Orchestra「Perfume Suite Part 1 A - Under The Balcony B/ Strange Feeling」（『Duke Ellington 10CD Wallet Box』）
M6　Duke Ellington & His Orchestra「Prelude To A Kiss」（同）
M7　Duke Ellington & His Orchestra「Mood Indigo」（同）
M8　（生徒作品）

第341回（2017年12月9日）フリースタイル
前TM　Sun Ra And His Arkestra「Saturn」（『Singles（The Definitive 45's Collection 1952–1991）』）
M1　Victor Gould「Apostle John」（『Clockwork』）
M2　FKJ「We Ain't Feeling Time」（『French Kiwi Juice』）
M3　TALA A.M.「Hot Koki」（『African Funk Experimentals 1975 to 1978』）
M4　James Brown「Who Am I（feat. Vicki Anderson）」（『There It Is』）

第342回（2017年12月16日）ノンストップSPANK HAPPY
M1　SPANK HAPPY「ジャンニ・ヴェルサーチ暗殺」（『Computer House of Mode』）
M2　SPANK HAPPY「シック」（『VENDOME,LA SICK KAISEKI』）
M3　SPANK HAPPY「French Kiss」（『インターナショナル・クライン・ブルー』）
M4　SPANK HAPPY「拝啓ミス・インターナショナル」（『ANGELIC』）
M5　SPANK HAPPY「バカンス・ノワール48℃」（『VENDOME,LA SICK KAISEKI』）
M6　SPANK HAPPY「Sweets」（『Computer House of Mode』）
M7　SPANK HAPPY「エレガントの怪物」（『VENDOME,LA SICK KAISEKI』）
M8　SPANK HAPPY「ホー・チ・ミン市のミラーボール」（『Computer House of Mode』）
M9　SPANK HAPPY「インターナショナル・クライン・ブルー」（『インタ

ーナショナル・クライン・ブルー』）

第３４３回（２０１７年12月23日）韓流最高会議

M1　Yoon Kee Kim「Fur Coat Injection」（『Entertainment Rambo』）
M2　BTS（防弾少年団）「DNA」（『MIC Drop/DNA/Crystal Snow』）
M3　Millic「Paradise (Feat. Fanxy Child)」（『Vida』）
M4　FANA「Fanaconda」（『Fanaconda』）
M5　Changmo「Maestro」（『Time To Earn Money 2』）

第３４４回（２０１７年12月30日）フリースタイル

前TM　Sun Ra And His Arkestra「Saturn」（『Singles（The Definitive 45's Collection 1952–1991）』）
M1　The Shacks「This Strange Effect」（『The Shacks』）
M2　Au Revoir Simone「A Violent Yet Flammable World」（『Bird of Music』）
M3　Edda Magnason「Monicas Vals（Waltz For Debby）」（『Monica Z-Musiken Fran Filmen』）
朗読BGM　Oscar Isaac & Marcus Mumford「Fare Thee Well（Dink's Song）」（『Inside Llewyn Davis Original Soundtrack Recording』）／Oscar Isaac「Fare Thee Well（Dink's Song）」（同）／Bob Dylan「Farewell」（同）／Justin Timberlake, Carey Mulligan & Stark Sands「Five Hundred Miles」（同）
M4　Chromatics「Shadow」（『Twin Peaks: Music From The Limited Event Series（2017 Soundtrack）』）

第３４５回（２０１８年１月６日）ことほぎＤＪ

M1　宮城喜代子（箏）、二世青木鈴慕（尺八）「宮城道雄：春の海」（『特選春の海／箏の名曲』）
M2　Miles Davis「If I Were a Bell」（『Relaxin With the Miles Davis Quintet』）
M3　安井かずみ「悪いくせ」（『ZUZU』）
M4　Antonio Carlos Jobim「O Boto」（『Urubu』）
M5　今井裕「この軽い感じが…」（『A Cool Evening』）
M6　Tony Allen「On Fire」（『The Source』）
M7　Vijay Iyer Sextet「Into Action」（『Far from Over』）
M8　市川愛「DEMO」

第３４６回（２０１８年１月13日）フリースタイル

前TM　Sun Ra And His Arkestra「Saturn」（『Singles（The Definitive 45's Collection 1952–1991）』）
M1　Jamila Woods「Heavn」（『Heavn』）
M2　Riff Cohen「Helas」（『A La Menthe』）
朗読BGM　Antibalas「Gold Rush」（『Where The Gods Are In Peace』）
M3　Leroy Hutson「All Because Of You」（『Anthology 1972』）

第３４７回（２０１８年１月20日）ジャズ・アティテュード

前TM　Philippe Baden Powell & Rubinho Antunes「Garfield（feat. Bruno Barbosa e Daniel De Paula）」（『Ludere』）
M1　Vijay Iyer Sextet「Down to the Wire」（『Far from Over』）
M2　イ・パングン・アンド・コリアン・ジャズ・クインテット・78'「行かれるのですか（カシリ）」（『ジャズ：プレイズ・アリラン・アンド・アザー・アソーティッド・トラディションズ』）
M3　Tony Allen「Tony's Blues」（『The Source』）
M4　Philippe Baden Powell「Notes Over Poetry」（『Notes Over Poetry』）

第３４８回（２０１８年１月27日）「90年代プレイバック in 高円寺！」前編再放送

M1　Chara「Violet Blue」（『Violet Blue』）
M2　高橋徹也「ナイトクラブ」（『夜に生きるもの』）
M3　小川美潮＆山村哲也「犬の日々」（『This is Love～江戸屋百歌撰１９９７丑／USHI～』）

第３４９回（２０１８年２月３日）最新アフリカ音楽特集

前TM　Sun Ra And His Arkestra「Saturn」（『Singles（The Definitive 45's Collection 1952–1991）』）
M1　Wyclef Jean「Fela Kuti」（『CARNIVAL Ⅲ』）
M2　Bafana Nhlapo「All the Good Things」（『Ngikhumbule Khaya』）
M3　Msafiri Zawose「Mbeleko」（『Uhamiaji』）

M4 Kasai Allstars「Sieben Magnificat-Antiphonen, O Immanuel」（『わたしは、幸福 サウンドトラック』）

第350回（2018年2月10日）フリースタイル

前TM Sun Ra And His Arkestra「Saturn」（『Singles（The Definitive 45's Collection 1952–1991）』）
M1 Nicole Bunout「Nabundearé」（『Crisálida』）
M2 エルザ・ソアレス「Maria da Vila Matilde」（『リアル・リオ〜リオのロック、ポップ、ノイズ、エレクトロニック・ミュージック』）
M3 Chinese Cookie Poets「En la Mano del Payaso」（同）
M4 榎本健一、中村是好「のんきな大将（ブロードウェイ見物）」（『ニッポン・エロ・グロ・ナンセンス』）

第351回（2018年2月17日）小特集「ちょっと変わったブラックミュージック　アメリカもういいんじゃねえか？　色んな意味で」

前TM Sun Ra And His Arkestra「Saturn」（『Singles（The Definitive 45's Collection 1952–1991）』）
M1 Benny Bailey「Mirrors」（『Mirrors』）
M2 PJ Morton「Sticking to My Guns」（『Gumbo』）
M3 Terry Huff and Special Delivery「Why Doesn't Love Last」（『The Lonely One』）
M4 Nightmares On Wax「Citizen Kane feat Mozez」（『Shape The Future』）

第352回（2018年2月24日）史上最高のソウルＢＡＲ〈菊〉

M1 Leon Ware「What's Your Name」（『Inside Is Love』）
M2 Ruby Francis「Fall Asleep」（『Traffic Lights』）
M3 椎名純平「世界」（『世界』）
M4 Zapp「Do You Really Want An Answer?」（『Zapp II』）
M5 Lamont Dozier「Playing For Keeps」（『Working On You』）
M6 Andy Allo「Yellow Gold」（『Superconductor』）
M7 Zo!「Count To Five」（『Manmade』）
M8 Herbie Hancock「Tonight's The Nights」（『Magic Windows』）
M9 Teedra Moses「Get It Right」（『Cognac & Conversation』）
M10 Mike Blankenship「Something Beautiful」（『Living For The Future』）
M11 ピラニア軍団「役者稼業」（『ピラニア軍団』）
M12 Little Beaver「Party Down Pt.1」（『Party Down』）

第353回（2018年3月3日）ソウルＢＡＲ〈菊〉リボーン！

M1 David T. Walker「Press On」（『Press On』）
M2 Don Bryant「Something About You」（『Don't Give Up on Love』）
M3 Gil Scott-Heron「It' Your World」（『It' Your World』）
M4 Conjure「The Wardrobe Master Of Paradise」（『Music For The Texts Of Ishmael Reed』）
M5 Terry Huff and Special Delivery「Why Doesn't Love Last」（『The Lonely One』）
M6 Lara Saint Paul「Give Me All Of You」（『Saffo Music』）
M7 Bootsy Collins「Candy Coated Lover (feat. X-Zact, Kali Uchis & World-Wide-Funkdrive)」（『World Wide Funk』）
M8 Luke Mejares「You Ain't Seen Nothing Yet」（『Blackbird』）
M9 Miguel「Told You So」（『War & Leisure』）
M10 Little Simz「Shotgun (feat. Syd)」（『Stillness in Wonderland』）
M11 PJ Morton「Claustrophobic (feat. Pell)」（『Gumbo』）
M12 今井裕「A Cool Evening」（『A Cool Evening』）

第354回（2018年3月10日）フリースタイル

前TM Sun Ra And His Arkestra「Saturn」（『Singles（The Definitive 45's Collection 1952–1991）』）
M1 Buttering Torio「Love In Music」（『Threesome』）
M2 Brenda Navarrete「Taita Bilongo」（『Mi Mundo』）
M3 Leila Gobi「Tchimey Goney」（『2017』）
M4 Sunny & The Sunliners「Baby, I Apologize」（『Smile Now, Cry Later』）
朗読BGM Julia Sarr Feat. Fred Soul「Adjana」（『Daraludul Yow』）

第355回（2018年3月17日）３・11の翌週に行う３・11へのノンストップＤＪ

M1　市川愛「青い涙」（『My Love,With My Short Hair』）
M2　Jeremy Lotruglio「Locus Of Control」
M3　Alexi Murdoch「Someday Soon」（『Towards The Sun』）
M4　Sufjan Stevens「Death with Dignity」（『This Is Us（Soundtrack）』）
M5　Frank Ocean「Thinking About You」（『Channel Orange』）
M6　Enrique Batiz「Bachianas Brasileiras No. 5 for Soprano and 8 Cellos」（『Villa-Lobos: Bachianas Brasile』）
M7　River Tiber「West」（『Indigo』）
M8　Buttering Trio「Dig Deep」（『Threesome』）
M9　Brenda Navarrete「Caravane」（『Mi Mundo』）
M10　Leila Gobi「AN N'GA」（『2017』）
M11　Kevin Ayers「Song For Insane Times」（『Joy Of A Toy』）
M12　Claudine Longet「It's Hard To Say Goodbye」（『Hello Hello: The Best Of Claudine Longet』）
M13　Steve 'N' Leila「The Face I Love」（『Steve 'N' Leila』）
M14　Sunny & The Sunliners「Smile Now,Cry Later」（『Smile Now, Cry Later』）

第３５６回（２０１８年３月24日）『素敵なダイナマイトスキャンダル』特集
M1　「素敵なダイナマイトスキャンダル／オープニングテーマ（full ver.）」（『「素敵なダイナマイトスキャンダル」オリジナル・サウンドトラック』）
M2　「Expose!　塗装された裸の徒競走」（同）
M3　「半鐘」（同）
M4　「水滴２」（同）
M5　「水滴３」（同）
M6　「禁書の友」（同）
M7　「襟巻」（同）
M8　「三つの取引」（同）
M9　歌唱：尾野真千子と末井昭「山の音（full ver.）」（同）

第３５７回（２０１８年３月31日）特集「３月の最後の夜明けに聴きたい曲」
前TM　Sun Ra And His Arkestra「Saturn」（『Singles（The Definitive 45's Collection 1952–1991）』）
M1　Little Simz「The Lights」（『A Curious Tale of Trials & Per』）
M2　Poom「My Licorne & Me（Rework）」（『2016』）
M3　「山の音（Remix ver.2）- ペンギン音楽大学 RE-MIX LAB」（『「素敵なダイナマイトスキャンダル」オリジナル・サウンドトラック』）
M4　Jackie Shane「Don't Play That Song（You Lied）[Live]」（『Any Other Way』）
朗読BGM　Steve Coleman And Five Elements「First Cause」（『Genesis & The Opening Of The Way』）

シーズン15

第３５８回（２０１８年４月７日）市川愛『My Love,With My Short Hair』特集
M1　市川愛「二重生活」（『My Love,With My Short Hair』）
M2　市川愛「My Love,With My Short Hair」（同）
M3　市川愛「Play For Keeps」（同）
M4　市川愛「青い涙」（同）
M5　市川愛「あこがれ」（同）
M6　市川愛「悪事 feat. 辻村泰彦 a.k.a ORNITHOLOGY」（同）
M7　市川愛「水で薄めた恋」（同）

第３５９回（２０１８年４月14日）フリースタイル
前TM　Photay「Trophy」（『Two EPs』）
M1　Phoenix「J-Boy」（『Ti Amo』）
M2　市川愛「Play for keeps Remix1」（『My Love,With My Short Hair』）
M3　Photay「These Fruits These Vegetables」（『Two EPs』）
M4　SPANK HAPPY「Theme song under the cloudy heavens」（『Computer House of Mode』）

第３６０回（２０１８年４月21日）恋する夜電波　真裕美と有美
M1　Poom「De la vitesse à l'ivresse」（『2016』）
M2　The Shacks「Audrey Hepburn」（『The Shacks』）
M3　Glenn Gould「Bach: Prelude & Fugue No. 1 in C Major, BWV 846」（『The Well-Tempered Clavier, Books I & II』）

第３６１回（２０１８年４月28日）続・恋する夜電波　真裕美と有美　後夜祭

M1　Carlton & The Shoes「Give Me Little More」(『This Heart Of Mine』)
M2　Josef Melin「Let Me Know」(『Offshore Monsters』)
M3　Frank Ocean「Thinkin Bout You」(『Channel Orange』)
M4　菊地成孔「Scandal-X/Re-mix ver.0」(『「素敵なダイナマイトスキャンダル」オリジナル・サウンドトラック（+remix）』)
M5　Sufjan Stevens「Mystery of Love」(『Ost: Call Me By Your Name』)

第３６２回（２０１８年５月５日）GREAT HOLIDAY特集・前半戦

M1　菊地成孔とぺぺ・トルメント・アスカラール「Woman 〜映画〝Wの悲劇〟より」(『戦前と戦後』)
M2　ものんくる「ここにしかないって言って」(『世界はここにしかないって上手に言って』)
M3　市川愛「My Love ,With My Short Hair」(『My Love,With My Short Hair』)
M4　SPANK HAPPY「夏の天才」
M5　けもの「オレンジのライト、夜のドライブ」(『めたもるシティ』)

第３６３回（２０１８年５月12日）GREAT HOLIDAY特集・後半戦

M1　dCprG「JUNTA-軍事政権」(『フランツ・カフカのサウスアメリカ』)
M2　オーニソロジー「Brocken Spectre」(『101』)
M3　JAZZ DOMMUNISTERS「革命 feat. I.C.I」(『Cupid & Bataille, Dirty Microphone』)
M4　SPANK HAPPY「ヒコウキ」

第３６４回（２０１８年５月19日）フリースタイル

前TM　Clap! Clap!「Elephant Serenade」(『A Thousand Skies』)
M1　Hollie Cook「Survive」(『Vessel Of Love』)
M2　Reginald Omas Mamode IV「Put Your Hearts Together」(『Children Of Nu』)
M3　Charlotte Dos Santos「Good Sign」(『Cleo』)
M4　Adrian Underhill「CUagain」(『CU Again』)

第３６５回（２０１８年５月26日）ジャズ・アティテュード

前TM　José James「God Bless The Child」(『Yesterday I Had The Blues』)
M1　Victor Gould「Blues on Top」(『Earthlings』)
M2　Matt Mitchell「Plate Shapes」(『A Pouting Grimace』)
M3　Sabriel「MYF」(『Sabriel』)
M4　José James「Good Morning Heartache」(『Yesterday I Had The Blues』)

第３６６回（２０１８年６月２日）初夏のロレックス祭り

M1　坂本龍一「The Sheltering Sky Theme (Piano Version)」(『The Sheltering Sky: Music From The Original Motion Picture Soundtrack』)
M2　Joe Sample「Melodies Of Love」(『Rainbow Seeker』)
M3　坂本龍一「The Sheltering Sky Theme」(『The Sheltering Sky: Music From The Original Motion Picture Soundtrack』)
M4　En Vogue「Give It Up, Turn It Loose」(『The Very Best Of En Vogue』)
M5　小沢健二「今夜はブギー・バック (nice vocal)」(『LIFE』)
M6　Carpenters「(They Long To Be) Close To You」(『Close To You』)
M7　Burt Bacharach And The Posies「What The World Needs Now Is Love」(『Austin Powers - International Man Of Mystery (Original Soundtrack)』)
M8　Antonio Carlos Jobim「Desafinado」(『The Composer Of Desafinado, Plays』)
M9　Antonio Carlos Jobim「The Girl From Ipanema」(『The Composer Of Desafinado, Plays』)
M10　Antonio Carlos Jobim「Só Danço Samba (Jazz Samba)」(『The Composer Of Desafinado, Plays』)

第３６７回（２０１８年６月９日）アフリカ音楽特集

M1　Sons Of Kemet「My Queen Is Angela Davis」(『Your Queen Is A Reptile』)
M2　Seun Kuti&Egypt80「African Dreams」(『Black Times』)
M3　Die Antwoord「Love Drug」(『Love Drug』)

M4 THEESatisfaction「Blandland」（『Earthee』）

第368回（2016年6月16日）ゲスト：古谷有美
M1 FINAL SPANK HAPPY「夏の天才」（『mint exorcist』）
M2 J. Lamotta「Who Is Who」（『Conscious Tree』）
M3 HARUMI「Samurai Memories」（『HARUMI』）
M4 Amp Fiddler「Keep Coming」（『Amp Dog Knights』）

第369回（2018年6月23日）新宿のデパートを制した男
前TM Michel Legrand「Angela, Strasbourg Saint-Denis（Une Femme Est Une Femme）」（『Nouvelle Vague: Musiques Et Chansons De Films』）
M1 Henry Mancini「Mr.Lucky」（『Mr. Lucky Goes Latin』）
M2 naomi & goro & 菊地成孔「Brigitte」（『calendula』）
M3 菊地成孔「NEWoMan のテーマ」
M4 FINAL SPANK HAPPY「夏の天才」（『mint exorcist』）

第370回（2018年6月30日）フリースタイル
前TM Martial Solal「New York Herald Tribune（A Bout de Souffle）」（『Nouvelle Vague: Musiques Et Chansons De Films』）
M1 Zara McFarlane「Pride」（『Arise』）
M2 XENIA FRANÇA「呼びつけないで」（『XENIA』）
M3 Kamil Rustam「Tempted」（『Cosmopolitain』）
M4 Starchild & The New Romantic「Hangin' On」（『Language』）

第371回（2018年7月7日）ジャズ・アティテュード
前TM Deangelo Silva「Dois Mil e Jazz」（『Down River』）
M1 Aca Seca Trio「Otro Atardecer」（『Trino』）
M2 Rez Abbasi「Propensity」（『Unfiltered Universe』）
M3 Jen Shyu「World of Hengchun」（『Song Of Silver Geese』）
M4 Jaromir Honzak「Talea Iacta Est」（『Early Music』）

第372回（2018年7月14日）緊急特集King & Prince
M1 King & Prince「シンデレラガール」（『シンデレラガール』）
M2 市川愛「My Love, With My Short Hair」（『My Love,With My Short Hair』）

第373回（2018年7月21日）FINAL SPANK HAPPY特集
M1 FINAL SPANK HAPPY「夏の天才」（『mint exorcist』）
M2 FINAL SPANK HAPPY「ヒコーキ」（『mint exorcist』）
M3 FINAL SPANK HAPPY「インターナショナル・クライン・ブルー」
M4 FINAL SPANK HAPPY「フィジカル」

第374回（2018年7月28日）フリースタイル
前TM Tommy McCook & The Supersonics「Real Cool」（『Real Cool: The Jamaican King Of The Saxophone '66-'77』）
M1 Darius「Night Birds Feat. Wayne Snow」（『Utopia』）
M2 Nai Br.XX「Adventure Time」（『Wasted Callaway』）
M3 FINAL SPANK HAPPY「ヌードモデル」（『mint exorcist』）
M4 HYUKOH「LOVE YA!」（『How to find true love and happiness』）

第375回（2018年8月4日）「音楽漢方菊地堂」開店！
M1 Massacre「LegsNight」（『Killing Time』）
M2 アルマンド・トロヴァヨーリ「女性上位時代メインタイトル」（『女性上位時代：サウンドトラック』）
M3 Karlheinz Stockhausen「OKTOPHONIE」（『OKTOPHONIE /OCTOPHONY Electronic Music of TUESDAY from LIGHT』）
M4 SPANK HAPPY「エイリアンセックスフレンド」（デモトラック）
M5 委細昌嗣（Masashi Isai）「LMN」
M6 SPANK HAPPY「フロイドと夜桜」（デモトラック）

第376回（2018年8月11日）ジャズ・アティテュード
前TM Vernau Mier「La Bossa de l'Encarnació」（『Frisson Sextet』）
M1 MABUTA「Bamako Love Song」（『Welcome To This World』）
M2 Roman Filiu「Danza #1」（『Quateria』）
M3 Henry Threadgill「Dirt-Part IV」（『Dirt...And More Dirt』）
M4 Enrico Pieranunzi「L'adieu」（『Monsieur Claude』）

第377回（2018年8月18日）ジャズ・アティテュード
前TM　Sean Khan「Palmares Fantasy」（『Palmares Fantasy』）
M1　Camille Bertault「Là où tu vas」（『Pas De Geant』）
M2　Steve Lehman Trio「Foster Brothers」（『Dialect Fluorescent』）
M3　Emanative「Egosystem」（『Earth』）
M4　Joe Armon-Jones Feat. Oscar Jerome「London's Face」（『Starting Today』）

第378回（2018年8月25日）ジャズ・アティテュード
前TM　The Core「Shoot The Evil Dog」（『Blue Sky』）
M1　Jazzanova「Heatwave feat. Olivier St. Louis」（『The Pool』）
M2　Henry Threadgill「Game Is Up」（『Double Up, Plays Double Up Plus』）
M3　Salah Ragab & The Cairo Jazz Band「Ramadan in Space Time」（『Egyptian Jazz』）
M4　Enrico Pieranunzi「Fairy Flowers（feat. Simona Severini）」（『My Songbook』）

第379回（2018年9月1日）終戦特集ノンストップDC/PRG
M1　Date Course Pentagon Royal Garden「Catch 22」（『ミュージカル・フロム・カオス』）
M2　DCPRG「VERSE 1-韻文1」（『フランツ・カフカの南アメリカ』）
M3　Date Course Pentagon Royal Garden「structure V la structure des lieux de plaisir et du port / 構造5（歓楽街と港湾の構造）」（『Structure et Force』）
M4　Date Course Pentagon Royal Garden「Playmate At Hanoi」（『Report From Iron Mountain』）
M5　Date Course Pentagon Royal Garden「structure IV la structure du temple et paradis / 構造4（寺院と天国の構造）」（『Structure et Force』）
M6　DCPRG「UNCOMMON UNREMIX feat.SIMI LAB」（『Second Report From Iron Mountain USA』）
M7　DCPRG「IMMIGRANT'S ANIMATION-移民アニメ」（『Second Report From Iron Mountain USA』）
M8　Date Course Pentagon Royal Garden「ホー・チ・ミン市のミラーボール」（『ミュージカル・フロム・カオス』）

第380回（2018年9月8日）ノンストップ・ペペ・トルメント・アスカラール
M1　菊地成孔とぺぺ・トルメント・アスカラール「ファムファタール」（『野生の思考』）
M2　菊地成孔とぺぺ・トルメント・アスカラール「Wait Until Dark」（『New York Hell Sonic Ballet』）
M3　菊地成孔とぺぺ・トルメント・アスカラール「南米のエリザベス・テーラーの歌」（『南米のエリザベス・テーラー』）
M4　菊地成孔とぺぺ・トルメント・アスカラール「組曲「キャバレー・タンガフリーク」孔雀」（『野生の思考』）
M5　菊地成孔とぺぺ・トルメント・アスカラール「嵐が丘」（『New York Hell Sonic Ballet』）
M6　菊地成孔とぺぺ・トルメント・アスカラール「Woman〜映画〝Wの悲劇〟より」（『戦前と戦後』）
M7　菊地成孔とぺぺ・トルメント・アスカラール「ミケランジェロ」（同）
M8　菊地成孔とぺぺ・トルメント・アスカラール「カラヴァッジョ」（同）
M9　菊地成孔とぺぺ・トルメント・アスカラール「エロス＋虐殺」（同）
M10　菊地成孔とぺぺ・トルメント・アスカラール「大人の唄」（同）

第381回（2018年9月15日）フリースタイル
前TM　Koop「Whenever there is you（Vocals：Yukimi Nagano）」（『Koop Islands』）
M1　Janelle Monáe「Make Me Feel」（『Dirty Computer』）
M2　Diego Schissi Quinteto「Tanguera」（『Tanguera』）
M3　MGNT「Me and Michael」（『Little Dark Age』）
M4　Mars Today「Cool It」（『Bits & Pieces』）

第382回（2018年9月22日）2018年ロレックス大賞発表！
M1　電影と少年CQ「列車の到着」（『異次元旅行のサウンドトラック』）
M2　Hideki Umezawa「Le Néant」（『Prix Presque Rien Prize』）
M3　IFE「Bangah（Pico Y Palo）」（『IIII+IIII』）
M4　ORCLOS「Jean Ndjela Before the High Court」（『Listen All

Around』）

第383回（2018年9月29日）フリースタイル
前TM Chick Webb & His Orchestra「If Dreams Come True」（『Woody Allen Movies Music』）
M1 Itibere Zwarg & Grupo「Pra um amigo」（『Intuitivo』）
M2 Michael Franks「The Idea of a Tree」（『The Music In My Head』）
M3 Meshell Ndegeocello「Smooth Operator」（『Ventriloquism』）
M4 Louis Cole「Things」（『Time』）

シーズン16

第384回（2018年10月6日）フリースタイル
前TM Quincy Jones「Mr. Lucky」（『Explores the Music of Henry Mancini: Originals』）
M1 Sudan Archives「Mind Control」（『Sink』）
M2 Claire Reneé「Yes You Are」（『Let Me Glo』）
M3 Chico Mann, Captain Planet「Misunderstood」（『Night Visions』）
M4 Tim Bernardes「Era o fim」（『Recomeçar』）

第385回（2018年10月13日）ジャズ・アティテュード
前TM Motif「Kauto」（『Expansion』）
M1 Bunny Beck「Jazz Instrumental Suite: III. Obligations」（『Jazz Instrumental Suite: III. Obligations』）
M2 Steve Coleman & Five Elements「Twf」（『Live at the Village Vanguard Vol. 1』）
M3 Nicole Mitchell「Constellation Symphony」（『Maroon Cloud』）
M4 Layerz「Dreamin'」(feat. Marina Maximilian Blumin)（『Things On Top Of Each Other』）

第386回（2018年10月20日）帰ってきたソウルBAR〈菊〉
M1 Louis Cole「When You Are Ugly」（『Time』）
M2 Meshell Ndegeocello「Don't Disturb This Groove」（『Ventriloquism』）
M3 LE'JIT「How Can I」（『New Beginning』）
M4 Billy Paul「The Whole Town's Talking」（『War Of The Gods』）
M5 Janelle Monae「Make Me Feel」（『Dirty Computer』）
M6 Yemen Blues「Satisfaction」（『Insaniya』）
M7 Chuck Brown & The Soul Searchers「Bustin' Loose」（『Bustin' Loose』）
M8 Ella Fitzgerald「Savoy Truffle」（『Savoy Truffle』）
M9 Billy Stewart「Sitting In The Park」（『20th Century Masters: Millennium Collection』）
M10 Cory Daye「Rainy Day Boy」（『Cory & Me』）
M11 Marcos Valle「Estrelar」（『Marcos Valle』）
M12 Philip Bailey「Vaya」（『Continuation』）
M13 Bonobo「Pieces」（『The North Borders』）

第387回（2018年10月27日）ラスト10
M1 The Beatles「Hello Goodbye」（『Magical Mystery Tour』）
M2 George Harrison「You」（『Extra Texture』）
M3 （生徒作品）
M4 濱瀬元彦「aborigine」（『Intaglio』）
M5 伊東ゆかり「告白」（『ミスティー・アワー』）

第388回（2018年11月3日）ラスト9
前TM Barry White「Can't Get Enough Of Your Love, Babe」（『Can't Get Enough』）
M1 Parcels「Herefore」（『KISTUNE Maison 17』）
M2 Prince「I Would Die 4 U」（『Prince and The Revolution』）
M3 （生徒作品）
M4 The Bird and The Bee「4th Of July」（『Interpreting The Masters Volume 1: A Tribute To Daryl Hall And John Oates』）
M5 （生徒作品）

第389回（2018年11月10日）ゲスト：オーニソロジー辻村泰彦
M1 オーニソロジー「Natsu no Keshiki」（『101』）
M2 オーニソロジー「Eletamemoa」（同）

M3　オーニソロジー「Brocken Spectre」（同）
M4　オーニソロジー「Thatness And Thereness」（同）

第390回（2018年11月17日）ゲスト：オーニソロジー辻村泰彦
M1　オーニソロジー「Dialog」（『101』）
M2　オーニソロジー「Harusame」（同）
M3　オーニソロジー「Cycle」（同）
M4　オーニソロジー「Foundation」（同）
M5　オーニソロジー「Carlos Castaneda」（同）
M6　オーニソロジー「101」（同）

第391回（2018年11月24日）韓流最終最高会議
M1　オーニソロジー「Comes And Goes」
M2　Ja Mezz「Pink is the New Black（feat.SALU）」（『Pink is the New Black（feat.SALU）』）
M3　BTS「Idol」（『Idol』）
M4　IZ*ONE「La Vie en Rose」（『COLOR*IZ』）
M5　Samuel Seo「Happy Avocado」（『Unity』）
M6　イ・ラン「よく聞いていますよ」
M7　Jaedal「Tree」（『Period』）

第392回（2018年12月1日）ゲスト：筒井康隆
M1　Archie Bleyer Orchestra「I've Got A Feelin' You're Foolin'」（『I've Got A Feelin' You're Foolin' / From The Top Of Your Head（To The Tip Of Your Toes）』）
M2　Frank Sinatra「My Baby Just Cares For Me」（『Strangers In The Night』）
M3　Mauricy Moura「Increteza」（『Increteza（The Music of Antônio Carlos Jobim）』）
M4　Al Bowlly「Midnight, The Stars And You」（『Midnight The Stars & You』）

第393回（2018年12月8日）FINAL SPANK HAPPY特集
M1　FINAL SPANK HAPPY「アンニュイエレクトリーク」（『mint exorcist』）
M2　FINAL SPANK HAPPY「夏の天才」（『mint exorcist』）
M3　FINAL SPANK HAPPY「ヌードモデル」（『mint exorcist』）
M4　FINAL SPANK HAPPY「The Lake」
M5　FINAL SPANK HAPPY「エイリアンセックスフレンド」（『mint exorcist』）

第394回（2018年12月15日）Holy Hip-Hop Hour（4H）
M1　Moe and ghosts「Go Ahead, Make My Day」
M2　JAZZ DOMMUNISTERS「Illunatics feat. 菊地凛子」（『Cupid & Bataille, Dirty Microphone』）
M3　Gift Of Gab「Ride On」（『Fourth Dimensional Rocketships Going Up』）
M4　Pigeon John「Life Goes On（feat. Abstract Rude）」（『Pigeon John Is Dating Your Sister!』）

第395回（2018年12月22日）ゲスト：中村ムネユキ
M1　オーニソロジー「カルロス・カスタネダの迫害と暗殺 feat. DC/PRG」（『101』）
M2　Jonathan Finlayson「Grass」（『3 Times Around』）
M3　Antonio Loureiro「Meu Filho Nasceu」（『Livre』）

第396回（2018年12月29日）最終回
前TM　Charlie Parker「Bluebird」（『ヴェリー・ベスト・オブ・チャーリー・パーカー』）
M1　Queen「Radio GA GA」（『Jewels』）
M2　Bruno Mars「That's What I Like」（『XXIVK Magic』）
M3　謙遜ラヴァーズ feat. 山本真由美「Keep Rolling」（『カメラを止めるな！　サウンドトラック』）

「菊地成孔の粋な夜電波」

選曲、構成、出演：菊地成孔
プロデューサー：長谷川裕（TBSラジオ）
ディレクター：戸波英剛（TBSグロウディア）
AD：守安弘典（TBSグロウディア）シーズン1
　　八島勇人（TBSグロウディア）シーズン2－16
選曲補佐：中村ムネユキ
製作協力：長沼裕之（ビュロー菊地）

［シーズン13］
2017年4月9日―10月1日（26回）
毎週日曜日 20:00－21:00放送
［シーズン14］
2017年10月7日―2018年3月31日（26回）
毎週土曜日 28:00－29:00放送
スポンサー：Nobuko Nishida
［シーズン15］
2018年4月7日―9月29日（26回）
毎週土曜日 28:00－29:00放送
スポンサー：Nobuko Nishida
［シーズン16］
2018年10月6日―12月29日（13回）
毎週土曜日 28:00－29:00放送
スポンサー：Nobuko Nishida

菊地成孔（きくち なるよし）

1963年、千葉県生まれ。音楽家、文筆家。DC/PRG、菊地成孔とペペ・トルメント・アスカラールを主宰するほか、ジャズ・ドミュニスターズ、SPANK HAPPYとしても活動。著書に『ユングのサウンドトラック』『時事ネタ嫌い』『レクイエムの名手　菊地成孔追悼文集』『菊地成孔の欧米休憩タイム』『菊地成孔の映画関税撤廃』など多数。

カバー写真＝山本あゆみ

装幀＝川名潤

撮影協力＝Soul Stream

菊地《きくち》成孔《なるよし》の粋《いき》な夜電波《よるでんぱ》
シーズン13−16 ラストランと♂《おす》ティアラ通信篇《つうしんへん》

2020年9月25日 第1刷発行

著者 菊地《きくち》成孔《なるよし》、TBS《ティービーエス》ラジオ

発行者 藤田 博

発行所 株式会社草思社
〒160−0022
東京都新宿区新宿1-10-1
電話 営業03(4580)7676
編集03(4580)7680

組版 株式会社キャップス

印刷所 図書印刷株式会社

製本所 図書印刷株式会社

造本には十分注意しておりますが、万一、乱丁、落丁、印刷不良などがございましたら、ご面倒ですが、小社営業部宛にお送りください。送料小社負担にてお取替えさせていただきます。

ISBN 978-4-7942-2469-9 Printed in Japan 検印省略
JASRAC 出 200826039-01